"101 计划"核心教材
数学领域

代数学（四）

冯荣权　邓少强　李方　徐彬斌　编著

中国教育出版传媒集团

高等教育出版社·北京

内容提要

代数学是研究数学基本问题的一门学问，本书是此系列五卷本《代数学》的第四卷，在《代数学（三）》的基础上，继续介绍抽象代数的内容。本书首先介绍了 Galois 理论，给出代数方程有根式解的充要条件。在给出模理论的基础之后，详细讨论了主理想整环上的有限生成模理论，并给出该理论的两个应用，接下来还介绍了模的张量积理论。作为读者进一步学习代数学中更高级理论和计算代数的引子，最后两章分别介绍了范畴论和 Gröbner 基理论的基础。本书延续《代数学（三）》的风格，通过具体的例子和习题来帮助读者理解抽象的内容，在介绍进一步理论的过程中，尝试将其与前几卷中的基础内容联系起来，以方便读者理解。

本书可作为高校数学类专业以及对数学要求较高的理工类专业二年级本科生的抽象代数课程的教材，也可供高校数学教师作为教学参考书和科研工作者作为专业参考书使用。

总　序

　　自数学出现以来，世界上不同国家、地区的人们在生产实践中、在思考探索中以不同的节奏推动着数学的不断突破和飞跃，并使之成为一门系统的学科。尤其是进入 21 世纪之后，数学发展的速度、规模、抽象程度及其应用的广泛和深入都远远超过了以往任何时期。数学的发展不仅是在理论知识方面的增加和扩大，更是思维能力的转变和升级，数学深刻地改变了人类认识和改造世界的方式。对于新时代的数学研究和教育工作者而言，有责任将这些知识和能力的发展与革新及时体现到课程和教材改革等工作当中。

　　数学"101 计划"核心教材是我国高等教育领域数学教材的大型编写工程。作为教育部基础学科系列"101 计划"的一部分，数学"101 计划"旨在通过深化课程、教材改革，探索培养具有国际视野的数学拔尖创新人才，教材的编写是其中一项重要工作。教材是学生理解和掌握数学的主要载体，教材质量的高低对数学教育的变革与发展意义重大。优秀的数学教材可以为青年学生打下坚实的数学基础，培养他们的逻辑思维能力和解决问题的能力，激发他们进一步探索数学的兴趣和热情。为此，数学"101 计划"工作组统筹协调来自国内 16 所一流高校的师资力量，全面梳理知识点，强化协同创新，陆续编写完成符合数学学科"教与学"特点，体现学术前沿，具备中国特色的高质量核心教材。此次核心教材的编写者均为具有丰富教学成果和教材编写经验的数学家，他们当中很多人不仅有国际视野，还在各自的研究领域作出杰出的工作成果。在教材的内容方面，几乎是包括了分析学、代数学、几何学、微分方程、概率论、现代分析、数论基础、代数几何基础、拓扑学、微分几何、应用数学基础、统计学基础等现代数学的全部分支方向。考虑到不同层次的学生需要，编写组对个别教材设置了不同难度的版本。同时，还及时结合现代科技的最新动向，特别组织编写《人工智能的数学基础》等相关教材。

　　数学"101 计划"核心教材得以顺利完成离不开所有参与教材编写和审订的专家、学者及编辑人员的辛勤付出，在此深表感谢。希望读者们能通过数学"101计划"核心教材更好地构建扎实的数学知识基础，锻炼数学思维能力，深化对数学的理解, 进一步生发出自主学习探究的能力。期盼广大青年学生受益于这套核心教材, 有更多的拔尖创新人才脱颖而出!

田 刚

数学 "101 计划" 工作组组长

中国科学院院士

北京大学讲席教授

前　言
——代数学的基本任务和我们的理解

(一)

数学的起源和发展包括三个方面:

(1) 数的起源、发展和抽象化;

(2) 代数方程 (组) 的建立和求解;

(3) 几何空间的认识、代数化和抽象化。

它们是数学的基本问题。代数学是数学的一个分支, 是研究和解决包括这三个方面问题在内的数学基本问题的学问。

一个学科 (课程) 的发展有两种逻辑, 即: 历史的逻辑和内在的逻辑 (公理化)。

首先我们来谈谈**历史的逻辑**。顾名思义, 就是学科产生和发展的实际过程。这一过程对后人重新理解学科和课程的产生动机和本质是至关重要的。并且, 历史的逻辑常常也能成为后学者作为个体学习的自然引领, 我们可以把它称为人类认识的 "思维的自相似性"。

自然界和社会中普遍存在 "自相似" 现象。比如: 原子结构与宇宙星系的相似性; 树叶茎脉结构与树的结构的相似性; 人从胚胎到成人与人类进化的相似性, 等等。其实这种现象也是分形几何研究的对象。类似地, 人类个体对事物认识的过程也常常在重复人类社会历史上对该事物的认识过程。当然, 不能把这个说法绝对化, 否则总能找到反例。

从这个观点出发, 我们在学习过程中应该关注数学史上代数学的一些具体内容是怎么产生和发展的, 以此引导自己的理解。比如, 代数最早的研究对象之一就是代数方程和线性方程组。所以从上述观点出发, 后学者学习线性代数就可以从线性方程组或多项式理论出发。为此我们先来体会一下历史上著名的数学著作《九章算术》(成书于公元 1 世纪左右, 总结了战国、秦、汉时期我国的数学发展) 中的一个问题:

"今有上禾三秉, 中禾二秉, 下禾一秉, 实三十九斗; 上禾二秉, 中禾三秉, 下禾一秉, 实三十四斗; 上禾一秉, 中禾二秉, 下禾三秉, 实二十六斗。问上、中、下禾实一秉各几何?"

用现代语言, 是说 "现有三个等级的稻禾, 若上等的稻禾三捆、中等的稻禾两捆、下等的稻禾一捆, 则共得稻谷三十九斗; 若上等的稻禾两捆、中等的稻禾三捆、下等的稻禾一捆, 则共得稻谷三十四斗; 若上等的稻禾一捆、中等的稻禾两捆、下等的稻禾三捆, 则共得稻谷二十六斗。问每个等级的稻禾每捆可得稻谷多少斗?"

在《九章算术》中, 这个问题是通过言辞推理的方法求出答案的。

"苔曰: 上禾一秉九斗四分斗之一, 中禾一秉四斗四分斗之一, 下禾一秉二斗四分斗之三。"

相对于现代数学的符号表示法, 言辞推理的表达复杂琐碎, 反映了中国古代数学方法上的局限性。现在我们用 x, y, z 分别表示一捆上、中、下等稻禾可得稻谷的斗数, 则可列出如下关系式:

$$\begin{cases} 3x + 2y + z = 39, \\ 2x + 3y + z = 34, \\ x + 2y + 3z = 26。 \end{cases}$$

然后用《代数学 (一)》中介绍的 Gauss 消元法, 不难得到

$$x = 9\frac{1}{4}, y = 4\frac{1}{4}, z = 2\frac{3}{4}。$$

这和前面 "苔曰" 的结果是一致的。

这是一个典型的线性方程组的实例。从这个问题在《九章算术》中的解题方法可见, 它所用的方法本质上就是 Gauss 消元法。所以在这个知识点上, 我们的方法与历史上的方法是符合 "自相似性" 这个特点的。

(二)

然后我们来谈谈学科的**内在逻辑**, 往往学科越成熟, 内在逻辑越重要。学科一旦成熟, 相对稳定了以后, 其内在逻辑可以从公理化的角度重新思考, 使得学科整体的逻辑更清楚, 更容易理解, 而不需要完全依赖于历史的逻辑。我们认为这方面最好的例子也许是 Bourbaki 学派对数学所做的改造。

基于这一观点, 我们希望对代数学找到一条主线, 以此来贯穿和整体把握代数学的整个理论。就代数学而言 (也许可以包括相当部分的数学领域), 我们认为: 不论当初发展的过程如何, 现在的代数学的整体理解应该抓住**对称性**这一关键概念, 来统领整个学科的方法。

我们认为, 对称性的思想是代数学的核心; 各个代数类的表示的实现与代数结构的分类, 是代数学的两翼。

后文中将要介绍的群论, 是刻画对称性的基本工具。但所有代数学的思想和理论, 都在不同层面完成对某些方面的对称性的刻画。比如线性空间、环、域、模 (表示), 乃至进一步的结构, 等等。人类之所以以对称性为美学的基本标准, 就是因为自然规律蕴含的对称性。这也决定了我们学科 (课程) 每个阶段都会面对该阶段对于对称性理解的重要性。

人们通常认为对群的认识是 Galois 理论产生后才逐步建立的。但其实对于对称性的认识, 人们在对数和几何空间的认识过程中就已经逐步建立起来了。对这一事实的认识很重要, 因为这说明, 对于对称性思想的认识, 在人类的整个数学乃至科学发展阶段都是起到关键作用的, 而不仅仅是群论建立之后才是这样。

在《代数学 (一)》的第 2 章中, 我们将通过数的发展来理解人类对于对称性的认识。对于对称性认识的另一方面, 就是人们最终认识到对几何的研究, 就是对于对称性及它的群的不变量的研究。Klein 在他著名的 Erlangen 纲领中将几何学理解为: 表述空间中图形在一已知变换群之下不变的性质的定义和定理的系统称为几何学。换言之, 几何学就是研究图形在空间的变换群之下不变的性质的学问, 或研究变换群的不变量理论的学问。

我们将通过抓住代数学中对称性这一主线, 以前面提到的代数学三大基本问题来引导出整个代数学课程的教学与学习, 从而使我们有能力来回答来自自然界或现实生活中与此相关的实际数学问题。

1. 数的问题: 对数的认识的扩大和抽象化

由正整数半群引出整数群、整数环 $\mathbb{Z}$、有理数域 $\mathbb{Q}$、实数域 $\mathbb{R}$ 和复数域 $\mathbb{C}$。以对称性引出交换半群、交换群、交换环 (含单位元)、域的概念, 再以剩余类群、剩余类环、剩余类域为例, 给出特征为素数 p 的一般的环和域的概念。这里 $\mathbb{Z}$ 是离散的, $\mathbb{R}$ 和 $\mathbb{C}$ 是连续的, 而 $\mathbb{Q}$ 是 $\mathbb{R}$ 中的稠密部分。

2. 解方程的问题

数学的根本任务之一是解方程。这里说的方程包括微分方程、三角方程、代数方程等。作为代数课程, 一个基本任务就是解决代数方程的问题, 包括: 一元代数方程 (一元多项式方程)、多元线性方程 (组)、多元高次方程组等。与此相关的内容, 就涉及多项式理论、线性方程组理论、二元高次方程组的结式理论等。

3. 对几何空间的代数认识问题

对几何空间的认识, 就是人类对自身的认识, 因为人类是生活在几何空间中的。但对几何空间的认识, 只有通过代数的方法才能实现, 这就是由众所周知的 Descartes 坐标系思想引申出来的。由向量空间 $\mathbb{R}^n$ 到一般的线性空间, 就是几何的代数化和抽象化, 也是线性代数的核心内容。

上述三个方面, 是《代数学》的基本任务, 也是我们展开《代数学 (一)》和《代数学 (二)》所有内容的出发点, 是带动我们思考的引导性问题。我们将学习的矩阵和行列式, 则是完成这些任务的基本工具。其他所有内容, 都是上述这些方面的交融和发展。

(三)

前面我们提到, 对称性的研究是代数学的核心课题, 而群论是描述对称性的最重要的工具。虽然群论的思想在很早就萌芽了, 但是对群的严格公理化定义和研究则起源于 Galois 对一元代数方程的研究。回顾这段历史对于我们学习代数学甚至是数学这门学科都是非常有益的。古巴比伦人知道如何求解一元二次方程, 但是一元三次方程和一元四次方程的求解问题比二次方程要困难得多, 因此直到 16 世纪才找到求根公式, 这得益于 15 世纪前后发展起来的行列式和线性方程组的理论。人们总结二次、三次和四次方程的求根公式发现一个非常有趣的现象, 那就是所有的求根公式都只涉及系数的加、减、乘、除和开方运算, 这样的求根公式被称为根式解公式。按照人们习惯性的思维方式, 次数小于五的一元代数方程的解都是根式解, 自然会猜测五次或更高次的一元代数方程也有根式解公式。事实上, 很多数学家都试图去证明这一点, 或者试图找出这样的根式解公式, 但都没有获得成功。此后 Abel-Ruffini 定理证明了五次及以上的一元代数方程不存在普遍适用的根式解公式 (这一结果先由 Ruffini 发表, 但是证明有漏洞, 最后 Abel 给出了完整的叙述和证明)。这一定理的发表彻底打破了人们寻求高次方程根式解公式的幻想。

Abel-Ruffini 定理的结论无疑是重要的。但是一个更重要的问题还是没有解决, 因为很多特征非常突出的高次方程肯定是存在根式解的, 因此寻找一般的一元代数方程存在根式解的充要条件成了摆在数学家面前的核心问题。这一问题最终是由 Galois 解决的。1830 年, 19 岁的 Galois 完成了解决这一问题的论文并投稿到巴黎科学院, 因审查人去世, 论文不知所终。次年, Galois 再次提交了论文, 但被审稿人以论证不够充分为由退稿。1832 年 5 月, Galois 在决斗前夕再次修改了他的论文, 并委托朋友再次向巴黎科学院投稿。

由于 Galois 的理论过于超前, 直到他死于决斗后 15 年才发表, 而其中包含的新思想立即引起了众多数学家的极大兴趣。Galois 在他的理论中用到了两种重要的思想。首先是借鉴了 Lagrange 的思想, 将方程的根看成一个集合, 然后考虑根的置换, 这就是最早的群的实例。其次, Galois 将对于四则运算封闭的数集定义为一个域 (数域), 而将解方程的过程看成把新的元素添加到域中的过程, 这里产生的思想就是域的概念和域的扩张理论。Galois 理论的出现吸引了后来的大批数学家系统研究群和域的扩张, 并形成了数学中一个非常重要的分支, 即所谓的抽象代数或近世代数。一般我们将具有运算的非空集合称为一个代数结构。从数学内在的逻辑来看, 群是只有一种运算的代数结构, 因此研究具有两种运算的代数结构是重要的。如果不考虑减法和除法, 域其实是有两种运算的代数结构, 即加法和乘法 (减法是加法的逆运算, 除法是乘法的逆运算)。但是域的条件过于严苛, 因而很多数学中出现的代数结构都不是域, 例如整数集、多项式的集合等。因此人们系统研究了具有两种运算 (一般称为加法和乘法) 且满足一定条件的代数结构, 这就是环的概念。但是我们必须强调, 数学的发展往往与数学内在的逻辑并不一致。环论的发展并不是按照逻辑进行的。虽然历史上第一个使用环这一名称的数学家是 Hilbert, 但是在他之前有很多数学家已经在环的研究中取得很多重要的成果。环论是现代交换代数的主要研究课题之一。历史上在环论的研究中取得重要成就的数学家包括 E. Artin, E. Noether, N. Jacobson 等。这里特别需要提到的是女数学家 Noether, 她不但在环论中做出杰出的贡献, 而且第一次发现了群的表示理论与模之间的联系, 使得模和表示理论的研究产生了极大的飞跃。

　　群、环、域、模的理论是本系列教材中《代数学 (三)》和《代数学 (四)》的主要内容。我们这里所说的域论包含了 Galois 理论, 也就是关于一元高次方程根式解存在性的完整理论。此外, 为了适应现代代数学的发展趋势, 我们还在《代数学 (四)》中介绍了范畴的基本知识。范畴论是一门致力于揭示数学结构之间联系的数学分支, 是不同的抽象数学结构的进一步抽象, 因此应用极其广泛。此外, 我们还介绍了 Gröbner 基的一些基础知识, 特别是给出了 Hilbert 零点定理的证明。我们认为在大学的抽象代数课程中适当介绍这些内容是有益的。

(四)

　　回到数学中对于对称性的研究。群论是描述和研究对称性的重要理论, 特别地, 对称产生群, 而群又可以用来描述对称性。利用群来研究对称性的最重要的途径就是群在集合上的作用的理论。当一个群作用到线性空间时, 我们自然会希望群的作用保持线性空间的结构, 这就是群的表示的概念。表示理论经过一个多世纪的发展, 已经成为数学中非常庞大的核心领域之一, 而且已经不再局限于群的表示。另一方面, 有限群的表示作为表示理论的基础, 已经渗透到几乎所有的数学分支中, 而这正是《代数学 (五)》的主要内容。最后, 作为表示理论的一本入门教材, 我们也在《代数学 (五)》中对李群和李代数的表示理论做了简单的介绍。

　　回顾前面提出的观点: 对称性的思想是代数学的核心; 各个代数类的表示的实现与代数结构的分类, 是代数学的两翼。大体上说, 《代数学 (三)》是以研究各代数类的结构为主, 而《代数学 (四)》和《代数学 (五)》分别以研究环上的模和群的表示为核心。所谓研究代数类的结构, 就是研究这类代数的本身, 或者说是研究代数类的内部刻画。而研究代数类特别是群和环类的表示 (模), 以及李代数等非结合代数的表示, 都可以认为是研究它们的外部刻画。Gelfand 曾说："所有的数学就是某类表示论"，席南华在他的著名演讲"表示，随处可见"(见文献《基础代数 (三)》) 中认为这就是一种泛表示论的观点，并指出"数学上需要表示得更明确的含义"，这是非常中肯的。但尽管如此，Gelfand 的观点其实也告诉我们表示的重要意义。在数学上来说，表示的意义和"作用"是等价的，也就是一个群或环只有发挥它的"作用"才能体现其用处。这就如同我们去认识一个人，不会限于理解他作为一个实体的"人"的生物性存在，更重要的是去了解他的社会关系，也就是他作为个体对社会整体的作用，这才是他作为一个人存在的价值。所以我们可以理解为什么有些数学家认为"只有表示才是有意义的"，这其实并没有否定代数结构的重要性，它们就是"皮之不存，毛将焉附"的关系。

最后体会一下：我们的《代数学 (一)》和《代数学 (二)》的高等代数内容，就是在"线性关系"或"矩阵关系"下，给各代数类提供让人们尽可能简单地理解一个复杂代数结构的"表示"的可能性。

(五)

上面叙述的就是我们这套教材的主要内容和对它们的理解。需要指出的是，考虑到数学 "101 计划" 对于教材的高要求，本套教材无论从内容的选取还是习题设计来说都有一定的难度，因此不一定适合所有的高校。但是我们认为，这套教材对于我国高水平高校，包括 985、211、双一流高校或其他数学强校都是适用的。此外，对于一些优秀学生，或者致力于自学数学的人员，本套教材也有很好的参考价值。

但需要特别强调的是，本套教材的部分内容完全可以灵活地作为选学内容，这取决于授课的对象、所在学校对学生在该课程上的要求等。

最后需要指出，人类对于数学的认识，本来就是以问题为引导的，所以我们应在问题引导下来学习、认识新概念和新内容。同时，希望注意下面两点 (供思考)：

(1) 一个结论是否成立，与其所处的环境有关；环境改变，结论也会改变。比如：多项式因式分解与所处域的关系。

(2) 知道怎么证明了，还需思考为什么这么证、关键点在哪里，从而通过比较，为解决其他问题提供思路。

数学的发展是一个整体，代数学更是如此，历史上并不是高等代数理论发展完善了，才开始抽象代数的发展。也就是说，课程内容的分类，不是从历史的逻辑，而是从其内在逻辑和人类对知识的需要来编排和取舍的。因此我们完全有必要重新审视整个代数学内容的安排，以期更合理也更有益于同学们的学习。本套教材并不认为有必要完全打乱现有的体系，而是尝试将抽象代数的部分概念和思想，以自然的状态渗透到高等代数阶段的学习中，并且希望这样做并不增加这一阶段的学习负担, 而是更好理解高等代数阶段出现的概念和思想, 也降低抽象代数阶段的 "抽象性", 自然也为后一阶段的学习打下更好的基础。我们希望读者不再觉得抽象代数是抽象的。当然我们这样做更重要的原因是, 希望以理解对称性来贯穿、统领整个代数学的学习, 从而更接近代数学的本质。

(六)

《代数学 (三)》和《代数学 (四)》适用于高等学校数学类专业的必修课 "抽象代数" 或 "代数学" 先修课程为 "高等代数", 全部讲完需要两个学期. 该书的内容比较丰富, 建议根据课时的不同对讲授的内容进行调整. 对一学期 64 学时抽象代数课程, 建议讲授《代数学 (三)》第一章 (4 学时)、第二章的前 8 节 (14 学时)、第三章的前 4 节 (12 学时)、第四章的 4.1, 4.4, 4.5, 4.6, 4.7 (8 学时)、第五章的前 4 节 (8 学时)、第六章不讲 6.1 节后面的代数闭包, 6.4 节只讲定理 6.4.1(10 学时) 以及《代数学 (四)》第一章的前 3 节 (8 学时). 对一学期 48 学时抽象代数课程, 可从上面建议内容中选取一部分讲授.

作 者

2024 年 7 月

致 谢

 本书的写作得到了很多专家、同行、同事和学生的帮助. 首先感谢《代数学》教材编写组的召集人、南开大学副校长白承铭教授对我们的信任、支持和帮助. 白承铭教授组织了多次教材编写的研讨会，传达教育部和数学"101 计划"教材专家委员会的相关指示精神，同时在教材内容的选择、写作风格的协调等方面给我们提出了大量指导性的意见。感谢高等教育出版社的领导和相关老师，特别是高旭老师，为本书的出版提供了方便的通道和周到细致的服务。感谢本套教材编写组的成员，浙江大学刘东文副教授和南开大学常亮副教授，在本书写作过程中提出的很多有价值的建议. 感谢南开大学陈省身数学研究所的博士后郜东方博士和刘贵来博士，他们为本书的写作做了大量协调性的工作. 最后感谢北京大学李一笑和杨舍两位同学，他们在本书初稿的试用、校对、习题的选取等方面做了很多有益的工作。

目 录

第一章

Galois 理论

方程是解决现实问题的重要工具, 方程的类型多种多样, 如代数方程、三角方程、微分方程等. 代数学关注的是代数方程, n 元代数方程形如

$$f(x_1, x_2, \cdots, x_n) = 0,$$

其中 $f(x_1, x_2, \cdots, x_n)$ 是一个 n 元多项式. 一元代数方程解法的讨论由来已久, 公元前 2000 年左右古巴比伦的数学家就能解一元二次方程了. 一元二次方程的一般形式是

$$ax^2 + bx + c = 0,$$

其中 $a \neq 0$. 用配方法得

$$\left(x + \frac{b}{2a}\right)^2 = \frac{b^2 - 4ac}{4a^2},$$

从而它的根为

$$x = \frac{-b \pm \sqrt{b^2 - 4ac}}{2a}.$$

解一般的三次方程要困难得多, 一直挑战着数学家们, 直到 16 世纪初意大利文艺复兴时期, 这个问题才被意大利的数学家所解决. 约 1515 年, Ferro (费罗) 成功解出了形如 $ax^3 + bx = c$ 的方程.

设三次方程为

$$y^3 + a_1 y^2 + a_2 y + a_3 = 0,$$

令

$$y = x - \frac{a_1}{3},$$

可消去方程中的二次项变为形式

$$x^3 + px + q = 0. \tag{1.1}$$

假设方程 (1.1) 的三个根分别是 x_1, x_2 和 x_3, 则由 Viète (韦达) 定理得

$$x_1 + x_2 + x_3 = 0,$$
$$x_1 x_2 + x_2 x_3 + x_1 x_3 = p, \tag{1.2}$$
$$x_1 x_2 x_3 = -q.$$

设 ω 是一个 3 次本原单位根, 即设

$$\omega = \frac{1}{2}(-1 + \sqrt{-3}),$$

则有 $\omega^2 + \omega = -1$. 令

$$u = \frac{1}{3}(x_1 + \omega x_2 + \omega^2 x_3),$$

$$v = \frac{1}{3}(x_1 + \omega^2 x_2 + \omega x_3),$$

由式 (1.2) 得到

$$uv = -\frac{p}{3}, \quad u^3 + v^3 = -q.$$

从而 u^3 和 v^3 是二次方程

$$z^2 + qz - \frac{p^3}{27} = 0 \tag{1.3}$$

的两个根. 解二次方程 (1.3) 得

$$z_{1,2} = -\frac{q}{2} \pm \sqrt{\frac{q^2}{4} + \frac{p^3}{27}}.$$

由此

$$u = \sqrt[3]{z_1} = \sqrt[3]{-\frac{q}{2} + \sqrt{\frac{q^2}{4} + \frac{p^3}{27}}},$$

$$v = \sqrt[3]{z_2} = \sqrt[3]{-\frac{q}{2} - \sqrt{\frac{q^2}{4} + \frac{p^3}{27}}}.$$

又显然有

$$x_1 = u + v,$$

$$x_2 = \omega^2 u + \omega v,$$

$$x_3 = \omega u + \omega^2 v.$$

这样我们就得到上述三次方程的根的公式.

1545 年, Cardano (卡尔达诺) 出版了 *Ars Magna* 一书, 许多历史学家认为这本著作的问世标志着近代数学的开端, 书中给出了三次方程的解法和其学生 Ferrari (费拉里) 对四次方程的解法. 这使得五次或五次以上的代数方程至少看起来可能存在着类似公式, 由此激发了许多数学家去寻找求解四次以上方程的求根公式. 但是, 在这之后的 250 年内, 寻找五次方程的求根公式都失败了.

法国数学家 Lagrange (拉格朗日) 在他的研究中指出, 对于二次、三次、四次的情形, 方程可以通过降次的方法解出. 但把同样的过程应用到五次方程时, 意外之事发生了, 结果方程没有成为想象的四次, 反倒变成了更高次! 这种方法遭遇了彻底失败. 因此 Lagrange 总结道: 用这些方法推导出五次方程的求根公式是不可能的. 意大利人 Ruffini (鲁菲尼) 声称已经证明了一般五次方程不能通过一个公式解出, 并在 1799 年公布了他的证明, 然而数学界对 Ruffini 的证明普遍持怀疑态度. 挪威天才数学家 Abel (阿贝尔) 最终证明了一般的五次方程不存在根式解, 论文发表在 1826 年出版的 *Journal für die*

4 第一章 Galois 理论

Reine und Angewandte Mathematik 或称为 *Crelle's Journal* 的第一卷第一期上. 另一位天才数学家法国人 Galois (伽罗瓦) 给出了代数方程有根式解的充要条件是其 Galois 群是可解群.

本章将讨论经典的 Galois 理论, 给出 Galois 这个划时代结果的完整证明, 最后还将给出它在尺规作图这个几何问题上的应用.

1.1 域扩张的 Galois 群与 Galois 扩张

定义 1.1.1 设 E 是一个域, E 的全体域自同构的集合在映射的合成下构成一个群, 称其为 E 的**自同构群**, 记为 $\mathrm{Aut}(E)$.

例 1.1.1 考虑有理数域的自同构群. 任取 $\sigma \in \mathrm{Aut}(\mathbb{Q})$, 则有 $\sigma(0) = 0$ 和 $\sigma(1) = 1$. 由

$$0 = \sigma(0) = \sigma(1 + (-1)) = \sigma(1) + \sigma(-1) = 1 + \sigma(-1)$$

得到 $\sigma(-1) = -1$. 再根据 σ 保持加法得到对任意正整数 n 有

$$\sigma(n) = \sigma(\underbrace{1 + 1 + \cdots + 1}_{n\,\text{个}}) = \underbrace{\sigma(1) + \sigma(1) + \cdots + \sigma(1)}_{n\,\text{个}} = n.$$

从而 $\sigma(-n) = \sigma(-1)\sigma(n) = -n$, 这便得到 σ 把每个整数都保持不变. 对任意非零整数 m, 由 σ 保持乘法运算得到

$$1 = \sigma(1) = \sigma\left(m \cdot \frac{1}{m}\right) = \sigma(m)\sigma\left(\frac{1}{m}\right) = m\sigma\left(\frac{1}{m}\right),$$

从而 $\sigma\left(\dfrac{1}{m}\right) = \dfrac{1}{m}$. 这样对任意有理数 $a = \dfrac{n}{m} \in \mathbb{Q}$, 其中 n, m 为整数且 $m \neq 0$, 有

$$\sigma(a) = \sigma\left(\frac{n}{m}\right) = \sigma\left(n \cdot \frac{1}{m}\right) = \sigma(n)\sigma\left(\frac{1}{m}\right) = \frac{n}{m} = a,$$

这便证出 σ 把每个有理数都保持不变, 所以 σ 为 $\mathbb{Q}$ 上的恒等变换 $\mathrm{id}_{\mathbb{Q}}$, 从而 $\mathrm{Aut}(\mathbb{Q}) = \{\mathrm{id}_{\mathbb{Q}}\}$ 为单位元群.

有理数域 $\mathbb{Q}$ 没有真子域, 即为素域, 对任意素数 p, p 元域 $\mathbb{F}_p$ 也是素域, 同样容易确定出 $\mathrm{Aut}(\mathbb{F}_p)$ 也是单位元群.

下面看 $\mathrm{Aut}(\mathbb{Q}(\sqrt[3]{2}))$. 任取 $\sigma \in \mathrm{Aut}(\mathbb{Q}(\sqrt[3]{2}))$, 由前面的讨论知 σ 把每个有理数都保持不变. 记 $\alpha = \sqrt[3]{2}$, 则 $\mathbb{Q}(\sqrt[3]{2}) = \mathbb{Q}(\alpha)$ 中每个元素 β 形如 $f(\alpha)$, 其中 $f(x) \in \mathbb{Q}[x]$. 故

$$\sigma(\beta) = \sigma(f(\alpha)) = f(\sigma(\alpha)),$$

即 σ 被 $\sigma(\alpha)$ 所唯一确定. 由于 $\alpha^3 - 2 = 0$, 用 σ 作用得到

$$0 = \sigma(0) = \sigma(\alpha^3 - 2) = \sigma(\alpha^3) - \sigma(2) = \sigma(\alpha)^3 - 2,$$

即 $\sigma(\alpha)$ 也是多项式 $x^3 - 2$ 的根. 我们知道 $x^3 - 2$ 的根为

$$\alpha,\ \alpha\omega,\ \alpha\omega^2,$$

其中 $\omega = \dfrac{-1 + \sqrt{-3}}{2}$. 由于 $\alpha = \sqrt[3]{2}$ 是实数, 故 $\mathbb{Q}(\sqrt[3]{2}) = \mathbb{Q}(\alpha) \subseteq \mathbb{R}$. 又 $x^3 - 2$ 的三个根中只有 α 为实数, 所以 $\sigma(\alpha) = \alpha$. 进一步地,

$$\sigma(\beta) = f(\sigma(\alpha)) = f(\alpha) = \beta.$$

从而 $\sigma = \mathrm{id}_{\mathbb{Q}(\alpha)}$, 故 $\mathrm{Aut}(\mathbb{Q}(\sqrt[3]{2}))$ 仍为单位元群.

例 1.1.2　设 $E = \mathbb{Q}(\sqrt{2}, \sqrt{3})$, 考察 $\mathrm{Aut}(E)$. 记 $\alpha = \sqrt{2}, \beta = \sqrt{3}$. 显然 α 在 $\mathbb{Q}$ 上的极小多项为 $x^2 - 2$, 所以 $[\mathbb{Q}(\alpha) : \mathbb{Q}] = 2$. 类似地, β 在 $\mathbb{Q}$ 上的极小多项式为 $x^2 - 3$, 由于 $\beta \notin \mathbb{Q}(\alpha)$, 故 β 在 $\mathbb{Q}(\alpha)$ 上的极小多项式仍为 $x^2 - 3$, 所以 $[E : \mathbb{Q}(\alpha)] = 2$, 由此得到

$$[E : \mathbb{Q}] = [E : \mathbb{Q}(\alpha)][\mathbb{Q}(\alpha) : \mathbb{Q}] = 4.$$

容易验证 $1, \alpha = \sqrt{2}, \beta = \sqrt{3}, \alpha\beta = \sqrt{6}$ 构成 E 在 $\mathbb{Q}$ 上的一组基.

由例 1.1.1 中讨论可知, E 的每个自同构 σ 固定 $\mathbb{Q}$, 并且被 $\sigma(\alpha)$ 和 $\sigma(\beta)$ 所唯一确定, 同时 $\sigma(\alpha)$ 是 α 在 $\mathbb{Q}$ 上的极小多项式的根, $\sigma(\beta)$ 是 β 在 $\mathbb{Q}$ 上的极小多项式的根. 由于 $x^2 - 2$ 的根为 $\pm\alpha$, $x^2 - 3$ 的根为 $\pm\beta$, 所以元素对 $(\sigma(\alpha), \sigma(\beta))$ 的取值有如下四种可能:

$$(\alpha, \beta),\ (\alpha, -\beta),\ (-\alpha, \beta),\ (-\alpha, -\beta).$$

容易验证, 对如上四种可能取值的每一个, 都可以唯一给出 E 的一个自同构, 例如

$$(\sigma(\alpha), \sigma(\beta)) = (\alpha, \beta)$$

给出的是 E 的恒等变换 id_E, 而

$$(\sigma(\alpha), \sigma(\beta)) = (-\alpha, \beta)$$

给出的 E 的自同构为

$$\sigma(a + b\alpha + c\beta + d\alpha\beta) = a - b\alpha + c\beta - d\alpha\beta,$$

其中 $a, b, c, d \in \mathbb{Q}$. 从而 $\mathrm{Aut}(E)$ 中有 4 个元素, 但我们需要进一步看 $\mathrm{Aut}(E)$ 的群结构. 记 $\alpha, -\alpha$ 为符号 $1, 2$; $\beta, -\beta$ 为符号 $3, 4$, 则 $\mathrm{Aut}(E)$ 中每个元素可唯一表示成集合 $\{1, 2, 3, 4\}$ 上的一个置换. 例如

$$(\sigma(\alpha), \sigma(\beta)) = (\alpha, \beta)$$

给出恒等变换 (1),

$$(\sigma(\alpha), \sigma(\beta)) = (-\alpha, \beta)$$

给出置换 (12),

$$(\sigma(\alpha), \sigma(\beta)) = (\alpha, -\beta)$$

给出置换 (34),

$$(\sigma(\alpha), \sigma(\beta)) = (-\alpha, -\beta)$$

给出置换 (12)(34). 由此得到 $\mathrm{Aut}(E)$ 同构于置换群

$$\{(1), (12), (34), (12)(34)\},$$

它是两个 2 阶循环群 $\langle(12)\rangle$ 和 $\langle(34)\rangle$ 的直积, 为 Klein (克莱因) 四元群.

定义 1.1.2　设 E 是域 F 的一个扩张, E 的所有 F-自同构的集合

$$\mathrm{Gal}(E/F) := \{\sigma \in \mathrm{Aut}(E) \mid \sigma|_F = \mathrm{id}_F\}$$

构成 $\mathrm{Aut}(E)$ 的一个子群, 称为 E 在 F 上的 **Galois 群**.

若 E 为 F 的有限次扩张, 则存在 F 上的代数元 $\alpha_1, \alpha_2, \cdots, \alpha_r \in E$ 使得

$$E = F(\alpha_1, \alpha_2, \cdots, \alpha_r).$$

对任意 $\alpha \in E$,

$$\alpha = \sum_{j_1, j_2, \cdots, j_r} c_{j_1 j_2 \cdots j_r} \alpha_1^{j_1} \alpha_2^{j_2} \cdots \alpha_r^{j_r},$$

其中 $c_{j_1 j_2 \cdots j_r} \in F$, $j_1, j_2, \cdots, j_r$ 为非负整数且表达式为有限项求和. 对任意 $\sigma \in \mathrm{Gal}(E/F)$,

$$\sigma(\alpha) = \sum_{j_1, j_2, \cdots, j_r} c_{j_1 j_2 \cdots j_r} \sigma(\alpha_1)^{j_1} \sigma(\alpha_2)^{j_2} \cdots \sigma(\alpha_r)^{j_r},$$

所以 σ 被 $\sigma(\alpha_1), \sigma(\alpha_2), \cdots, \sigma(\alpha_r)$ 唯一确定. 进一步地, 对任意 $1 \leqslant i \leqslant r$, 设 α_i 在 F 上的极小多项式为 $p_i(x)$, 由于 σ 把 $p_i(x)$ 的系数保持不动, 故

$$p_i(\sigma(\alpha_i)) = \sigma(p_i(\alpha_i)) = \sigma(0) = 0,$$

即 $\sigma(\alpha_i)$ 也是 $p_i(x)$ 的根, 从而 $\sigma(\alpha_i)$ 只有有限种取法, 这表明 σ 的个数有有限多, 所以 $\mathrm{Gal}(E/F)$ 为有限群.

若 E 是多项式 $f(x) \in F[x]$ 在 F 上的分裂域, 则同构延拓定理告诉我们

$$|\mathrm{Gal}(E/F)| \leqslant [E:F].$$

实际上该结论对任意的有限次扩张都成立, 这可以给出有限次扩张的 Galois 群阶的进一步刻画.

定理 1.1.1　设 E 和 L 都是 F 的扩张且 $[E:F]$ 有限, 则从 E 到 L 互不相同的 F-同态个数不超过 $[E:F]$. 特别地, $|\mathrm{Gal}(E/F)| \leqslant [E:F]$.

证明　因为 E 为 F 的有限次扩张, 所以存在 F 上的代数元 $\alpha_1, \alpha_2, \cdots, \alpha_r \in E$ 使得

$$E = F(\alpha_1, \alpha_2, \cdots, \alpha_r).$$

下面对 r 做归纳.

若 $r = 0$, 即 $E = F$, 则结论显然成立, 因为从 F 到 L 的 F-同态只有恒等映射这一个, 其个数等于 $[F:F] = 1$.

设 $r \geqslant 1$ 并假设结论对 $r-1$ 成立, 下面证明结论对 r 也成立. 令

$$K = F(\alpha_1, \alpha_2, \cdots, \alpha_{r-1}),$$

则 $E = K(\alpha_r)$, 且由归纳假设从 K 到 L 互不相同的 F-同态个数不超过 $[K:F]$. 因为 $E = K(\alpha_r)$, 所以每一个 F-同态 $\varphi : K \to L$ 的延拓 $\psi : E \to L$ 被 $\psi(\alpha_r)$ 所唯一确定, 从而 φ 延拓到 ψ 的个数为 $\psi(\alpha_r)$ 不同的选取个数. 设 $g(x)$ 是 α_r 在 K 上的极小多项式, 则 $\psi(\alpha_r)$ 是 $\varphi(g)(x) \in \varphi(K)[x]$ 的根. 由于

$$\deg \varphi(g)(x) = \deg g(x) = [E:K],$$

故 $\psi(\alpha_r)$ 的可能选取个数至多为 $[E:K]$, 这表明 F-同态 $\varphi : K \to L$ 延拓为 F-同态 $\psi : E \to L$ 的个数至多为 $[E:K]$. 由于每一个 F-同态 $\psi : E \to L$ 都是某一个 F-同态 $\varphi : K \to L$ 的延拓, 由归纳假设可以得到从 E 到 L 互不相同的 F-同态个数至多为

$$[K:F][E:K] = [E:F].$$

$\square$

定义 1.1.3　设 $G \leqslant \mathrm{Aut}(E)$, $\alpha \in E$, 若对任意 $\sigma \in G$, 都有 $\sigma(\alpha) = \alpha$, 则称 α 为 G 的一个**不动元**, 群 G 的不动元集合

$$\mathrm{Inv}(G) = \{\alpha \in E \mid \sigma(\alpha) = \alpha, \forall \sigma \in G\}$$

构成 E 的一个子域, 称为 G 的**不动域**.

设 E 是域, 将 E 的所有子域构成的集合记为 Γ, 将 $\mathrm{Aut}(E)$ 的所有子群构成的集合记为 Ω, 则得下面两个映射:

$$\mathrm{Gal} : \Gamma \to \Omega$$
$$L \mapsto \mathrm{Gal}(E/L)$$

和

$$\mathrm{Inv} : \Omega \to \Gamma$$
$$H \mapsto \mathrm{Inv}(H).$$

显然这两个映射有下面的反包含性质.

命题 1.1.1　设 L_1, L_2 是域 E 的子域, H_1, H_2 是 $\mathrm{Aut}(E)$ 的子群, 则有

$$L_1 \subseteq L_2 \Rightarrow \mathrm{Gal}(E/L_1) \supseteq \mathrm{Gal}(E/L_2),$$

$$H_1 \subseteq H_2 \Rightarrow \mathrm{Inv}(H_1) \supseteq \mathrm{Inv}(H_2).$$

设 L 是 E 的子域, H 是 $\mathrm{Aut}(E)$ 的子群, 则显然有 $L \subseteq \mathrm{Inv}(\mathrm{Gal}(E/L))$ 和 $H \subseteq \mathrm{Gal}(E/\mathrm{Inv}(H))$. 进一步地, 由 $L \subseteq \mathrm{Inv}(\mathrm{Gal}(E/L))$ 有

$$\mathrm{Gal}(E/L) \supseteq \mathrm{Gal}(E/\mathrm{Inv}(\mathrm{Gal}(E/L))).$$

在 $H \subseteq \mathrm{Gal}(E/\mathrm{Inv}(H))$ 中令 $H = \mathrm{Gal}(E/L)$, 有

$$\mathrm{Gal}(E/L) \subseteq \mathrm{Gal}(E/\mathrm{Inv}(\mathrm{Gal}(E/L))),$$

故

$$\mathrm{Gal}(E/\mathrm{Inv}(\mathrm{Gal}(E/L))) = \mathrm{Gal}(E/L),$$

即 $\mathrm{Gal} \cdot \mathrm{Inv} \cdot \mathrm{Gal} = \mathrm{Gal}$. 类似地, 有

$$\mathrm{Inv}(\mathrm{Gal}(E/\mathrm{Inv}(H))) = \mathrm{Inv}(H),$$

或写成映射复合的形式 $\mathrm{Inv} \cdot \mathrm{Gal} \cdot \mathrm{Inv} = \mathrm{Inv}$.

定义 1.1.4　设 E 是域 F 的扩张, 如果 $\mathrm{Inv}(\mathrm{Gal}(E/F)) = F$, 就称 E 为 F 的一个 **Galois 扩张**.

例 1.1.3　由例 1.1.1 知

$$\mathrm{Gal}(\mathbb{Q}(\sqrt[3]{2})/\mathbb{Q}) = \mathrm{Aut}(\mathbb{Q}(\sqrt[3]{2})) = \{\mathrm{id}_{\mathbb{Q}(\sqrt[3]{2})}\},$$

所以

$$\mathrm{Inv}(\mathrm{Gal}(\mathbb{Q}(\sqrt[3]{2})/\mathbb{Q})) = \mathbb{Q}(\sqrt[3]{2}) \neq \mathbb{Q}.$$

故 $\mathbb{Q}(\sqrt[3]{2})$ 不是 $\mathbb{Q}$ 的 Galois 扩张.

下面给出有限次扩张为 Galois 扩张的几个刻画.

定理 1.1.2　设 E 为 F 的有限次扩张, 则下列陈述等价:

(i) E 是 F 的 Galois 扩张;

(ii) E 是 F 的可分正规扩张;

(iii) E 是 F 上一个可分多项式的分裂域;

(iv) $|\mathrm{Gal}(E/F)| = [E:F]$.

证明   (i) $\Rightarrow$ (ii): 设 E 是 F 的 Galois 扩张. 任取 $\alpha \in E$, 设 $p(x)$ 是 α 在 F 上的极小多项式. 任取 $\sigma \in \mathrm{Gal}(E/F)$, 则

$$p(\sigma(\alpha)) = \sigma(p(\alpha)) = 0,$$

从而 $\sigma(\alpha)$ 也是 $p(x)$ 的根. 在集合

$$\{\sigma(\alpha) \mid \sigma \in \mathrm{Gal}(E/F)\}$$

中取出所有不同的元素 $\sigma_1(\alpha) = \alpha, \sigma_2(\alpha), \cdots, \sigma_s(\alpha)$, 再令

$$h(x) = \prod_{i=1}^{s}(x - \sigma_i(\alpha)) = x^s + b_{s-1}x^{s-1} + \cdots + b_1 x + b_0.$$

任取 $\tau \in \mathrm{Gal}(E/F)$, 考虑 $\tau(h(x))$, 由于

$$\tau\sigma_1(\alpha), \tau\sigma_2(\alpha), \cdots, \tau\sigma_s(\alpha)$$

是 $\sigma_1(\alpha), \sigma_2(\alpha), \cdots, \sigma_s(\alpha)$ 的一个排列, 故 $\tau(h(x)) = h(x)$, 从而对任意 $0 \leqslant i \leqslant s-1$, 有 $\tau(b_i) = b_i$, 故

$$b_i \in \mathrm{Inv}(\mathrm{Gal}(E/F)) = F,$$

所以 $h(x) \in F[x]$. 又 $h(x)$ 的根都是 $p(x)$ 的根, 所以 $h(x) \mid p(x)$, 再由 $p(x)$ 在 $F[x]$ 中不可约得到 $h(x) = p(x)$. 于是 $p(x)$ 的根都在 E 中并且没有重根, 所以 E 是 F 的可分正规扩张.

(ii) $\Rightarrow$ (iii): E 是 F 的正规扩张, 故 E 是某个多项式 $f(x) \in F[x]$ 在 F 上的分裂域, 又由 E 的可分性知 $f(x)$ 可分.

(iii) $\Rightarrow$ (iv): E 是可分多项式 $f(x) \in F[x]$ 的分裂域, $\mathrm{Gal}(E/F)$ 中的元素就是 E 的 F-自同构, 由同构延拓定理的强形式有 $|\mathrm{Gal}(E/F)| = [E:F]$.

(iv) $\Rightarrow$ (i): 记 $L = \mathrm{Inv}(\mathrm{Gal}(E/F))$. 由于

$$\mathrm{Gal}(E/\mathrm{Inv}(\mathrm{Gal}(E/F))) = \mathrm{Gal}(E/F),$$

我们有 $\mathrm{Gal}(E/L) = \mathrm{Gal}(E/F)$. 等式两端用 Inv 作用得到

$$\mathrm{Inv}(\mathrm{Gal}(E/L)) = \mathrm{Inv}(\mathrm{Gal}(E/F)) = L,$$

从而 E 是 L 的 Galois 扩张. 由前面的推导 (i) $\Rightarrow$ (iv) 得到 $|\mathrm{Gal}(E/L)| = [E:L]$, 再由所给条件得出 $[E:F] = [E:L]$. 但是

$$F \subseteq \mathrm{Inv}(\mathrm{Gal}(E/F)) = L,$$

从而 $F = L$, 这便得到 $\mathrm{Inv}(\mathrm{Gal}(E/F)) = F$, 故 E 是 F 的 Galois 扩张. $\square$

注意到由定理 1.1.2 容易得到若 E/F 为有限 Galois 扩张, L 是其中间域, 则 E/L 也是 Galois 扩张. 事实上, 设 E 是某可分多项式 $f(x) \in F[x]$ 在 F 上的分裂域, 则 E 也是 $f(x)$ 在 L 上的分裂域, 从而 E/L 为 Galois 扩张.

定义 1.1.5　设 E 是 F 的 Galois 扩张, L 是中间域, 对任意 $\sigma \in \mathrm{Gal}(E/F)$, 称 $\sigma(L)$ 为 L 的**共轭**.

定理 1.1.3 (Artin (阿廷) 引理)　设 E 是域, G 为 $\mathrm{Aut}(E)$ 的有限子群, $F = \mathrm{Inv}(G)$, 则

$$[E : F] \leqslant |G|.$$

证明　设 $|G| = n$, 且

$$G = \{\sigma_1 = \mathrm{id}_E, \sigma_2, \cdots, \sigma_n\},$$

为证明 $[E : F] \leqslant n$, 我们只需证明 E 中任意 $n+1$ 个元素在 F 上线性相关. 设 $u_1, u_2, \cdots, u_{n+1}$ 是 E 中任意 $n+1$ 个元素. 考虑 E 上如下 $n \times (n+1)$ 矩阵:

$$A = \begin{pmatrix} \sigma_1(u_1) & \sigma_1(u_2) & \cdots & \sigma_1(u_{n+1}) \\ \sigma_2(u_1) & \sigma_2(u_2) & \cdots & \sigma_2(u_{n+1}) \\ \vdots & \vdots & & \vdots \\ \sigma_n(u_1) & \sigma_n(u_2) & \cdots & \sigma_n(u_{n+1}) \end{pmatrix},$$

记 A 的列向量组为 $\beta_1, \beta_2, \cdots, \beta_{n+1}$, 它们在 E 上线性相关, 设其秩为 $r \leqslant n$, 并设 $\beta_1, \beta_2, \cdots, \beta_r$ 线性无关, 于是存在 $a_1, a_2, \cdots, a_r \in E$ 使得

$$\beta_{r+1} = a_1\beta_1 + a_2\beta_2 + \cdots + a_r\beta_r.$$

把上式写成分量形式, 即对任意 $1 \leqslant i \leqslant n$ 有

$$\sigma_i(u_{r+1}) = a_1\sigma_i(u_1) + a_2\sigma_i(u_2) + \cdots + a_r\sigma_i(u_r). \tag{1.4}$$

对任意 $\sigma \in G$, 将 σ 作用于式 (1.4) 得到对任意 $1 \leqslant i \leqslant n$ 有

$$(\sigma\sigma_i)(u_{r+1}) = \sigma(a_1)(\sigma\sigma_i)(u_1) + \sigma(a_2)(\sigma\sigma_i)(u_2) + \cdots + \sigma(a_r)(\sigma\sigma_i)(u_r). \tag{1.5}$$

由于 $G = \{\sigma\sigma_1, \sigma\sigma_2, \cdots, \sigma\sigma_n\}$, 把式 (1.5) 写回向量形式得到

$$\beta_{r+1} = \sigma(a_1)\beta_1 + \sigma(a_2)\beta_2 + \cdots + \sigma(a_r)\beta_r,$$

由 $\beta_1, \beta_2, \cdots, \beta_r$ 的线性无关性得到对任意 $\sigma \in G$ 和任意 $1 \leqslant j \leqslant r$ 有 $\sigma(a_j) = a_j$, 故

$$a_j \in \mathrm{Inv}(G) = F.$$

这时从矩阵 A 的第一行得到

$$u_{r+1} = a_1 u_1 + a_2 u_2 + \cdots + a_r u_r,$$

从而 $u_1, u_2, \cdots, u_{r+1}$ 在 F 上线性相关, 由此 $u_1, u_2, \cdots, u_{n+1}$ 自然在 F 上线性相关, 这便证出

$$[E : F] \leqslant n = |G|.$$

$\square$

下面证明 Galois 理论中一个最重要的定理, 称之为 Galois 基本定理.

定理 1.1.4 (Galois 基本定理) 设 E 是域 F 的一个有限 Galois 扩张, $G = \mathrm{Gal}(E/F)$, 记

$$\mathcal{H} = \{H \mid H \leqslant G\}$$

和

$$\mathcal{L} = \{L \mid L \ \text{为} \ E/F \ \text{的中间域, 即} \ F \subseteq L \subseteq E\},$$

则

$$\mathrm{Gal} : \mathcal{L} \to \mathcal{H}$$
$$L \mapsto \mathrm{Gal}(E/L)$$

和

$$\mathrm{Inv} : \mathcal{H} \to \mathcal{L}$$
$$H \mapsto \mathrm{Inv}(H)$$

是映射且满足下面五条性质:

(i) Gal 和 Inv 互为逆映射, 因而都是双射.

(ii) 上述双射是反包含的, 即当子群 H_1, H_2 分别与中间域 L_1, L_2 对应时,

$$H_1 \supseteq H_2 \Leftrightarrow L_1 \subseteq L_2.$$

下面设子群 H 与中间域 L 对应, 即 $H = \mathrm{Gal}(E/L)$ 或者 $L = \mathrm{Inv}(H)$.

(iii) $[E : L] = |H|$, $[L : F] = [G : H]$.

(iv) 任取 $\sigma \in G$, H 的共轭子群 $\sigma H \sigma^{-1}$ 与 L 的共轭 $\sigma(L)$ 对应.

(v) $H \trianglelefteq G$ 当且仅当 L 是 F 的 Galois 扩张, 这时 $\mathrm{Gal}(L/F) \cong G/H$.

证明 对任意 $F \subseteq L \subseteq E$, 有

$$\mathrm{Gal}(E/L) \subseteq \mathrm{Gal}(E/F) = G,$$

故映射 Gal 的定义是合理的, 同理 Inv 的定义合理.

(i) 任取 $L \in \mathcal{L}$, 则 E/L 是 Galois 扩张, 所以 $\mathrm{Inv}(\mathrm{Gal}(E/L)) = L$, 故 $\mathrm{Inv} \cdot \mathrm{Gal}$ 是 $\mathcal{L}$ 上的恒等变换. 另一方面, 任取 $H \in \mathcal{H}$, 记 $L = \mathrm{Inv}(H)$, 则由

$$\mathrm{Inv}(\mathrm{Gal}(E/\mathrm{Inv}(H))) = \mathrm{Inv}(H)$$

得到 $\mathrm{Inv}(\mathrm{Gal}(E/L)) = L$, 从而 E/L 是 Galois 扩张, 所以 $|\mathrm{Gal}(E/L)| = [E:L]$. 由于

$$H \subseteq \mathrm{Gal}(E/\mathrm{Inv}(H)) = \mathrm{Gal}(E/L),$$

故

$$|H| \leqslant |\mathrm{Gal}(E/L)| = [E:L].$$

再由 Artin 引理有 $[E:L] \leqslant |H|$, 所以 $|H| = |\mathrm{Gal}(E/L)|$. 故

$$H = \mathrm{Gal}(E/L) = \mathrm{Gal}(E/\mathrm{Inv}(H)),$$

从而 $\mathrm{Gal} \cdot \mathrm{Inv}$ 是 $\mathcal{H}$ 上的恒等变换. 所以 Gal 和 Inv 互为逆映射.

(ii) 结论就是命题 1.1.1, 即

$$L_1 \subseteq L_2 \Rightarrow \mathrm{Gal}(E/L_1) \supseteq \mathrm{Gal}(E/L_2),$$
$$H_1 \supseteq H_2 \Rightarrow \mathrm{Inv}(H_1) \subseteq \mathrm{Inv}(H_2).$$

(iii) (i) 中已证

$$|H| = |\mathrm{Gal}(E/L)| = [E:L].$$

另一方面,

$$[G:H] = |G|/|H| = [E:F]/[E:L] = [L:F].$$

(iv) 记 $L' = \sigma(L)$, $H' = \mathrm{Gal}(E/L')$. 任取 $\alpha' \in L'$, 存在 $\alpha \in L$ 使得 $\alpha' = \sigma(\alpha)$, 对任意 $\tau \in H$,

$$\sigma\tau\sigma^{-1}(\alpha') = \sigma\tau\sigma^{-1}(\sigma(\alpha)) = \sigma\tau(\alpha) = \sigma(\alpha) = \alpha',$$

所以 $\sigma H \sigma^{-1} \subseteq H'$. 另一方面, 因为 $L = \sigma^{-1}(L')$, 类似地有 $\sigma^{-1} H' \sigma \subseteq H$, 即 $H' \subseteq \sigma H \sigma^{-1}$. 于是

$$H' = \sigma H \sigma^{-1}.$$

(v) 设 L/F 是 Galois 扩张, 则 L/F 是正规的, 故对任意 $\sigma \in G$, 由《代数学（三）》中定理 6.2.4 得到 $\sigma(L) = L$. 由上面的 (iv) 有

$$\mathrm{Inv}(H) = L = \sigma(L) = \mathrm{Inv}(\sigma H \sigma^{-1}),$$

由于 Inv 是双射, 故 $H = \sigma H \sigma^{-1}$, 这便得到 $H \trianglelefteq G$. 反之, 设 $H \trianglelefteq G$, 则对任意 $\sigma \in G$, 有 $H = \sigma H \sigma^{-1}$, 所以 $\sigma(L) = L$, 仍由《代数学（三）》中定理 6.2.4 知 L/F 是正规的. 再由 E/F 可分得到 L/F 可分, 从而 L/F 是可分正规扩张, 所以 L/F 是 Galois 扩张.

进一步地, 设 L/F 是 Galois 扩张, 任取 $\sigma \in G$, 由于 $\sigma(L) = L$, 可令 $\widetilde{\sigma} = \sigma|_L$, 则 $\widetilde{\sigma} \in \mathrm{Gal}(L/F)$. 定义映射 π 为

$$\pi : G \to \mathrm{Gal}(L/F)$$
$$\sigma \mapsto \widetilde{\sigma},$$

容易验证 π 是一个群同态且 $\mathrm{Ker}\,\pi = \mathrm{Gal}(E/L) = H$, 所以 G/H 同构于 $\mathrm{Gal}(L/F)$ 的一个子群. 再由

$$|\mathrm{Gal}(L/F)| = [L : F] = [G : H] = |G/H|$$

得到 $\mathrm{Gal}(L/F) \cong G/H$, 或写成

$$\mathrm{Gal}(L/F) \cong \mathrm{Gal}(E/F)/\mathrm{Gal}(E/L).$$

$\square$

定义 1.1.6 Galois 基本定理中定义的一一对应 $L \leftrightarrow \mathrm{Gal}(E/L)$ 或者 $H \leftrightarrow \mathrm{Inv}(H)$ 也称为 **Galois 对应**.

例 1.1.4 设 $F = \mathbb{F}_q$ 为 q 元域, $q = p^m$, 其中 p 为素数, m 为正整数. 设 E 是 F 的一个 n 次扩张, 则 E 为 q^n 元域, 故 E 为可分多项式 $x^{q^n} - x$ 在 F 上的分裂域, 从而 E/F 为 Galois 扩张, 所以 $|\mathrm{Gal}(E/F)| = [E : F] = n$. 对任意 $\alpha \in E$, 定义 $\sigma(\alpha) = \alpha^q$, 则容易验证 $\sigma \in \mathrm{Gal}(E/F)$. 计算得到 σ 的阶为 $o(\sigma) = n$, 所以 $\mathrm{Gal}(E/F) = \langle \sigma \rangle$ 是一个 n 阶循环群. 对 n 的每个正因子 d, $\mathrm{Gal}(E/F)$ 有唯一的 d 阶子群 $H = \langle \sigma^{\frac{n}{d}} \rangle$, 设 $L = \mathrm{Inv}(H)$, 则有

$$[L : F] = [G : H] = \frac{n}{d},$$

从而 $|\mathrm{Inv}(H)| = |L| = q^{\frac{n}{d}}$. 故每个中间域的元素个数为 q^t, 其中 $t \mid n$.

命题 1.1.2 设 F 是域, L 是 F 的一个扩张, E 是可分多项式 $f(x) \in F[x]$ 在 F 上的分裂域, K 是 $f(x)$ 在 L 上的分裂域, 那么 $\mathrm{Gal}(K/L)$ 同构于 $\mathrm{Gal}(E/F)$ 的一个子群, 记为 $\mathrm{Gal}(K/L) \lesssim \mathrm{Gal}(E/F)$.

证明 设 $f(x)$ 的全部根为 $\alpha_1, \alpha_2, \cdots, \alpha_n$, 则

$$E = F(\alpha_1, \alpha_2, \cdots, \alpha_n) \subseteq L(\alpha_1, \alpha_2, \cdots, \alpha_n) = K.$$

任取 $\sigma \in \mathrm{Gal}(K/L)$, 都有 $\sigma|_F = \mathrm{id}_F$, 又因为 E/F 正规, 由《代数学 (三)》中定理 6.2.4 有 $\sigma(E) = E$. 令 $\widetilde{\sigma} = \sigma|_E$, 则 $\widetilde{\sigma} \in \mathrm{Gal}(E/F)$. 定义映射

$$\pi : \mathrm{Gal}(K/L) \to \mathrm{Gal}(E/F)$$
$$\sigma \mapsto \widetilde{\sigma},$$

则易知 π 是一个群同态. 进一步地, 若 $\widetilde{\sigma} = \mathrm{id}_E$, 则 σ 保持 E 中元素不变, 从而保持 $f(x)$ 的根不变. 又 σ 保持 L 中元素不变, 所以 σ 保持 K 中元素不变, 即 $\sigma = \mathrm{id}_K$. 故 π 为单同态, 所以 $\mathrm{Gal}(K/L)$ 同构于 $\mathrm{Gal}(E/F)$ 的一个子群.

$\square$

本节的最后, 我们给出代数基本定理的一个证明.

定理 1.1.5 (代数基本定理)　复数域 $\mathbb{C}$ 是代数封闭域.

证明　只需证明 $\mathbb{C}$ 的代数扩张只有 $\mathbb{C}$ 本身. 若否, 设 L 为 $\mathbb{C}$ 的一个代数扩张, 且 $\mathbb{C} \subsetneq L$. 因为 $\mathbb{C}$ 是实数域 $\mathbb{R}$ 的代数扩张, 所以 L 也是 $\mathbb{R}$ 的代数扩张. 选取 $\theta \in L \setminus \mathbb{C}$, 设 $f(x) \in \mathbb{R}[x]$ 为 θ 在 $\mathbb{R}$ 上的极小多项式, 而 E 是 $f(x)$ 在 $\mathbb{C}$ 上的分裂域. 因为 $\theta \in E$, 但是 $\theta \notin \mathbb{C}$, 所以有域扩张链

$$\mathbb{R} \subsetneq \mathbb{C} \subsetneq E.$$

显然 E 是 $(x^2 + 1)f(x) \in \mathbb{R}[x]$ 在 $\mathbb{R}$ 上的分裂域, 故 $E/\mathbb{R}$ 为 Galois 扩张. 设 Galois 群 $\mathrm{Gal}(E/\mathbb{R})$ 的阶为

$$|\mathrm{Gal}(E/\mathbb{R})| = 2^j m,$$

其中 $j \geqslant 0$, m 为奇数, 由 Sylow (西罗) 定理知 $\mathrm{Gal}(E/\mathbb{R})$ 有 2^j 阶子群 H. 令 $K = \mathrm{Inv}(H)$, 由 Galois 基本定理有 $[E:K] = |H| = 2^j$. 由于

$$[E:K][K:\mathbb{R}] = [E:\mathbb{R}] = |\mathrm{Gal}(E/\mathbb{R})| = 2^j m,$$

故 $[K:\mathbb{R}] = m$.

下面证明 $m = 1$. 事实上, 任取 $\alpha \in K$, 且 α 在 $\mathbb{R}$ 上的极小多项式为 $g(x)$, 则

$$[\mathbb{R}(\alpha):\mathbb{R}] = \deg g(x),$$

从而

$$\deg g(x) \mid [K:\mathbb{R}] = m,$$

故 $\deg g(x)$ 为奇数. 由初等微积分知奇数次实多项式一定在 $\mathbb{R}$ 中有根, 又 $g(x)$ 在 $\mathbb{R}[x]$ 中不可约, 所以 $\deg g(x) = 1$. 从而 $\alpha \in \mathbb{R}$, 即 $K = \mathbb{R}$, 故 $m = 1$. 从而 $|\mathrm{Gal}(E/\mathbb{R})| = 2^j$ 为 2 的幂.

由于 $\mathrm{Gal}(E/\mathbb{C}) \leqslant \mathrm{Gal}(E/\mathbb{R})$, 故 $|\mathrm{Gal}(E/\mathbb{C})| = 2^t$, 再由 $\mathbb{C} \subsetneq E$ 可知 $t \geqslant 1$. 由 Sylow 定理得到群 $\mathrm{Gal}(E/\mathbb{C})$ 有 2^{t-1} 阶子群 N, 令 $F = \mathrm{Inv}(N)$. 由 Galois 基本定理有 $[E:F] = 2^{t-1}$, 从而 $[F:\mathbb{C}] = 2$. 选取 $\eta \in F \setminus \mathbb{C}$, 并设 $h(x)$ 为 η 在 $\mathbb{C}$ 上的极小多项式, 则有 $\deg h(x) \mid 2$, 再由 $\eta \notin \mathbb{C}$ 有 $\deg h(x) = 2$. 设

$$h(x) = x^2 + ax + b,$$

其中 $a, b \in \mathbb{C}$, 由求根公式得到 $h(x)$ 在 $\mathbb{C}$ 中有根

$$\frac{-a \pm \sqrt{a^2 - 4b}}{2},$$

这与 $h(x)$ 在 $\mathbb{C}[x]$ 中不可约矛盾.

$\mathbb{C}[x]$ 中任意非常数多项式在 $\mathbb{C}$ 上的分裂域为 $\mathbb{C}$ 的代数扩张, 从而都等于 $\mathbb{C}$, 这便得到 $\mathbb{C}[x]$ 中任意非常数多项式的根都在 $\mathbb{C}$ 中, 即在 $\mathbb{C}$ 上分裂.　　　　$\square$

习题 1.1

1. 设 $p_1, p_2, \cdots, p_m$ 是两两不同的素数, $E = \mathbb{Q}(\sqrt{p_1}, \sqrt{p_2}, \cdots, \sqrt{p_m})$, 求 $\mathrm{Aut}(E)$.

2. 证明实数域 $\mathbb{R}$ 的自同构只有恒等自同构.

3. 设 $\mathbb{Q}$ 上多项式

$$f(x) = x^3 - 3x - 1$$

和

$$g(x) = x^3 - x - 1,$$

分别求 $f(x)$ 和 $g(x)$ 在 $\mathbb{Q}$ 上的分裂域在 $\mathbb{Q}$ 上的 Galois 群, 并求它们的子群及对应的不动域.

4. 求多项式 $x^4 - 2$ 在 $\mathbb{Q}$ 上的分裂域在 $\mathbb{Q}$ 上的 Galois 群, 再求多项式 $x^4 - 2$ 在 $\mathbb{Q}(\mathrm{i})$ 上的分裂域在 $\mathbb{Q}(\mathrm{i})$ 上的 Galois 群, 其中 $\mathrm{i} = \sqrt{-1}$.

5. 设 p 为奇素数, E 为 $x^{p^n} - 1$ 在 $\mathbb{Q}$ 上的分裂域, 证明 $\mathrm{Gal}(E/\mathbb{Q})$ 为 $p^{n-1}(p-1)$ 阶循环群.

6. 设 E/F 为有限次扩张, 证明 E/F 是 Galois 扩张当且仅当对任意 $\alpha \in E$, α 在 F 上的极小多项式为可分多项式且在 E 中分裂.

7. 给出域扩张链 $F \subseteq L \subseteq E$ 的例子使得 L/F 和 E/L 都是 Galois 扩张但是 E/F 不是 Galois 扩张.

8. 设 E 是域 F 的一个有限次扩张, $G = \mathrm{Gal}(E/F)$, 记 $\mathcal{H} = \{H \mid H \leqslant G\}$,

$$\mathcal{L} = \{L \mid L \text{ 为 } E/F \text{ 的中间域, 即 } F \subseteq L \subseteq E\},$$

定义

$$\mathrm{Gal}: \mathcal{L} \to \mathcal{H}$$
$$L \mapsto \mathrm{Gal}(E/L),$$

证明映射 Gal 为满射. 进一步地, 若 E/F 不是 Galois 扩张, 则 Gal 不是单射.

9. 设 $E = \mathbb{Q}(\sqrt{2}, \sqrt{3}, \sqrt{5})$, 证明 $E/\mathbb{Q}$ 是 Galois 扩张, 并求出 Galois 群 $\mathrm{Gal}(E/\mathbb{Q})$ 和 E 的所有子域.

10. 设 E 是有理数域 $\mathbb{Q}$ 上某个多项式的分裂域且 $[E:\mathbb{Q}]$ 为奇数, 证明 E 是实数域 $\mathbb{R}$ 的子域.

11. 设 $f(x) = x^8 - 2 \in \mathbb{Q}[x]$, E 是 $f(x)$ 在 $\mathbb{Q}$ 上的分裂域, 证明 $E = \mathbb{Q}(\sqrt[8]{2}, \mathrm{i})$ 并给出 $\mathrm{Gal}(E/\mathbb{Q})$ 中所有元素 (通过它们在 $\sqrt[8]{2}$ 和 i 上的作用给出).

12. 设 E 是多项式 $f(x) = x^7 - 1$ 在 $\mathbb{Q}$ 上的分裂域.

(i) 证明 $\mathrm{Gal}(E/\mathbb{Q})$ 是循环群, 并给出此群的一个生成元;

(ii) 证明 E 恰有 4 个子域, 并给出 E 的这 4 个子域;

(iii) 若多项式 $f(x)$ 换成 $x^{29} - 1$, 仍用 E 表示 $f(x)$ 在 $\mathbb{Q}$ 上的分裂域, 则这时的 Galois 群 $\mathrm{Gal}(E/\mathbb{Q})$ 是否还是循环群? E 的子域都是什么?

13. 设 $E = F(t)$ 是域 F 上以 t 为变元的有理分式域.

(i) 证明 $\sigma : E \to E$, $f(t) \mapsto f\left(\dfrac{1}{t}\right)$ 是 E 的一个自同构;

(ii) 令 $H = \langle \sigma \rangle$, $L = \mathrm{Inv}(H)$, 给出域 L 并计算扩张次数 $[E : L]$;

(iii) 求 t 在域 L 上的极小多项式;

(iv) 把 σ 换成 $\tau : f(t) \mapsto f(1 - t)$, 回答以上问题 (i), (ii) 和 (iii);

(v) 令 $G = \langle \sigma, \tau \rangle$ 为由 σ 和 τ 生成的 E 的自同构群, 证明 $G \cong S_3$ 且

$$\mathrm{Inv}(G) = F(h),$$

其中 $h = \dfrac{(t^2 - t + 1)^3}{t^2 (t - 1)^2}$.

14. 设 $F = \mathbb{F}_{37}(t)$, 即域 $\mathbb{F}_{37}$ 上以 t 为变元的有理分式域,

$$f(x) = x^9 - t \in F[x],$$

α 是 $f(x)$ 的一个根且令 $E = F(\alpha)$. 证明 $f(x)$ 为 F 上的可分不可约多项式, E 是 $f(x)$ 在 F 上的分裂域且 $\mathrm{Gal}(E/F)$ 为 9 阶循环群.

1.2   多项式的 Galois 群

设 $f(x)$ 是域 F 上的一个可分多项式,

$$f(x) = p_1(x)^{e_1} p_2(x)^{e_2} \cdots p_s(x)^{e_s},$$

其中 $p_1(x), p_2(x), \cdots, p_s(x)$ 是 F 上互不相伴的可分不可约多项式. 令

$$g(x) = p_1(x) p_2(x) \cdots p_s(x),$$

那么 $g(x)$ 与 $f(x)$ 有相同的根集, 从而它们有相同的分裂域, 但是 $g(x)$ 没有重根. 故下面只考虑没有重根的多项式.

> **定理 1.2.1**   设 $f(x)$ 是域 F 上没有重根的多项式, E 是 $f(x)$ 在 F 上的分裂域, $f(x)$ 在 $E[x]$ 中有分解式

$$f(x) = a \prod_{i=1}^{n} (x - \alpha_i),$$

其中 $a \in F$ 为 $f(x)$ 的首项系数, 则 $\mathrm{Gal}(E/F)$ 同构于 $f(x)$ 的根集 $X = \{\alpha_1, \alpha_2, \cdots, \alpha_n\}$ 上的一个置换群 G_f.

证明　对任意 $\sigma \in \mathrm{Gal}(E/F)$, $\alpha_i \in X$, 有

$$f(\sigma(\alpha_i)) = \sigma(f(\alpha_i)) = \sigma(0) = 0,$$

因而 $\sigma(\alpha_i) \in X$. 映射 $(\sigma, \alpha_i) \mapsto \sigma(\alpha_i)$ 是 $\mathrm{Gal}(E/F)$ 在集合 X 上的一个作用, 故存在群同态

$$\pi : \mathrm{Gal}(E/F) \to S_X,$$

其中对任意 $\sigma \in \mathrm{Gal}(E/F)$ 和任意 $\alpha_i \in X$ 有

$$\pi(\sigma)(\alpha_i) = \sigma(\alpha_i).$$

又若 $\pi(\sigma) = \mathrm{id}_X$, 即对每个 $1 \leqslant i \leqslant n$, 有 $\sigma(\alpha_i) = \alpha_i$, 故由 $E = F(\alpha_1, \alpha_2, \cdots, \alpha_n)$ 得到 $\sigma = \mathrm{id}_E$, 从而 π 为单同态. 令 $G_f = \pi(\mathrm{Gal}(E/F))$, 则 $G_f \leqslant S_X$ 且 $\mathrm{Gal}(E/F) \cong G_f$. $\square$

注 1.2.1　设 E 是 $f(x)$ 在 F 上的分裂域, 则 G_f 就是 $\mathrm{Gal}(E/F)$ 限制到 $f(x)$ 的根集 X 上所得到的群, 即

$$G_f = \{\sigma|_X \mid \sigma \in \mathrm{Gal}(E/F)\},$$

它是 $f(x)$ 的根集上的一个置换群.

定义 1.2.1　设 $f(x)$ 是域 F 上没有重根的多项式, 称 $\mathrm{Gal}(E/F)$ 限制到 $f(x)$ 的根集 X 上所得到的群 G_f 为**多项式 $f(x)$ 的 Galois 群**.

例 1.2.1　设 $f(x) = x^3 - 2 \in \mathbb{Q}[x]$, 则 $f(x)$ 的根为 $\sqrt[3]{2}, \sqrt[3]{2}\omega$ 和 $\sqrt[3]{2}\omega^2$, 从而 $f(x)$ 在 $\mathbb{Q}$ 上的分裂域为

$$E = \mathbb{Q}(\sqrt[3]{2}, \omega),$$

其中 $\omega = \dfrac{-1 + \sqrt{-3}}{2}$. 容易计算出 $[E : \mathbb{Q}] = 6$, 故 G_f 为 6 阶群. 但是 G_f 是 3 元集上的置换群, 故 $G_f = S_3$.

更详细地说, 任取 $\sigma \in G_f$, σ 在根集上的作用取决于 $\sigma(\omega)$ 和 $\sigma(\sqrt[3]{2})$. 因为 $x^2 + x + 1$ 是 ω 在 $\mathbb{Q}$ 上的极小多项式, 而 $\sigma(\omega)$ 也是 ω 在 $\mathbb{Q}$ 上的极小多项式的根, 所以 ω 的像只能是 ω 或 ω^2. 同理, 由于 $f(x)$ 是 $\sqrt[3]{2}$ 在 $\mathbb{Q}$ 上的极小多项式, $\sqrt[3]{2}$ 的像只能是 $\sqrt[3]{2}, \sqrt[3]{2}\omega$ 或 $\sqrt[3]{2}\omega^2$. 于是 G_f 的元素取决于下述 6 组对应:

$$\omega \mapsto \omega, \sqrt[3]{2} \mapsto \sqrt[3]{2}; \quad \omega \mapsto \omega, \sqrt[3]{2} \mapsto \sqrt[3]{2}\omega; \quad \omega \mapsto \omega, \sqrt[3]{2} \mapsto \sqrt[3]{2}\omega^2;$$

$$\omega \mapsto \omega^2, \sqrt[3]{2} \mapsto \sqrt[3]{2}; \quad \omega \mapsto \omega^2, \sqrt[3]{2} \mapsto \sqrt[3]{2}\omega; \quad \omega \mapsto \omega^2, \sqrt[3]{2} \mapsto \sqrt[3]{2}\omega^2.$$

将 $f(x)$ 的根按照 $\sqrt[3]{2}, \sqrt[3]{2}\omega, \sqrt[3]{2}\omega^2$ 排序, 则第一行的 3 个置换分别为 $(1), (123), (132)$, 第二行的 3 个置换分别为 $(23), (12), (13)$, 故 $G_f = S_3$. G_f 的子群有

$$\{(1)\}, \ \langle(23)\rangle, \ \langle(13)\rangle, \ \langle(12)\rangle, \ \langle(123)\rangle \text{ 和 } G_f,$$

它们对应的中间域分别为

$$\mathbb{Q}(\sqrt[3]{2}, \omega), \ \mathbb{Q}(\sqrt[3]{2}), \ \mathbb{Q}(\sqrt[3]{2}\omega), \ \mathbb{Q}(\sqrt[3]{2}\omega^2), \ \mathbb{Q}(\omega) \ 和 \ \mathbb{Q}.$$

由于 $\langle(123)\rangle \trianglelefteq G_f$, 故 $\mathbb{Q}(\omega)/\mathbb{Q}$ 正规.

例 1.2.2   设 $f(x) = x^4 + x^2 - 1 \in \mathbb{Q}[x]$, 容易验证 $f(x)$ 在有理数域 $\mathbb{Q}$ 上不可约. 令

$$\alpha = \sqrt{\frac{\sqrt{5}-1}{2}}, \ \beta = \sqrt{\frac{\sqrt{5}+1}{2}},$$

则有 $\alpha\beta = 1$ 且 $f(x)$ 的 4 个根为 $\pm\alpha, \pm i\beta$, 从而 $f(x)$ 在 $\mathbb{Q}$ 上的分裂域为 $E = \mathbb{Q}(\alpha, i)$. 因为 α 在 $\mathbb{Q}$ 上的极小多项式为 $f(x)$, 又 i 在 $\mathbb{Q}(\alpha)$ 上的极小多项式为 $x^2 + 1$, 所以

$$[E : \mathbb{Q}] = [\mathbb{Q}(\alpha, i) : \mathbb{Q}(\alpha)][\mathbb{Q}(\alpha) : \mathbb{Q}] = 2 \cdot 4 = 8.$$

由于 E 是 $\mathbb{Q}$ 上可分多项式的分裂域, 故 $E/\mathbb{Q}$ 为 Galois 扩张, 所以 $|G_f| = 8$.

任取 $\sigma \in G_f$, 类似于例 1.2.1 中的讨论, σ 被 $\sigma(\alpha)$ 和 $\sigma(i)$ 唯一确定. $\sigma(\alpha)$ 是 $f(x)$ 的根, 所以 $\sigma(\alpha)$ 有 4 种可能 $\pm\alpha, \pm i\beta$, $\sigma(i)$ 是 $x^2 + 1$ 的根, 所以 $\sigma(i)$ 有 2 种可能 $\pm i$. 由此得到 G_f 中的 8 个元素 σ_i $(0 \leqslant i \leqslant 7)$ 如下表, 其中 $X = \{\pm\alpha, \pm i\beta\}$ 为 $f(x)$ 的根集, 把 X 中的元素 $\alpha, -\alpha, i\beta, -i\beta$ 分别记为 $1, 2, 3, 4$, 表中最后一列把 G_f 中的元素写成了集合 $\{1, 2, 3, 4\}$ 上的置换形式.

G_f	α	i	集合 $\{1,2,3,4\}$ 上的置换
σ_0	α	i	(1)
σ_1	$-\alpha$	i	$(12)(34)$
σ_2	$i\beta$	i	$(13)(24)$
σ_3	$-i\beta$	i	$(14)(23)$
σ_4	α	$-i$	(34)
σ_5	$-\alpha$	$-i$	(12)
σ_6	$i\beta$	$-i$	(1324)
σ_7	$-i\beta$	$-i$	(1423)

容易计算得到 $G_f = \langle\sigma_6, \sigma_5\rangle$ 且有 $\sigma_6^4 = \sigma_5^2 = \sigma_0$ 和 $\sigma_5\sigma_6\sigma_5 = \sigma_6^{-1}$, 从而 G_f 同构于二面体群 D_4. G_f 有 10 个子群, 除单位元群 $\{\sigma_0\}$ 和自身 G_f 这 2 个平凡子群外, 还有

$$H_1 = \{\sigma_0, \sigma_1\}, \ H_2 = \{\sigma_0, \sigma_2\}, \ H_3 = \{\sigma_0, \sigma_3\}, \ H_4 = \{\sigma_0, \sigma_4\}, \ H_5 = \{\sigma_0, \sigma_5\}$$

这 5 个 2 阶子群和

$$G_1 = \{\sigma_0, \sigma_1, \sigma_2, \sigma_3\}, \ G_2 = \{\sigma_0, \sigma_1, \sigma_4, \sigma_5\}, \ G_3 = \{\sigma_0, \sigma_1, \sigma_6, \sigma_7\}$$

这 3 个 4 阶子群. 这些子群对应的中间域分别为 $\mathrm{Inv}(\{\sigma_0\}) = E$, $\mathrm{Inv}(G_f) = \mathbb{Q}$,

$$\mathrm{Inv}(H_1) = \mathbb{Q}(\sqrt{5}, \mathrm{i}), \ \mathrm{Inv}(H_2) = \mathbb{Q}(\alpha + \mathrm{i}\beta), \ \mathrm{Inv}(H_3) = \mathbb{Q}(\alpha - \mathrm{i}\beta),$$

$$\mathrm{Inv}(H_4) = \mathbb{Q}(\alpha), \ \mathrm{Inv}(H_5) = \mathbb{Q}(\mathrm{i}\alpha)$$

和

$$\mathrm{Inv}(G_1) = \mathbb{Q}(\mathrm{i}), \ \mathrm{Inv}(G_2) = \mathbb{Q}(\sqrt{5}), \ \mathrm{Inv}(G_3) = \mathbb{Q}(\mathrm{i}\sqrt{5}).$$

G_f 的子群图以及对应的 $E/\mathbb{Q}$ 的中间域之间的关系图如下所示:

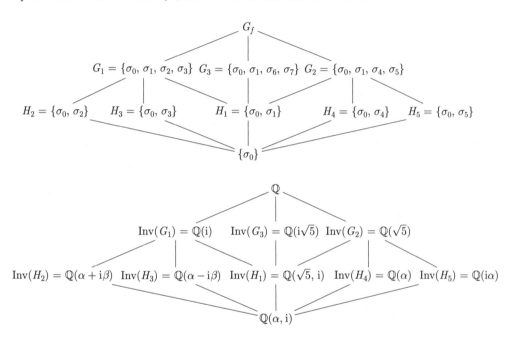

例 1.2.3　设 n 为正整数,

$$f(x) = x^n - 1 \in \mathbb{Q}[x],$$

则当 $n \geqslant 2$ 时 $f(x)$ 在 $\mathbb{Q}$ 上可约. 任取一个 n 次本原单位根 ζ_n, 比如取 $\zeta_n = \mathrm{e}^{\frac{2\pi\mathrm{i}}{n}}$, 则 $f(x)$ 的根集为

$$\{\zeta_n^j \mid 0 \leqslant j \leqslant n-1\}.$$

从而 $f(x)$ 在 $\mathbb{Q}$ 上的分裂域为 $E = \mathbb{Q}(\zeta_n)$.

定义 (第 n 个) **分圆多项式**为

$$\Phi_n(x) = \prod_{0 \leqslant k \leqslant n-1, \gcd(n,k)=1} (x - \zeta_n^k).$$

由于 ζ_n 是 n 次本原单位根, 故 ζ_n^k 为 n 次本原单位根当且仅当 $0 \leqslant k \leqslant n-1$ 且 k 与 n 互素, 所以 $\Phi_n(x)$ 是以所有 n 次本原单位根为根的首一多项式. 容易计算出 $\Phi_1(x) = x - 1$,

$\Phi_2(x) = x + 1$, 且由定义有

$$x^n - 1 = \prod_{d|n} \Phi_d(x).$$

利用 Möbius (默比乌斯) 反演得到

$$\Phi_n(x) = \prod_{d|n} (x^d - 1)^{\mu(\frac{n}{d})}, \tag{1.6}$$

其中 μ 为 Möbius 函数. 由式 (1.6) 得到 $\Phi_n(x)$ 是一个首一整系数多项式除以一个首一整系数多项式, 故 $\Phi_n(x) \in \mathbb{Z}[x]$ 且首一. 例如当 p 为素数时,

$$\Phi_p(x) = \frac{x^p - 1}{x - 1} = x^{p-1} + \cdots + x + 1.$$

设 $p(x)$ 是 ζ_n 在 $\mathbb{Q}$ 上的极小多项式, 则显然有 $p(x) \mid x^n - 1$, 而对任意 $1 \leqslant m < n$, $\zeta_n^m \neq 1$, 即 ζ_n 不是 $x^m - 1$ 的根, 所以 $p(x) \nmid x^m - 1$, 因此 $p(x)$ 的根只能是 n 次本原单位根. 下面证明所有的 n 次本原单位根都是 $p(x)$ 的根, 为此先证明如下论断.

论断　对于 $p(x)$ 的任一根 ζ 和任意素数 $r \nmid n$, ζ^r 也是 $p(x)$ 的根.

若否, 设 ζ^r 不是 $p(x)$ 的根, 且 ζ^r 在 $\mathbb{Q}$ 上的极小多项式为 $q(x)$, 则 $p(x)$ 与 $q(x)$ 互素. 由于 $p(x)$ 和 $q(x)$ 都整除 $x^n - 1$, 故

$$p(x)q(x) \mid (x^n - 1),$$

从而存在 $s(x) \in \mathbb{Q}[x]$ 使得

$$x^n - 1 = p(x)q(x)s(x). \tag{1.7}$$

由于 $x^n - 1 \in \mathbb{Z}[x]$ 是一个首一本原多项式, 且 $p(x)$ 和 $q(x)$ 均首一, 故 $s(x)$ 也首一. 由《代数学 (三)》中定理 5.5.3 和定理 5.5.4 可得 $p(x), q(x), s(x) \in \mathbb{Z}[x]$. 另一方面, 由于 ζ^r 是 $q(x)$ 的根, 故 ζ 是 $q(x^r)$ 的根, 所以 $p(x) \mid q(x^r)$, 故存在 $\ell(x) \in \mathbb{Q}[x]$ 使得

$$q(x^r) = p(x)\ell(x). \tag{1.8}$$

同理由于 $q(x^r), p(x) \in \mathbb{Z}[x]$ 且首一, 故有 $\ell(x) \in \mathbb{Z}[x]$ 且首一. 自然同态 $\mathbb{Z} \to \mathbb{Z}_r$ 诱导了多项式环 $\mathbb{Z}[x]$ 上系数模 r 的同态 $\varphi : \mathbb{Z}[x] \to \mathbb{Z}_r[x]$, 并记 $\varphi(g(x)) = \overline{g}(x) \in \mathbb{Z}_r[x]$. 将同态 φ 作用到式 (1.7) 和 (1.8) 上得到

$$x^n - \overline{1} = \overline{p}(x)\overline{q}(x)\overline{s}(x), \quad \overline{q}(x^r) = \overline{p}(x)\overline{\ell}(x).$$

由于 $\mathbb{Z}_r$ 为 r 元域, 其中每个元素的 r 次方等于自身, 故

$$\overline{q}(x^r) = \overline{q}(x)^r,$$

所以 $\overline{p}(x)$ 与 $\overline{q}(x)$ 不互素, 从而 $x^n - \overline{1}$ 在 $\mathbb{Z}_r$ 的扩域中有重根. 但是在 $\mathbb{Z}_r[x]$ 中

$$(x^n - \overline{1})' = nx^{n-1}$$

与 $x^n - \overline{1}$ 互素, 矛盾. 故论断得证.

对任意正整数 $1 \leqslant k < n$ 且 $\gcd(k, n) = 1$, 设

$$k = p_1 p_2 \cdots p_s$$

为 k 的素因子分解式. 由于 k 与 n 互素, 显然对任意 $1 \leqslant i \leqslant s$, 有 $p_i \nmid n$. 由于 ζ_n 是 $p(x)$ 的根, 由前面已证明的论断有 $\zeta_n^{p_1}$ 是 $p(x)$ 的根, 接着

$$\zeta_n^{p_1 p_2} = (\zeta_n^{p_1})^{p_2}$$

是 $p(x)$ 的根, 一直下去, $\zeta_n^k = \zeta_n^{p_1 p_2 \cdots p_s}$ 是 $p(x)$ 的根, 所以任意 n 次本原单位根都是 $p(x)$ 的根, 故 $\Phi_n(x) \mid p(x)$. 又由于 ζ_n 是 $\Phi_n(x)$ 的根, 故 $p(x) \mid \Phi_n(x)$, 所以 $p(x) = \Phi_n(x)$. 故 $\Phi_n(x)$ 在 $\mathbb{Q}$ 上不可约, 且

$$[E : \mathbb{Q}] = \deg \Phi_n(x) = \phi(n).$$

E 是 $x^n - 1$ 在 $\mathbb{Q}$ 上的分裂域, 也是 $\Phi_n(x)$ 在 $\mathbb{Q}$ 上的分裂域, 称其为 n 次**分圆域**. 显然 $E/\mathbb{Q}$ 为 Galois 扩张, 从而 $|\mathrm{Gal}(E/\mathbb{Q})| = \phi(n)$.

任取 $\sigma \in G_f = G_{\Phi_n}$, σ 在根集上的作用取决于 $\sigma(\zeta_n)$, 又 $\sigma(\zeta_n)$ 只能取某个 ζ_n^k, 其中 $0 \leqslant k \leqslant n-1$ 且 $\gcd(k, n) = 1$. 对固定的 k, 记 $\sigma_k(\zeta_n) = \zeta_n^k$, 所以

$$G_{\Phi_n} = \{\sigma_k \mid 0 \leqslant k \leqslant n-1, \ \text{且} \ \gcd(k, n) = 1\}.$$

定义 G_{Φ_n} 到整数模 n 的乘法群 $U(n)$ 的映射 π 为 $\pi(\sigma_k) = \overline{k}$, 容易验证 π 为群同构, 所以

$$G_f = G_{\Phi_n} \cong U(n).$$

由于 $\mathrm{Gal}(E/\mathbb{Q})$ 为交换群, 每个子群都正规, 故对 $E/\mathbb{Q}$ 的任意中间域 L, $L/\mathbb{Q}$ 也是 Galois 扩张.

例 1.2.4　设 $f(x) = x^3 + x + 1 \in \mathbb{F}_2[x]$, 由于 $0, 1$ 都不是 $f(x)$ 的根, 故 $f(x)$ 在 $\mathbb{F}_2$ 上不可约. 设 α 是 $f(x)$ 的一个根, 则 α 在 $\mathbb{F}_2$ 上的极小多项式为 $f(x)$. 由《代数学（三）》中定理 6.4.2 得到 $f(x)$ 的所有根为

$$\alpha, \ \alpha^2 \ \text{和} \ \alpha^4 = \alpha^2 + \alpha,$$

所以 $f(x)$ 在 $\mathbb{F}_2$ 上的分裂域为 $E = \mathbb{F}_2(\alpha)$. 显然 $[E : \mathbb{F}_2] = 3$, 故 G_f 为 3 阶群, 它一定为循环群. 任取 $\sigma \in G_f$, σ 在根集上的作用取决于 $\sigma(\alpha)$, 又 $\sigma(\alpha)$ 为 $f(x)$ 的根, 故 $\sigma(\alpha)$ 只能是 α, α^2 或 $\alpha^2 + \alpha$. 将对应的同构分别记为 $\sigma_0, \sigma_1, \sigma_2$, 则 $\sigma_0 = \mathrm{id}_E$, $\sigma_2 = \sigma_1^2$, 所以

$$G_f = \langle \sigma_1 \rangle.$$

因为 G_f 没有真子群, 所以 $\mathbb{F}_2$ 与 E 之间没有真中间域. (事实上, $f(x)$ 的分裂域 E 为 8 元域 $\mathbb{F}_8$.)

例 1.2.5 设 p 为素数, t 是域 $\mathbb{F}_p$ 上的未定元, $F = \mathbb{F}_p(t)$,

$$f(x) = x^p - x - t \in F[x],$$

下面求 $f(x)$ 在 F 上的 Galois 群.

记

$$\mathbb{F}_p = \{0, 1, \cdots, p-1\},$$

注意到对任意 $c \in \mathbb{F}_p$ 有 $c^p = c$, 设 α 是多项式 $f(x) = x^p - x - t$ 的一个根, 则 $f(x)$ 的所有根为

$$\alpha, \alpha+1, \cdots, \alpha+p-1.$$

因此 $f(x)$ 无重根, 从而 $f(x)$ 可分, 且 $f(x)$ 在 F 上的分裂域为 $E = F(\alpha)$, 故 E/F 为 Galois 扩张. 由于 $t = \alpha^p - \alpha$, 故 $E = \mathbb{F}_p(t, \alpha) = \mathbb{F}_p(\alpha)$. 设 σ 为 $\mathbb{F}_p$ 上的恒等变换 $\mathrm{id}_{\mathbb{F}_p}$ 由 $\alpha \mapsto \alpha+1$ 所延拓的 E 的自同构, 即 $\sigma \in \mathrm{Aut}(E), \sigma(\alpha) = \alpha+1$, 且 $\sigma|_{\mathbb{F}_p} = \mathrm{id}_{\mathbb{F}_p}$, 则

$$\sigma(t) = \sigma(\alpha^p - \alpha) = \sigma(\alpha)^p - \sigma(\alpha) = (\alpha+1)^p - (\alpha+1) = t,$$

故 $\sigma \in \mathrm{Gal}(E/F)$, 从而 $\langle\sigma\rangle \leqslant \mathrm{Gal}(E/F)$. 注意到 $o(\sigma) = p$, 所以

$$p = |\langle\sigma\rangle| \leqslant |\mathrm{Gal}(E/F)| = [E:F] \leqslant p,$$

于是 $\mathrm{Gal}(E/F)$ 为 p 阶循环群. 进一步地, 还可以得到 $f(x)$ 在 F 上不可约, 否则 α 在 F 上的极小多项式 $p(x)$ 的次数小于 p, 与 $[E:F] = p$ 矛盾.

定义 1.2.2 设 E 是域 F 的 Galois 扩张, 如果 $\mathrm{Gal}(E/F)$ 为交换群, 就称 E/F 是**交换扩张**或 **Abel 扩张**; 若 $\mathrm{Gal}(E/F)$ 为循环群, 则称 E/F 是**循环扩张**.

注 1.2.2 由例 1.2.3 知 $\mathbb{Q}(\zeta_n)$ 是 $\mathbb{Q}$ 上的 Abel 扩张. 进一步, 若 F 是 $\mathbb{Q}$ 的扩域, 则由

$$\mathrm{Gal}(F(\zeta_n)/F) \lesssim \mathrm{Gal}(\mathbb{Q}(\zeta_n)/\mathbb{Q})$$

得到 $F(\zeta_n)$ 是 F 上的 Abel 扩张. 另外, 例 1.2.5 给出的扩张是循环扩张.

命题 1.2.1 设 F 是域 $\mathbb{Q}(\zeta_n)$ 的扩域, 其中 ζ_n 是一个 n 次本原单位根. 令 $a \in F^*$, E 是

$$f(x) = x^n - a \in F[x]$$

在 F 上的分裂域, 那么 $\mathrm{Gal}(E/F)$ 为循环群, 其阶为 n 的因子. 特别地, 如果 $f(x)$ 在 F 上不可约, 那么 $\mathrm{Gal}(E/F)$ 为 n 阶循环群.

证明　设 $\theta = \sqrt[n]{a}$, 则 $f(x)$ 的根为

$$\theta, \zeta_n\theta, \zeta_n^2\theta, \cdots, \zeta_n^{n-1}\theta,$$

故 $E = F(\theta)$. 任取 $\sigma \in \mathrm{Gal}(E/F)$, 则 $\sigma(\theta)$ 仍为 $f(x)$ 的根, 故存在某个 $0 \leqslant i \leqslant n-1$, 使得 $\sigma(\theta) = \zeta_n^i\theta$. 记这样的同构 σ 为 σ_i, 从而 $\sigma_i = \sigma_j$ 当且仅当 $\zeta_n^i = \zeta_n^j$, 再由 ζ_n 为 n 次本原单位根且 $0 \leqslant i, j \leqslant n-1$ 得到 $\sigma_i = \sigma_j$ 当且仅当 $i = j$. 定义映射 $\pi : \mathrm{Gal}(E/F) \to \mathbb{Z}_n$ 为 $\pi(\sigma_i) = \bar{i}$, 则 π 为单射. 再由

$$\sigma_i\sigma_j(\theta) = \sigma_i(\zeta_n^j\theta) = \sigma_i(\zeta_n^j)\sigma_i(\theta) = \zeta_n^j\zeta_n^i\theta = \zeta_n^{i+j}\theta$$

得到 π 为群的单同态, 故 $\mathrm{Gal}(E/F)$ 同构于加法群 $\mathbb{Z}_n$ 的一个子群. 从而 $\mathrm{Gal}(E/F)$ 为循环群, 且阶为 n 的因子. 进一步地, 若 $f(x)$ 在 F 上不可约, 则 θ 在 F 上的极小多项式为 $f(x)$, 从而

$$|\mathrm{Gal}(E/F)| = [F(\theta) : F] = n.$$

$\square$

定理 1.2.2　设 $f(x)$ 是域 F 上没有重根的多项式, 则 $f(x)$ 在 F 上不可约当且仅当 G_f 在 $f(x)$ 的根集上的作用传递.

证明　不失一般性, 设 $f(x) \in F[x]$ 首一且 $\deg f(x) = n$. 设 E 是 $f(x)$ 在 F 上的分裂域且 $f(x)$ 在 $E[x]$ 中有分解式

$$f(x) = \prod_{i=1}^{n}(x - \alpha_i),$$

记 $f(x)$ 的根集为 $X = \{\alpha_1, \alpha_2, \cdots, \alpha_n\}$. 对任意 $1 \leqslant i \leqslant n$, 设 α_i 在 F 上的极小多项式为 $p_i(x)$, 则显然有 $p_i(x) \mid f(x)$.

若 G_f 在 X 上的作用传递, 则对任意 α_i, 存在 $\sigma \in G_f$ 使得 $\sigma(\alpha_1) = \alpha_i$. 注意到 $\sigma \in G_f$, α_1 为 $p_1(x)$ 的根, 所以 $\alpha_i = \sigma(\alpha_1)$ 也是 $p_1(x)$ 的根, 因而 $(x - \alpha_i) \mid p_1(x)$. 于是 $f(x) \mid p_1(x)$, 从而 $f(x) = p_1(x)$ 是 F 上的不可约多项式.

反之, 若 $f(x)$ 在 F 上不可约, 则对所有 $1 \leqslant i \leqslant n$, 均有 $p_i(x) = f(x)$. 任取 $\alpha_i \in X$, $1 \leqslant i \leqslant n$, 存在一个 F-同构 $\tau : F(\alpha_1) \to F(\alpha_i)$ 使得 $\tau(\alpha_1) = \alpha_i$. 注意到此时 E 也是 $f(x)$ 在 $F(\alpha_i)$ 上的分裂域, 故 τ 可以延拓成 E 的 F-自同构 σ, 即存在 $\sigma \in \mathrm{Gal}(E/F)$ 使得 $\sigma|_{F(\alpha_1)} = \tau$, 由此得到 $\sigma(\alpha_1) = \tau(\alpha_1) = \alpha_i$, 于是 G_f 在 X 上的作用传递.　$\square$

注 1.2.3　设 $f(x)$ 是 F 上的可分不可约多项式, $\deg f(x) = n$, 由定理 1.2.2 知 G_f 在 $f(x)$ 的根集

$$X = \{\alpha_1, \alpha_2, \cdots, \alpha_n\}$$

上的作用传递, 故 $n = |X| = [G_f : (G_f)_{\alpha_1}]$, 从而 $|G_f|$ 可被 $f(x)$ 的次数 n 整除.

设 $f(x) \in F[x]$, $\deg f(x) = n \geqslant 1$, $f(x)$ 在其分裂域中的根为 $\alpha_1, \alpha_2, \cdots, \alpha_n$. 定义 $f(x)$ 的**判别式**为

$$D_f = a^{2n-2} \prod_{1 \leqslant i < j \leqslant n} (\alpha_j - \alpha_i)^2,$$

其中 a 为 $f(x)$ 的首项系数. 显然, D_f 是 $\alpha_1, \alpha_2, \cdots, \alpha_n$ 的对称多项式, 从而是 $\alpha_1, \alpha_2, \cdots, \alpha_n$ 的初等对称多项式的多项式, 由 Viète 定理易知 $D_f \in F$. 又显然 $f(x)$ 没有重根当且仅当 $D_f \neq 0$.

定理 1.2.3   设域 F 的特征不为 2, $f(x) \in F[x]$, $\deg f(x) = n \geqslant 1$, 且 $f(x)$ 没有重根, 则 G_f 中的每个元素都是 $f(x)$ 的根集 $X = \{\alpha_1, \alpha_2, \cdots, \alpha_n\}$ 上的偶置换当且仅当 D_f 为 F 中的平方元.

证明   设 E 是 $f(x)$ 在 F 上的分裂域, 从而 $E = F(\alpha_1, \alpha_2, \cdots, \alpha_n)$. 记

$$\delta = \prod_{1 \leqslant i < j \leqslant n} (\alpha_j - \alpha_i),$$

则 $\delta \in E$ 且 $a^{2(n-1)} \delta^2 = D_f$. 由于 $a \in F$, 故 D_f 为域 F 中的平方元当且仅当 $\delta \in F$.

任取 $\sigma \in G_f$, 用 $\mathrm{sgn}(\sigma)$ 表示置换 σ 的符号, 即 $\mathrm{sgn}(\sigma) = \pm 1$ 且 $\mathrm{sgn}(\sigma) = 1$ 当且仅当 σ 为偶置换. 由于 $\sigma(X) = X$, 容易验证

$$\sigma(\delta) = \prod_{1 \leqslant i < j \leqslant n} (\sigma(\alpha_j) - \sigma(\alpha_i)) = \mathrm{sgn}(\sigma) \prod_{1 \leqslant i < j \leqslant n} (\alpha_j - \alpha_i) = \mathrm{sgn}(\sigma) \cdot \delta.$$

因为域 F 的特征不为 2, 又 $\delta \neq 0$, 所以 $\delta \neq -\delta$, 从而 σ 为偶置换当且仅当 $\sigma(\delta) = \delta$. 由于 E/F 为 Galois 扩张, 故对所有 $\sigma \in G_f$ 都有 $\sigma(\delta) = \delta$ 当且仅当

$$\delta \in \mathrm{Inv}(\mathrm{Gal}(E/F)) = F.$$

$\square$

例 1.2.6   设域 F 的特征不为 2, $f(x)$ 是域 F 上无重根的 3 次不可约多项式, 则有 $3 \mid |G_f|$, 从而 $G_f \cong A_3$ 或者 S_3. 进一步地, 若 $D_f \in F^{*2}$, 则 $G_f \cong A_3$, 反之 $G_f \cong S_3$.

设 $f(x) = x^3 + ax + b$, 容易算出

$$D_f = -4a^3 - 27b^2.$$

例如对 $\mathbb{Q}$ 上的不可约多项式 $f(x) = x^3 - 2$, 其判别式 $D_f = -108$ 不是有理数的平方, 故 $G_f \cong S_3$, 这正是例 1.2.1 的结论. 再看

$$f(x) = x^3 - 3x - 1 \in \mathbb{Q}[x],$$

它在 $\mathbb{Q}$ 上不可约且 $D_f = 81$ 为有理数的平方, 所以它的 Galois 群 $G_f \cong A_3$.

注意到

$$f(x) = x^3 - 2x + 1 \in \mathbb{Q}[x]$$

的判别式 $D_f = 5$, 但它的 Galois 群 G_f 不是 S_3, 因为该多项式在 $\mathbb{Q}[x]$ 中可约, 所以 G_f 在它的 3 个根构成的集合上的作用不是传递的, 故不可能为 S_3.

下面讨论 4 次无重根多项式的 Galois 群. 依然设 $\operatorname{char} F \neq 2$, 设 $f(x) \in F[x]$, 若 $f(x)$ 在 F 上可约, 则问题可转化为次数 $\leqslant 3$ 的情形, 下面设 $f(x)$ 不可约. 不失一般性, 可设 $f(x)$ 首一且其 3 次项系数为零, 故记

$$f(x) = x^4 + ax^2 + bx + c.$$

由于 F 的特征不为 2, 故

$$f'(x) = 4x^3 + 2ax + b \neq 0,$$

又 $f(x)$ 不可约, 所以 $f(x)$ 没有重根. 设 $\alpha_1, \alpha_2, \alpha_3, \alpha_4$ 为 $f(x)$ 的根, $E = F(\alpha_1, \alpha_2, \alpha_3, \alpha_4)$ 是 $f(x)$ 在 F 上的分裂域. 对任意 $\sigma \in G_f$, 记 $\sigma(\alpha_i) = \alpha_{\sigma(i)}$, 这样就把 σ 看成是集合 $\{1, 2, 3, 4\}$ 上的置换. 由于 $G_f \leqslant S_4$, 又 $4 \mid |G_f|$, 故 $|G_f| = 24, 12, 8$ 或者 4. G_f 是 S_4 的传递子群, 所以 G_f 只可能是 S_4, A_4, S_4 的 Sylow 2-子群, 即 8 阶二面体群

$$D_4 = \langle (1234), (12)(34) \rangle,$$

4 阶循环群 $\mathbb{Z}_4 = \langle (1234) \rangle$ 或者 Klein 四元群

$$V_4 = \{(1), (12)(34), (13)(24), (14)(23)\}.$$

令

$$\alpha = (\alpha_1 + \alpha_2)(\alpha_3 + \alpha_4),$$
$$\beta = (\alpha_1 + \alpha_3)(\alpha_2 + \alpha_4),$$
$$\gamma = (\alpha_1 + \alpha_4)(\alpha_2 + \alpha_3),$$

则容易计算出

$$\beta - \alpha = (\alpha_3 - \alpha_2)(\alpha_4 - \alpha_1),$$
$$\gamma - \alpha = (\alpha_3 - \alpha_1)(\alpha_4 - \alpha_2),$$
$$\gamma - \beta = (\alpha_2 - \alpha_1)(\alpha_4 - \alpha_3),$$

所以 α, β, γ 两两不同. 设以 α, β, γ 为根的多项式为

$$g(x) = (x - \alpha)(x - \beta)(x - \gamma) = x^3 + px^2 + qx + r.$$

利用 Viète 定理经过计算可得

$$p = -(\alpha + \beta + \gamma) = -2a,$$

$$q = \alpha\beta + \beta\gamma + \gamma\alpha = a^2 - 4c,$$

$$r = -\alpha\beta\gamma = b^2,$$

所以 $g(x) \in F[x]$, 还容易计算得到 $D_g = D_f$, 称 $g(x)$ 为 $f(x)$ 的 **预解式**. 令

$$L = F(\alpha, \beta, \gamma) \subseteq E,$$

则 L 是无重根多项式 $g(x)$ 在 F 上的分裂域, 从而 L/F 为 Galois 扩张. 进一步地, 容易验证 V_4 中的元素同时固定 α, β 和 γ. 熟知 S_4 有 5 个共轭类, 代表元可以分别取为

$$(1), (12)(34), (12), (123), (1234),$$

而 V_4 是前两个共轭类的并. 显然 (12) 对换 β 和 γ, (123) 把 α, β, γ 映为 γ, α, β, (1234) 对换 α 和 γ, 它们都不能同时固定 α, β 和 γ. 而对后 3 个共轭类中任一置换 π, 设 $\pi = \sigma\tau\sigma^{-1}$, 其中 $\tau = (12), (123)$ 或者 (1234), $\sigma \in S_4$, 显然 π 把 3 元组 $(\sigma(\alpha), \sigma(\beta), \sigma(\gamma))$ 映为 $(\sigma(\tau(\alpha)), \sigma(\tau(\beta)), \sigma(\tau(\gamma)))$. 由于 $\tau(\alpha, \beta, \gamma) \neq (\alpha, \beta, \gamma)$, 又 σ 为 $\{\alpha, \beta, \gamma\}$ 上的置换, 故 π 不能同时固定 α, β 和 γ. 这便证出 S_4 的后 3 个共轭类中的元素都不能同时固定 α, β 和 γ, 从而只有 V_4 中的 4 个置换同时使 α, β, γ 都保持不动, 所以 $\mathrm{Gal}(E/L) \cong G_f \cap V_4$. 由 Galois 基本定理,

$$G_f/(G_f \cap V_4) \cong \mathrm{Gal}(L/F) \cong G_g.$$

下面记

$$m = |G_g| = [L : F],$$

并分成下面 5 种情形分别讨论.

情形 1: 若 $g(x)$ 在 F 上不可约且 $D_f = D_g \notin F^{*2}$, 则 $G_g \cong S_3$. 故 $m = 6$ 且 $6 \mid |G_f|$, 从而 $|G_f| = 24$ 或者 12. 又 S_4 只有唯一的一个 12 阶子群 A_4, 包含了所有的偶置换, 所以 G_f 包含了所有的偶置换. 再由 $D_f \notin F^{*2}$ 知 G_f 中有奇置换, 故 $G_f \cong S_4$.

情形 2: 若 $g(x)$ 在 F 上不可约且 $D_f = D_g \in F^{*2}$, 则 $G_g \cong A_3$. 故 $m = 3$, 且 $3 \mid |G_f|$, 又 $4 \mid |G_f|$, 所以 $12 \mid |G_f|$. 但由 $D_f \in F^{*2}$ 知 G_f 中无奇置换, 所以 $G_f \cong A_4$.

情形 3: 若 $g(x)$ 在 $F[x]$ 中有一个 2 次不可约因式, 则 $m = |G_g| = 2$, 故

$$[G_f : G_f \cap V_4] = 2.$$

进一步地, 若 $f(x)$ 在 L 上不可约, 由于 E 也是 $f(x)$ 在 L 上的分裂域, 从而 $f(x)$ 的次数 4 整除 Galois 群 $\mathrm{Gal}(E/L)$ 的阶, 故 $[E : L] = |\mathrm{Gal}(E/L)| \geqslant 4$. 由

$$4 = |V_4| \geqslant |G_f \cap V_4| = [E : L] \geqslant 4$$

可以得到 $|G_f \cap V_4| = 4$, 故 $|G_f| = 8$. 因此 G_f 为 S_4 的 Sylow 2-子群, 它们彼此共轭, 都同构于二面体群 D_4.

情形 4: 若 $g(x)$ 在 $F[x]$ 中有一个 2 次不可约因式且 $f(x)$ 在 L 上可约, 这时仍然有 $m = 2$ 和

$$[G_f : G_f \cap V_4] = 2.$$

下面证明 $|G_f \cap V_4| < 4$. 事实上, 若 $|G_f \cap V_4| = 4$, 则 $G_f \cap V_4 = V_4$, 从而 $\mathrm{Gal}(E/L) \cong V_4$. 但是 V_4 在 $f(x)$ 的根集上传递, 所以 $f(x)$ 在 L 上不可约, 矛盾. 从而由 $|G_f \cap V_4| < 4$ 就得到 $|G_f| < 8$, 再由 $4 \mid |G_f|$ 得到 $|G_f| = 4$. S_4 的 4 阶传递子群有 $\langle (1234) \rangle$ 和 V_4 这两种类型, 其中只有群 $\langle (1234) \rangle$ 中有奇置换. 设 $g(x)$ 的三个根中 α, β 是 F 上 2 次不可约多项式 $h(x)$ 的根, 而 $\gamma \in F$, 这时

$$D_g = (\gamma - \alpha)^2 (\gamma - \beta)^2 (\beta - \alpha)^2 = h(\gamma)^2 D_h.$$

注意到 $h(\gamma) \in F$, 又 $h(x)$ 在 F 上不可约, 故 $h(x)$ 在 F 中无根, 因此其判别式 $D_h \notin F^{*2}$. 所以 $D_f = D_g \notin F^{*2}$, 于是 G_f 中有奇置换, 从而 $G_f \cong \langle (1234) \rangle \cong \mathbb{Z}_4$.

情形 5: 若 $g(x)$ 在 F 上分解为一次因式的乘积, 则有 $\alpha, \beta, \gamma \in F$, 从而 $L = F$. 这时 $G_f = G_f \cap V_4$, 即 $G_f \subseteq V_4$, 又 $4 \mid |G_f|$, 故 $G_f \cong V_4$.

综合上面的讨论, 我们有如下定理.

定理 1.2.4 设域 F 的特征不为 2, $f(x)$ 是 F 上的 4 次不可约多项式, E 是 $f(x)$ 在 F 上的分裂域. 令 $g(x)$ 为 $f(x)$ 的预解式, L 是 $g(x)$ 在 F 上的分裂域, $m = [L : F]$.

(i) 若 $g(x)$ 在 F 上不可约且 $D_f \notin F^{*2}$, 则 $m = 6$, $G_f \cong S_4$.

(ii) 若 $g(x)$ 在 F 上不可约且 $D_f \in F^{*2}$, 则 $m = 3$, $G_f \cong A_4$.

(iii) 若 $g(x)$ 在 $F[x]$ 中有一个 2 次不可约因式, 且 $f(x)$ 在 L 上不可约, 则 $m = 2$, $G_f \cong D_4$.

(iv) 若 $g(x)$ 在 $F[x]$ 中有一个 2 次不可约因式, 且 $f(x)$ 在 L 上可约, 则 $m = 2$, $G_f \cong \mathbb{Z}_4$.

(v) 若 $g(x)$ 在 $F[x]$ 中分解为一次因式的乘积, 则 $m = 1$, $G_f \cong V_4$.

4 次不可约多项式的 Galois 群的分类已经有点复杂了, 次数更高的不可约多项式的 Galois 群的分类问题则更加困难, 而下面所说的 Galois 反问题至今仍未解决.

Galois 反问题: 对于有限群 G, 是否存在有理数域 $\mathbb{Q}$ 上的 Galois 扩张 E 使得

$$\mathrm{Gal}(E/\mathbb{Q}) \cong G?$$

下面我们构造一个 n 次多项式, 使其 Galois 群为对称群 S_n. 为此设 $x_1, x_2, \cdots, x_n$ 是域 K 上的无关未定元, $s_1, s_2, \cdots, s_n$ 是关于 $x_1, x_2, \cdots, x_n$ 的初等对称多项式, 则 $s_1, s_2, \cdots, s_n$ 也是域 K 上的无关未定元.

定理 1.2.5　设 $x_1, x_2, \cdots, x_n$ 是域 K 上的无关未定元, $s_1, s_2, \cdots, s_n$ 是关于 $x_1, x_2, \cdots, x_n$ 的初等对称多项式, 令 $F = K(s_1, s_2, \cdots, s_n)$ 以及

$$f(x) = \prod_{i=1}^{n}(x - x_i) = x^n - s_1 x^{n-1} + \cdots + (-1)^n s_n \in F[x],$$

则 $f(x)$ 在域 F 上的 Galois 群 G_f 同构于 n 元对称群 S_n.

证明　设 E 是 $f(x)$ 在 F 上的分裂域, 则

$$E = K(s_1, s_2, \cdots, s_n)(x_1, x_2, \cdots, x_n) = K(x_1, x_2, \cdots, x_n),$$

所以 E 中元素可写为形式 $\dfrac{a}{b}$, 其中 a, b 都是域 K 上 $x_1, x_2, \cdots, x_n$ 的多项式且 $b \neq 0$. 对任意 $\sigma \in S_n$, 定义 $\sigma : E \to E$ 为

$$\sigma\left(\frac{a}{b}\right) = \frac{\sigma(a)}{\sigma(b)},$$

其中对 $a = a(x_1, x_2, \cdots, x_n) \in K[x_1, x_2, \cdots, x_n]$,

$$\sigma(a) = \sigma(a(x_1, x_2, \cdots, x_n)) = a(x_{\sigma(1)}, x_{\sigma(2)}, \cdots, x_{\sigma(n)}).$$

则 $\sigma \in \mathrm{Aut}(E)$ 且对任意 $1 \leqslant i \leqslant n$ 有 $\sigma(s_i) = s_i$, 故 $\sigma \in \mathrm{Gal}(E/F)$, 从而

$$|G_f| = |\mathrm{Gal}(E/F)| \geqslant n!.$$

又 G_f 是 n 元集 $X = \{x_1, x_2, \cdots, x_n\}$ 上的对称群, 所以 $G_f \cong S_n$. □

注 1.2.4　定理 1.2.5 中的 $F = K(s_1, s_2, \cdots, s_n)$ 是多项式环 $K[s_1, s_2, \cdots, s_n]$ 的分式域, 它是域 K 的超越扩张. 另外由于 G_f 在 X 上的作用传递, 故 $f(x)$ 在 F 上不可约.

设 p 为素数, 下面给出有理数域 $\mathbb{Q}$ 上以对称群 S_p 为 Galois 群的 p 次多项式.

定理 1.2.6　设 p 为素数, $f(x)$ 是 $\mathbb{Q}$ 上的 p 次不可约多项式, 如果 $f(x)$ 在 $\mathbb{C}$ 中恰有 2 个非实数复根, 那么 $G_f \cong S_p$.

证明　不妨设 $f(x)$ 首一且在复数域 $\mathbb{C}$ 上有分解

$$f(x) = \prod_{i=1}^{p}(x - \alpha_i) \in \mathbb{C}[x],$$

其中 α_1, α_2 是 $f(x)$ 的非实数复根, $\alpha_3, \cdots, \alpha_p$ 是 $f(x)$ 的实数根. 因为 $f(x)$ 是 $\mathbb{Q}$ 上的 p 次不可约多项式, 所以 $p \mid |G_f|$, 由 Sylow 定理知 G_f 中有 p 阶元 ρ. 设 τ 是 $\mathbb{C}$ 中的共轭变换, 则

$$\tau(\alpha_1) = \alpha_2, \quad \tau(\alpha_2) = \alpha_1,$$

且对 $3 \leqslant i \leqslant p$ 有 $\tau(\alpha_i) = \alpha_i$, 故 τ 为 G_f 中的对换. 由于 $\rho, \tau \in G_f$, 故

$$S_p = \langle \rho, \tau \rangle \leqslant G_f,$$

再由 G_f 是 p 元集 $\{\alpha_1, \alpha_2, \cdots, \alpha_p\}$ 上的置换群得到 $G_f \cong S_p$. □

例 1.2.7　设 $q > 11$ 为素数,

$$f(x) = x^5 - qx + q \in \mathbb{Q}[x],$$

由 Eisenstein (艾森斯坦) 判别法知 $f(x)$ 在 $\mathbb{Q}$ 上不可约. 又

$$f'(x) = 5x^4 - q,$$

实多项式 $f(x)$ 有两个极值点 $\pm\sqrt[4]{\dfrac{q}{5}}$, 因为

$$\lim_{x \to -\infty} f(x) = -\infty, f\left(-\sqrt[4]{\frac{q}{5}}\right) > 0, f\left(\sqrt[4]{\frac{q}{5}}\right) < 0, \lim_{x \to +\infty} f(x) = +\infty,$$

所以 $f(x)$ 有 3 个实根. 从而 $f(x)$ 有 2 个非实数复根, 由定理 1.2.6 得 $G_f \cong S_5$.

类似地, 有理数域 $\mathbb{Q}$ 上的不可约多项式

$$g(x) = x^5 - 4x - 1$$

的 Galois 群 $G_g \cong S_5$. 但是 $\mathbb{Q}$ 上的不可约多项式

$$h(x) = x^5 - x - 1$$

只有 1 个实根, 因此定理 1.2.6 不适用于对它的 Galois 群的讨论.

多项式的 Galois 群是它的根集上的置换群, 而对于不可约多项式 $f(x)$, 通过它的 Galois 群和一个根, 也可以得到 $f(x)$ 的所有根.

定理 1.2.7　设 $f(x) \in F[x]$ 是不可约多项式, E 是 $f(x)$ 在 F 上的分裂域, α 是 $f(x)$ 在 E 中的一个根, 则 $f(x)$ 的所有根都形如 $\sigma(\alpha)$, 其中 $\sigma \in \text{Gal}(E/F)$.

证明　对任意 $\sigma \in \text{Gal}(E/F)$, 由

$$f(\sigma(\alpha)) = \sigma(f(\alpha)) = \sigma(0) = 0$$

知 $\sigma(\alpha)$ 是 $f(x)$ 的根. 另一方面, 设 β 是 $f(x)$ 的一个根, 由 $f(x)$ 不可约知存在一个 F-同构 $\tau: F(\alpha) \to F(\beta)$ 使得 $\tau(\alpha) = \beta$. 又 E 是 $f(x)$ 分别在 $F(\alpha)$ 和 $F(\beta)$ 上的分裂域, 故 τ 可以延拓成 E 的 F-自同构 σ 且 $\sigma|_{F(\alpha)} = \tau$. 从而存在 $\sigma \in \text{Gal}(E/F)$ 使得 $\sigma(\alpha) = \tau(\alpha) = \beta$. □

注 1.2.5　在定理 1.2.7 中即使多项式 $f(x)$ 可分也可能会出现 $\sigma_1 \neq \sigma_2 \in \text{Gal}(E/F)$, 但是 $\sigma_1(\alpha) = \sigma_2(\alpha)$ 的情形. 例如 $f(x) = x^3 - 2 \in \mathbb{Q}[x]$ 是可分多项式, 它有 3 个根, 但是它的 Galois 群的阶为 6.

例 1.2.8   设 $F = \mathbb{F}_q$ 为 q 元域，$f(x)$ 为 F 上的一个 n 次首一不可约多项式，

$$E = F[x]/(f(x)),$$

则 E 中元素 $\bar{x}$ 是 $f(x)$ 的一个根。记 $\alpha = \bar{x}$，则 α 在 F 上的极小多项式为 $f(x)$ 且 $E = F(\alpha)$。由例 1.1.4 知 $\mathrm{Gal}(E/F) = \langle \sigma \rangle$，其中对任意 $\beta \in E$ 有 $\sigma(\beta) = \beta^q$，所以由定理 1.2.7 得到 $f(x)$ 的全部根为

$$\alpha, \alpha^q, \alpha^{q^2}, \cdots, \alpha^{q^{n-1}}.$$

这就是《代数学（三）》中的定理 6.4.2.

习题 1.2

1. 设

$$f(x) = x^4 - 2x^2 + 3 \in \mathbb{Q}[x],$$

求出 $f(x)$ 的 Galois 群 G_f，并确定 $f(x)$ 在 $\mathbb{Q}$ 上的分裂域的所有子域。

2. 设

$$f(x) = x^6 - 4 \in \mathbb{Q}[x],$$

求出 $f(x)$ 的 Galois 群 G_f，并确定 $f(x)$ 在 $\mathbb{Q}$ 上的分裂域的所有子域。

3. 设 E 是域 F 的 Galois 扩张，$\mathrm{Gal}(E/F) \cong S_3$，证明 E 是 F 上一个 3 次不可约多项式的分裂域。

4. 求 $\mathbb{Q}(\mathrm{e}^{\frac{2\pi i}{15}})$ 的子域个数。

5. 设 p 为素数，求 p^{40} 元有限域的子域个数。

6. 计算 $\Phi_{20}(x)$ 并把 $x^{20} - 1$ 分解为 $\mathbb{Q}[x]$ 中不可约多项式的乘积。

7. 设 p 为素数且 $p \neq 2, 3$，

$$f(x) = x^3 + ax + b$$

为 $\mathbb{Z}_p[x]$ 中不可约多项式，证明此多项式的判别式为 $\mathbb{Z}_p$ 中的平方元。

8. 证明任一有限群都是某个域上多项式的 Galois 群。

9. 设 G 为有限交换群，证明存在 $\mathbb{Q}$ 上的 Galois 扩张 E 使得 $\mathrm{Gal}(E/\mathbb{Q}) \cong G$。

10. 设复数 $\alpha = \sqrt{(2 + \sqrt{2})(-3 + \sqrt{3})}$，$E = \mathbb{Q}(\alpha)$，

(i) 证明 $\mathbb{Q}(\alpha^2) = \mathbb{Q}(\sqrt{2}, \sqrt{3}) \subsetneqq \mathbb{Q}(\alpha)$，并由此证明 $[\mathbb{Q}(\alpha) : \mathbb{Q}] = 8$；

(ii) 令 $\alpha_1, \alpha_2, \cdots, \alpha_8$ 是 8 个复数 $\pm\sqrt{(2 \pm \sqrt{2})(-3 \pm \sqrt{3})}$，令

$$f(x) = \prod_{j=1}^{8}(x - \alpha_j),$$

证明 $f(x) \in \mathbb{Q}[x]$ 且 $f(x)$ 为 α 在 $\mathbb{Q}$ 上的极小多项式；

(iii) 令 $\beta = \sqrt{(2-\sqrt{2})(-3+\sqrt{3})}$, φ 为 $\mathbb{Q}(\alpha)$ 的自同构使得 $\varphi(\alpha) = \beta$, 证明

$$\varphi(\sqrt{2}) = -\sqrt{2}, \quad \varphi(\sqrt{3}) = \sqrt{3}, \quad \varphi(\alpha\beta) = -\alpha\beta, \quad \varphi(\beta) = -\alpha,$$

并由此证明 φ 的阶为 4;

(iv) 类似地令 $\gamma = \sqrt{(2+\sqrt{2})(-3-\sqrt{3})}$, $\delta = \sqrt{(2-\sqrt{2})(-3-\sqrt{3})}$, ψ 和 η 为 $\mathbb{Q}(\alpha)$ 的自同构使得 $\psi(\alpha) = \gamma$, $\eta(\alpha) = \delta$, 证明 ψ 和 η 的阶都是 4 且 $\eta = \psi\varphi$;

(v) 证明 $\mathrm{Gal}(\mathbb{Q}(\alpha)/\mathbb{Q})$ 有 6 个 4 阶元, 1 个 2 阶元和 1 个 1 阶元 (单位元), 并由此得到 $\mathrm{Gal}(\mathbb{Q}(\alpha)/\mathbb{Q})$ 同构于四元数群;

(vi) 求 $\mathbb{Q}(\alpha)$ 的所有子域.

11. 给出一般 4 次方程的求根公式.

1.3 方程的根式解

本节讨论代数方程是否有根式解这个问题.

定义 1.3.1　设 $E = F(\alpha)$ 是域 F 的一个单扩张, 如果存在正整数 n 使得 $\alpha^n \in F$, 就称 E 为 F 的一个**单根式扩张**.

例 1.3.1　设 n 为正整数, ζ_n 是一个 n 次本原单位根. 由例 1.2.3 知 $E = \mathbb{Q}(\zeta_n)$ 是 $f(x) = x^n - 1$ 在 $\mathbb{Q}$ 上的分裂域, 也是分圆多项式 $\Phi_n(x)$ 在 $\mathbb{Q}$ 上的分裂域. 由于 $\zeta_n^n = 1 \in \mathbb{Q}$, 故 $\mathbb{Q}(\zeta_n)/\mathbb{Q}$ 是单根式扩张.

设 F 为 $\mathbb{Q}(\zeta_n)$ 的扩域, $a \in F^*$, 由命题 1.2.1 知多项式 $x^n - a$ 在 F 上的分裂域为 $E = F(\theta)$, 其中 $\theta = \sqrt[n]{a}$. 由于 $\theta^n = a \in F$, 故 $F(\theta)/F$ 也是单根式扩张.

> **注 1.3.1**　对于单根式扩张 $F(\alpha)/F$, 由于有正整数 n 使得 $\alpha^n \in F$, 故 α 是多项式
>
> $$x^n - \alpha^n \in F[x]$$
>
> 的根, 从而 α 为 F 上的代数元. 因此 $F(\alpha)/F$ 一定是单代数扩张, 自然也是有限次扩张.

定义 1.3.2　设 E/F 是有限次扩张, 若存在一个域的扩张链

$$F = F_0 \subseteq F_1 \subseteq \cdots \subseteq F_{s-1} \subseteq F_s = E, \tag{1.9}$$

使得对于每个 $1 \leqslant i \leqslant s$, F_i 是 F_{i-1} 的单根式扩张, 即存在 $\alpha_i \in F_i$ 和正整数 n_i 使得

$$F_i = F_{i-1}(\alpha_i)$$

且 $\alpha_i^{n_i} \in F_{i-1}$, 则称 E 为 F 的一个**根式扩张**, 而如上域的扩张链 (1.9) 叫做根式扩张 E/F 的一个**根式扩张链**.

设多项式 $f(x) \in F[x]$, 如果 $f(x)$ 的每一个根都可以用对 $f(x)$ 的系数施行有限次加、减、乘、除和开方运算的式子表达出来, 就称方程 $f(x) = 0$ **根式可解**或者**有根式解**. 因为加、减、乘、除四则运算可以在任意域中进行, 而对 F 的一个元素 a 开 n 次方, 相当于求一个元素 α 使得 $\alpha^n = a$, 即有一个单根式扩张 $F(\alpha)/F$. 于是施行有限次加、减、乘、除和开方运算就是存在一个根式扩张链 (1.9) 使得 $f(x)$ 的每个根都在 E 中, 这表明若方程 $f(x) = 0$ 根式可解, 则 $f(x)$ 的根都在 F 的某个根式扩张 E 中. 反之, 如果存在 F 的一个根式扩张 E/F 使得 $f(x)$ 的每个根都在 E 中, 那么这时有一个根式扩张链 (1.9), 从而 $f(x)$ 的每一个根可以由 $f(x)$ 的系数施行有限次加、减、乘、除和开方运算表达出来. 由此可给出如下定义.

定义 1.3.3 设 F 是域, $f(x) \in F[x]$, 如果存在 F 的一个根式扩张包含 $f(x)$ 在 F 上的一个分裂域, 那么就称代数方程 $f(x) = 0$ (或多项式 $f(x)$) 在 F 上**根式可解**或**有根式解**.

例 1.3.2 由例 1.3.1 知对任意正整数 n, 多项式 $f(x) = x^n - 1$ 和分圆多项式 $\Phi_n(x)$ 在有理数域 $\mathbb{Q}$ 上根式可解. 进一步地, 设 ζ_n 是一个 n 次本原单位根, F 为 $\mathbb{Q}(\zeta_n)$ 的扩域, $a \in F^*$, 则 $x^n - a$ 在 F 上根式可解.

下面我们讨论一般多项式的根式可解性, 先证明如下引理.

引理 1.3.1 设 E 是 F 的有限可分扩张, $\widetilde{E}$ 是 E/F 的正规闭包. 如果 E/F 是根式扩张, 那么 $\widetilde{E}/F$ 也是根式扩张.

证明 设 E/F 的一个根式扩张链为 (1.9)

$$F = F_0 \subseteq F_1 \subseteq \cdots \subseteq F_{s-1} \subseteq F_s = E,$$

其中 $F_i = F_{i-1}(\alpha_i)$, $\alpha_i^{n_i} \in F_{i-1}$, $1 \leqslant i \leqslant s$, 从而

$$E = F(\alpha_1, \alpha_2, \cdots, \alpha_s).$$

由于 E/F 为有限次扩张, 故为代数扩张. 设 α_i 在 F 上的极小多项式为 $p_i(x)$, 令

$$f(x) = \prod_{i=1}^{s} p_i(x),$$

由《代数学（三）》中定理 6.2.5 的证明知 E/F 的正规闭包 $\widetilde{E}$ 为 $f(x)$ 在 F 上的分裂域. 由 E/F 的可分性知 $f(x)$ 可分, 所以 $\widetilde{E}/F$ 是 Galois 扩张. 令

$$\mathrm{Gal}(\widetilde{E}/F) = \{\sigma_1 = \mathrm{id}_{\widetilde{E}}, \sigma_2, \cdots, \sigma_n\},$$

则由定理 1.2.7 知对任意 $1 \leqslant i \leqslant s$, $p_i(x)$ 的根为

$$\sigma_1(\alpha_i), \sigma_2(\alpha_i), \cdots, \sigma_n(\alpha_i),$$

所以

$$\widetilde{E} = F(\sigma_1(\alpha_1), \sigma_2(\alpha_1), \cdots, \sigma_n(\alpha_1), \sigma_1(\alpha_2), \sigma_2(\alpha_2), \cdots, \sigma_n(\alpha_2), \cdots,$$

$$\sigma_1(\alpha_s), \sigma_2(\alpha_s), \cdots, \sigma_n(\alpha_s)).$$

令 $S_0 = \varnothing$, 并对任意 $1 \leqslant i \leqslant s$, 记

$$S_i = \{\sigma_1(\alpha_1), \sigma_2(\alpha_1), \cdots, \sigma_n(\alpha_1), \cdots, \sigma_1(\alpha_i), \sigma_2(\alpha_i), \cdots, \sigma_n(\alpha_i)\}.$$

由于 $F_i = F_{i-1}(\alpha_i) = F(\alpha_1, \cdots, \alpha_i)$, 故 $F_i \subseteq F(S_i)$. 进一步地, 对任意 $1 \leqslant i \leqslant s$ 和 $0 \leqslant j \leqslant n$, 记

$$S_{i-1,j} = S_{i-1} \cup \{\sigma_1(\alpha_i), \cdots, \sigma_j(\alpha_i)\},$$

其中 $S_{i-1,0} = S_{i-1}$, 则显然有 $S_{i-1,n} = S_i$. 考察扩张链

$$F(S_{i-1}) = F(S_{i-1,0}) \subseteq F(S_{i-1,1}) \subseteq \cdots \subseteq F(S_{i-1,n}) = F(S_i). \tag{1.10}$$

易见对于 $1 \leqslant j \leqslant n$, $S_{i-1,j} = S_{i-1,j-1} \cup \{\sigma_j(\alpha_i)\}$. 由于 $\alpha_i^{n_i} \in F_{i-1} \subseteq F(S_{i-1})$, 我们有

$$\sigma_j(\alpha_i)^{n_i} = \sigma_j(\alpha_i^{n_i}) \in \sigma_j(F(S_{i-1})) = F(\sigma_j(S_{i-1})) = F(S_{i-1}) \subseteq F(S_{i-1,j-1}),$$

故链 (1.10) 是根式扩张链. 由此得到对每个 $1 \leqslant i \leqslant s$, 都有从 $F(S_{i-1})$ 到 $F(S_i)$ 的根式扩张链. 由于 $F(S_0) = F$, $F(S_s) = \widetilde{E}$, 把这 s 个链连接起来就得到一个从 F 到 $\widetilde{E}$ 的根式扩张链, 故 $\widetilde{E}/F$ 是根式扩张. □

下面讨论特征为 0 的域上多项式的根式可解性. 设 $\mathrm{char}\, F = 0$, n 为正整数,

$$f(x) = x^n - 1 \in F[x],$$

则有 $f'(x) = nx^{n-1}$, 从而 $f(x)$ 与 $f'(x)$ 互素, 故 $f(x)$ 没有重根. 设 G 为 $f(x)$ 在它的分裂域 E 中的全部根构成的集合, 容易验证 G 为 E^* 的 n 阶子群, 由《代数学 (三)》中推论 2.3.2 知 G 是循环群. 设 ζ 是 G 的一个生成元, 则 $o(\zeta) = n$, 从而 ζ 是一个 n 次本原单位根. 这表明特征为 0 的域的某个扩域中一定有 n 次本原单位根.

定理 1.3.1　设 F 是特征为 0 的域, $f(x) \in F[x]$. 如果代数方程 $f(x) = 0$ 在 F 上根式可解, 那么 $f(x)$ 在 F 上的 Galois 群 G_f 是可解群.

证明　由于 $\mathrm{char}\, F = 0$, 故 F 包含有理数域 $\mathbb{Q}$. 设 K 是 $f(x)$ 在 F 上的分裂域, 因为 $f(x) = 0$ 在 F 上根式可解, 所以存在 F 的根式扩张 E 使得 $E \supseteq K$, 根据引理 1.3.1, 可设 E/F 是有限正规扩张, 并设 (1.9) 是从 F 到 E 的根式扩张链. 令

$$n = \mathrm{lcm}(n_1, n_2, \cdots, n_s),$$

ζ_n 是一个在 F 的某个扩域中的 n 次本原单位根.

对任意 $0 \leqslant i \leqslant s$, 记 $F_i' = F_i(\zeta_n)$, $E' = E(\zeta_n)$, 考察扩张链

$$F = F_0 \subseteq F_0' \subseteq F_1' \subseteq \cdots \subseteq F_{s-1}' \subseteq F_s' = E'. \qquad (1.11)$$

显然 F_0' 是 $x^n - 1$ 在 F 上的分裂域, 而对于 $1 \leqslant i \leqslant s$, F_i' 是多项式 $x^{n_i} - \alpha_i^{n_i}$ 在 F_{i-1}' 上的分裂域, 因而上述 $s+1$ 个扩张都是 Galois 扩张. 根据 Galois 基本定理, 可得次正规群列

$$\mathrm{Gal}(E'/F_0) \rhd \mathrm{Gal}(E'/F_0') \rhd \mathrm{Gal}(E'/F_1') \rhd \cdots \rhd \mathrm{Gal}(E'/F_{s-1}') \rhd \{\mathrm{id}_{E'}\}. \qquad (1.12)$$

由注 1.2.2 知 F_0'/F_0 是一个 Abel 扩张, 所以

$$\mathrm{Gal}(E'/F_0)/\mathrm{Gal}(E'/F_0') \cong \mathrm{Gal}(F_0'/F_0)$$

是一个交换群. 对于 $1 \leqslant i \leqslant s$, $F_i' = F_{i-1}'(\alpha_i)$, $\alpha_i^{n_i} \in F_{i-1} \subseteq F_{i-1}'$, 由于 n_i 次本原单位根 $\zeta_n^{\frac{n}{n_i}} \in F_{i-1}'$, 而 F_i' 是 $x^{n_i} - \alpha_i^{n_i}$ 在 F_{i-1}' 上的分裂域, 所以由命题 1.2.1 知 F_i'/F_{i-1}' 是循环扩张, 故

$$\mathrm{Gal}(E'/F_{i-1}')/\mathrm{Gal}(E'/F_i') \cong \mathrm{Gal}(F_i'/F_{i-1}')$$

是循环群. 这便证出次正规群列 (1.12) 的因子群都是交换群, 由《代数学（三）》中定理 3.4.3 得到 $\mathrm{Gal}(E'/F)$ 是可解群. 又因为

$$F \subseteq K \subseteq E'$$

并且 K/F 是 Galois 扩张, 所以

$$\mathrm{Gal}(K/F) \cong \mathrm{Gal}(E'/F)/\mathrm{Gal}(E'/K).$$

故 $\mathrm{Gal}(K/F)$ 作为可解群 $\mathrm{Gal}(E'/F)$ 的商群依然可解, 从而群 G_f 是可解群. $\qquad \square$

反之, 若 $f(x)$ 的 Galois 群 G_f 为可解群, $f(x) = 0$ 是否根式可解?

命题 1.3.1 (Lagrange 预解式)　设 F 是特征为 0 的域, p 是素数, 且 F 包含一个 p 次本原单位根 ζ_p, 那么 F 的任意 p 次循环扩张 E 都是单根式扩张.

证明　因为 E 是 F 的 p 次循环扩张, 所以 $[E : F] = p$ 且 $G = \mathrm{Gal}(E/F) = \langle \sigma \rangle$ 为 p 阶循环群. 任取 $\theta \in E \backslash F$, 有 $[F(\theta) : F] \mid p$ 且 $[F(\theta) : F] > 1$, 所以 $[F(\theta) : F] = p$, 故 $E = F(\theta)$. 下面我们构造一个 E 中的元素, 它不在 F 中, 但它的 p 次幂在 F 中.

考察下述 p 个 Lagrange 预解式

$$\begin{cases} \xi_0 = \theta + \sigma(\theta) + \sigma^2(\theta) + \cdots + \sigma^{p-1}(\theta), \\ \qquad\qquad \cdots\cdots\cdots\cdots \\ \xi_i = \theta + \zeta_p^i \sigma(\theta) + \zeta_p^{2i} \sigma^2(\theta) + \cdots + \zeta_p^{(p-1)i} \sigma^{p-1}(\theta), \\ \qquad\qquad \cdots\cdots\cdots\cdots \\ \xi_{p-1} = \theta + \zeta_p^{p-1} \sigma(\theta) + \zeta_p^{2(p-1)} \sigma^2(\theta) + \cdots + \zeta_p^{(p-1)^2} \sigma^{p-1}(\theta), \end{cases}$$

记 $\underline{\xi} = (\xi_0, \xi_1, \cdots, \xi_{p-1})^{\mathrm{T}}$, $\underline{\theta} = (\theta, \sigma(\theta), \cdots, \sigma^{p-1}(\theta))^{\mathrm{T}}$, $A = (a_{ij})_{p \times p}$, 其中 $a_{ij} = \zeta_p^{(i-1)(j-1)}$, 则显然矩阵 A 可逆, 且有

$$\underline{\xi} = A\underline{\theta}.$$

下面证明存在某个 i 使得 $\xi_i \notin F$. 事实上若否, 则 $\underline{\xi}$ 是域 F 上的列向量. 由于 A 为域 F 上的可逆矩阵, 自然 A^{-1} 也是域 F 上的矩阵, 从而 $\underline{\theta} = A^{-1}\underline{\xi}$ 是域 F 上的列向量, 于是 $\theta \in F$, 得到矛盾. 最后, 注意到

$$\sigma(\xi_i) = \sigma(\theta) + \zeta_p^i \sigma^2(\theta) + \zeta_p^{2i} \sigma^3(\theta) + \cdots + \zeta_p^{(p-1)i} \sigma^p(\theta) = \zeta_p^{-i} \xi_i,$$

所以

$$\sigma(\xi_i^p) = \sigma(\xi_i)^p = \xi_i^p.$$

又 $\mathrm{Gal}(E/F) = \langle \sigma \rangle$, 故

$$\xi_i^p \in \mathrm{Inv}(\mathrm{Gal}(E/F)) = F,$$

从而 $E = F(\xi_i)$ 是一个单根式扩张. $\qquad \square$

定理 1.3.2 设 F 是特征为 0 的域, $f(x) \in F[x]$. 如果 $f(x)$ 在 F 上的 Galois 群 G_f 可解, 那么方程 $f(x) = 0$ 在 F 上根式可解.

证明 设 K 是 $f(x)$ 在 F 上的分裂域, 且 $G = \mathrm{Gal}(K/F) \cong G_f$ 是一个可解群, 则只需证明存在 F 的根式扩张 E 使得 $K \subseteq E$.

设 $[K : F] = n$, $m = \mathrm{rad}(n)$ 为 n 的所有互不相同的素因子的乘积. 令 ζ_m 是一个 m 次本原单位根, 则 $L = F(\zeta_m)$ 是 $x^m - 1$ 在 F 上的分裂域, 由例 1.3.1 知 L/F 是单根式扩张. 令 E 是 $f(x)$ 在 L 上的分裂域, 则 $K \subseteq E$, 且由命题 1.1.2 得到 $H = \mathrm{Gal}(E/L)$ 同构于 $G = \mathrm{Gal}(K/F)$ 的一个子群, 于是 H 也是可解群. 因为 H 有限, 由《代数学（三）》中定理 3.5.1 知存在次正规群列

$$H = H_0 \rhd H_1 \rhd H_2 \rhd \cdots \rhd H_s = \{e\}, \tag{1.13}$$

使得对于每个 $1 \leqslant i \leqslant s$, 因子群 H_{i-1}/H_i 都是素数阶循环群. 记 $L_j = \mathrm{Inv}(H_j)$, $0 \leqslant j \leqslant s$. 根据 Galois 基本定理, 存在 L 到 E 的扩张链

$$L = L_0 \subseteq L_1 \subseteq L_2 \subseteq \cdots \subseteq L_s = E, \tag{1.14}$$

使得对于每个 $1 \leqslant i \leqslant s$, L_i/L_{i-1} 为 Galois 扩张且

$$\mathrm{Gal}(L_i/L_{i-1}) \cong H_{i-1}/H_i.$$

记 $|H_{i-1}/H_i| = p_i$, p_i 为素数, 由于

$$p_i = [L_i : L_{i-1}] \mid [E : L] = |\mathrm{Gal}(E/L)| \mid |\mathrm{Gal}(K/F)| = n,$$

故 $p_i \mid m$. 从而 p_i 次本原单位根

$$\zeta_m^{\frac{m}{p_i}} \in L \subseteq L_{i-1},$$

由命题 1.3.1 可知, L_i 是 L_{i-1} 的单根式扩张. 这样我们得到从 F 到 E 的根式扩张链

$$F \subseteq L = L_0 \subseteq L_1 \subseteq L_2 \subseteq \cdots \subseteq L_s = E,$$

故 E 是 F 的根式扩张且 $f(x)$ 在 F 上的分裂域 $K \subseteq E$, 所以 $f(x) = 0$ 在 F 上根式可解. $\qquad\square$

由于对称群 S_4 是可解群, 由定理 1.3.2 可立得如下推论.

推论 1.3.1 设 F 是特征为 0 的域, $f(x) \in F[x]$. 如果 $\deg f(x) \leqslant 4$, 那么方程 $f(x) = 0$ 在 F 上根式可解.

注意到定理 1.3.2 的结论对特征为素数的域不一定成立, 参见本节习题第 7 题.

习题 1.3

1. 设 $f(x)$ 是域 F 上的不可约多项式, 证明若 $f(x)$ 的一个根在 F 的一个根式扩张中, 则 $f(x)$ 的所有根也在 F 的某个根式扩张中.

2. 设 $f(x) = x^3 - 3x + 1 \in \mathbb{Q}[x]$, β 是 $f(x)$ 的一个根.

(i) 证明 $\mathbb{Q}(\beta)$ 是 $\mathbb{Q}$ 的 3 次 Galois 扩张;

(ii) 令 $\omega = \mathrm{e}^{\frac{2\pi i}{3}}$, 证明 $\mathbb{Q}(\omega, \beta)$ 是 $\mathbb{Q}(\omega)$ 的 3 次 Galois 扩张;

(iii) 由命题 1.3.1 知存在 $\alpha \in \mathbb{Q}(\omega, \beta)$ 使得

$$\mathbb{Q}(\omega, \beta) = \mathbb{Q}(\omega, \alpha)$$

且 $\alpha^3 \in \mathbb{Q}(\omega)$, 给出一个这样的元素 α.

3. 设 n 为正整数, F 是特征为素数 p 的域, 证明 F 的某个扩域中存在 n 次本原单位根当且仅当 $p \nmid n$.

4. 判断下面有理数域 $\mathbb{Q}$ 上的多项式是否根式可解:

(i) $2x^5 - 5x^4 + 5$;

(ii) $x^6 + 2x^3 + 1$;

(iii) $3x^5 - 15x + 5$.

5. 给出一个 $\mathbb{Q}$ 上的 7 次多项式使得其 Galois 群为 S_7.

6. 设 $f(x)$ 是 $\mathbb{Q}$ 上的 3 次不可约多项式, 它的分裂域 K 是 $\mathbb{Q}$ 的 3 次扩张, 证明 $f(x)$ 根式可解, 但是 K 并不是根式扩张链的最大的域. 给出满足如上条件的多项式 $f(x)$ 的例子.

7. 设 p 为素数, $F = \mathbb{F}_p(t)$, $f(x) = x^p - x - t \in F[x]$, 证明 $f(x)$ 在 F 上根式不可解.

8. 能否在 $\mathbb{Q}$ 上根式求解 5 次方程 $x^5 - 6x + 3 = 0$?

1.4 尺规作图

在域论部分的最后一节, 我们来讨论如何用域论来解决欧氏几何中的几何作图问题. 欧氏几何中几何作图的工具是没有刻度的直尺和圆规, 在中学的平面几何中我们知道如何作出一条给定线段的垂直平分线, 如何作一个给定角的角平分线, 我们还可以作出正三角形、正五边形等图形. 早在古希腊时期, 当时希腊人提出了三个著名的问题, 后来被称为三大几何作图难题. 它们分别是

(i) 化圆为方: 给定一个圆, 作一个面积与它相等的正方形;

(ii) 三等分角: 给定任意一个角, 作两条线三等分这个角;

(iii) 立方倍积: 给定一个正方体, 作体积为这个立方体体积两倍的立方体.

这三个作图问题有着悠久的历史, 吸引了很多著名数学家去研究解决, 但直到问题提出 2000 多年之后的 19 世纪应用了代数的工具才最终得以解决.

正如三大几何作图难题那样, 几何作图就是在已知的一些几何图形 (如点、直线、角、圆等) 的基础上作出新的图形. 但是一条直线由它上面的两个不同的点确定, 一个角由其顶点和每边上取一个点共三点确定, 一个圆由其圆心和圆周上的一点确定, 所以几何作图问题的前提总可以归结为给定了平面上的有限个点. 设 S 是欧氏平面 $\mathbb{R}^2$ 上给定的一个有限子集, $|S| \geqslant 2$, 则通过 S 可以作出什么样的图形? 这取决于作图的法则. 因为欧氏几何作图的工具是没有刻度的直尺和圆规, 所以用直尺只能去作经过 S 中给定两点的直线; 而圆规的两个端点可以放在 S 中的任意两个点上, 故利用圆规只能作以 S 中某一点为圆心并经过 S 中另外一点的圆. 再在这样作出的直线与直线、直线与圆、圆与圆相交得到的新的点集和 S 的并集上用直尺和圆规施行同样的操作, 然后再如此反复有限次作出新的图形. 这样法则的作图称为**尺规作图**, 为简单起见, 就称其为**作图**.

经过 S 中任意不同两点的直线称为 S-**直线**, 以 S 中某一点为圆心并经过 S 中另外一点的圆称为 S-**圆**. 对于 $\mathbb{R}^2$ 上的点 P, 若 $P \in S$, 或者 P 为两条 S-直线、两个 S-圆、或一条 S-直线和一个 S-圆的交点, 则称点 P **可用尺规至多一步从 S 作出**. 用 S_1 表示可用尺规至多一步从 S 作出的点的集合, 则 S_1 是 $\mathbb{R}^2$ 的有限子集且 $S_1 \supseteq S$. 对 S_1 进行同样的操作, 若 $\mathbb{R}^2$ 上的点可用尺规至多一步从 S_1 作出, 则称其可用尺规至多两步从 S 作出. 用 S_2 表示可用尺规至多两步从 S 作出的点的集合, 则 S_2 仍为 $\mathbb{R}^2$ 的有限子集且 $S_2 \supseteq S_1 \supseteq S$. 继续下去, 得到可用尺规至多三步从 S 作出的点的集合. 以此类推, 我们给出如下定义.

定义 1.4.1 设 S 是欧氏平面 $\mathbb{R}^2$ 的一个有限子集且 $|S| \geqslant 2$, 若 $\mathbb{R}^2$ 中的点 Q 可

用尺规至多有限步从 S 作出, 则称 Q **可用尺规从 S 作出**, 简称为**可作出点**. 经过两个可作出点的直线称为**可作出直线**, 以可作出点为圆心并经过另一个可作出点的圆称为**可作出圆**.

下面的点或直线是可作出的.

(a) 一条线段的中点和垂直平分线.

设 PQ 是一条给定的线段, 其两个端点 P 和 Q 是可作出点, 则 PQ 的中点是可作出点, PQ 的垂直平分线 (即与 PQ 垂直且平分 PQ 的直线) 是可作出直线. 事实上, 以 P 为圆心经过点 Q 的圆与以 Q 为圆心经过点 P 的圆有两个交点 R 和 S. R 和 S 都是可作出点, 过 R 和 S 的直线就是 PQ 的垂直平分线, 故为可作出直线. 直线 RS 与 PQ 的交点 T 是 PQ 的中点, 是可作出点 (图 1.1).

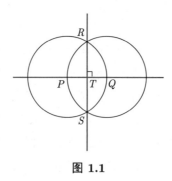

图 1.1

(b) 过直线外一点与该直线垂直的直线.

设 ℓ 是一条给定的直线, P 是 ℓ 外的一个给定点, 即 ℓ 是可作出直线, P 为可作出点. 因为 ℓ 可作出, 所以 ℓ 上有至少两个可作出点, 设 Q 是其中之一. 以 P 为圆心经过点 Q 的圆是可作出圆, 若该圆与 ℓ 只有一个交点 Q, 则直线 PQ 就是经过点 P 且与 ℓ 垂直的直线, 它显然是可作出的. 若此圆与 ℓ 有两个交点, 记除 Q 外的另一个交点为 R, 则 R 为可作出点. 由前面的 (a) 知线段 QR 的垂直平分线可作出, 而 QR 的垂直平分线就是经过点 P 且与 ℓ 垂直的直线 (图 1.2).

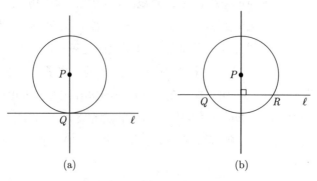

(a)　　　　　　　　(b)

图 1.2

(c) 过直线上一点与该直线垂直的直线.

设 ℓ 是一条给定的直线, P 是 ℓ 上的一个给定点. 同样地, 由于 ℓ 可作出, 除可作出点 P 外, ℓ 上还至少有另一个可作出点 Q. 以 P 为圆心经过点 Q 的圆是可作出圆, 它与 ℓ 的另一个交点为 R, R 是可作出点. 由前面的 (a) 知线段 QR 的垂直平分线可作出, 而 QR 的垂直平分线就是经过点 P 且与 ℓ 垂直的直线 (图 1.3).

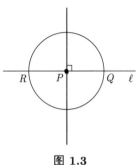

图 1.3

(d) 过直线外一点与该直线平行的直线.

设 ℓ 是一条给定的直线, P 是 ℓ 外的一个给定点. 由 (b) 知过点 P 且与 ℓ 垂直的直线 m 是可作出直线, 又由 (c) 知过点 P 且与 m 垂直的直线 n 是可作出直线. 显然 n 就是过点 P 且与 ℓ 平行的直线 (图 1.4).

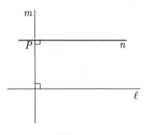

图 1.4

尺规作图中圆规的用法是以可作出点 (设为 P) 为圆心并且经过另一个可作出点 (设为 Q) 作圆, 这也是以 P 为圆心、以可作出点 P 与 Q 之间的距离 $|PQ|$ 为半径的圆. 实际上, 圆规的用法可以进一步扩充, 以可作出点为圆心、以任意两个可作出点之间的距离为半径的圆也是可以尺规作出的. 即设 P, Q, R 是三个可作出点, 则可以作出以 R 为圆心、以 P, Q 之间的距离 $|PQ|$ 为半径的圆. 事实上, 经过点 P 和 R 作直线 ℓ, 以 P 为圆心经过 Q 作圆 O_P, 过点 P 作与 ℓ 垂直的直线 m, 设 m 与圆 O_P 的交点为 S (S 可以为 Q), 过 S 作与 ℓ 平行的直线 n, 过点 R 作与 ℓ 垂直的直线 k, 设 k 与 n 的交点为 T, 则 T 为可作出点且 $|RT| = |PQ|$. 以 R 为圆心经过点 T 的圆 O_R 是可作出圆, 显然 O_R 是以 R 为圆心、以可作出点 P, Q 之间的距离 $|PQ|$ 为半径的圆 (图 1.5).

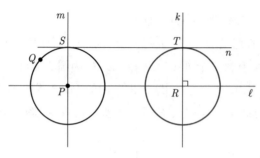

图 1.5

为解决包括前面提到的三大几何作图难题的作图问题, 我们先把上述几何作图问题转化为代数问题, 由此需要用平面直角坐标系. 作图问题的开始, 已知有平面上的有限点集 S, S 中至少有两个点, 即作图时已经有至少两个可作出点, 分别把它们取作坐标原点 $O = (0,0)$ 和单位点 $P = (1,0)$, 而经过这两点的可作出直线就是 x 轴, 方向为从左到右. 过原点 O 作 x 轴的垂线 p, 以原点 O 为圆心过点 P 作圆与直线 p 交于 x 轴上方的点 Q. 直线 p 从下向上的方向就是 y 轴, 而点 Q 就是 y 轴上的单位点 $(0,1)$, 这样我们便作出了平面直角坐标系 (图 1.6).

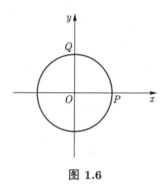

图 1.6

把欧氏平面 $\mathbb{R}^2$ 等同于复平面 $\mathbb{C}$, 即把 $\mathbb{R}^2$ 上的点 (a,b) 等同于复数 $a + bi$, 其中 $a, b \in \mathbb{R}$. 下面就把点 (a,b) 记为复数 $a + bi$.

定义 1.4.2   设 $z = a + bi \in \mathbb{C}$, 称 z 是**可作出**的, 若其对应的点 (a,b) 是可作出点.

由定义可知, 如果 a 为实数, 则 a 是可作出的若 x 轴上的点 $(a,0)$ 是可作出点, 从而实数 0 和 1 是可作出的. 若两个可作出点之间的距离为 d, 则以原点 O 为圆心、以 d 为半径的圆是可作出的, 该圆与 x 轴交于点 $(\pm d, 0)$, 所以实数 d 是可作出的, 即两个可作出点之间的距离是可作出实数. 进一步, 若非零复数 z 可作出, 则以原点 O 为圆心过可作出点 z 的圆与经过 O 和 z 的直线交于另一可作出点 $-z$, 所以复数 $-z$ 也是可作出的, 即可作出复数集在取负下是封闭的.

设点 $z = (a,b)$ 是可作出的, 过 z 分别作 x 轴和 y 轴的垂线与 x 轴和 y 轴交于点 $(a,0)$ 和 $(0,b)$, 所以实数 a 可作出, 若 $b = 0$, 则显然 b 可作出. 若 $b \neq 0$, 则以原点 O 为圆心过点 $(0,b)$ 的圆与 x 轴交于点 $(b,0)$ 和 $(-b,0)$, 所以实数 b 也是可作出的. 这表明

可作出点的横、纵坐标都是可作出实数. 反之, 设实数 a, b 是可作出的, 若 $b = 0$, 由定义点 (a, b) 为可作出点; 若 $b \neq 0$, 则以 O 为圆心经过可作出点 $(b, 0)$ 的圆与 y 轴交于点 $(0, b)$ 和 $(0, -b)$. 这样过可作出点 $(a, 0)$ 且垂直于 x 轴的直线与过可作出点 $(0, b)$ 且垂直于 y 轴的直线交于点 (a, b), 从而点 (a, b) 是可作出的, 即横、纵坐标都是可作出实数的点为可作出点. 由此便证明了如下命题.

命题 1.4.1　设 $a, b \in \mathbb{R}$, $z = a + b\mathrm{i} \in \mathbb{C}$, 则 z 为可作出复数 (或点 (a, b) 为可作出点) 当且仅当 a 和 b 都是可作出实数.

用 E 来表示所有可作出复数构成的集合, 下面来讨论 E 的代数性质.

命题 1.4.2　E 是复数域 $\mathbb{C}$ 的子域.

证明　显然 $0, 1 \in E$, 我们只需证明对任意 $z_1, z_2 \in E$ 有 $z_1 \pm z_2 \in E$, $z_1 z_2 \in E$, 且若 $z_1 \neq 0$, 有 $z_1^{-1} \in E$.

首先设 $z_1 = a, z_2 = b$ 均为实数, 由于 E 在取负下封闭, 不失一般性假设 $0 < b \leqslant a$.

以点 $(a, 0)$ 为圆心、以 b 为半径的圆与 x 轴交于点 $(a \pm b, 0)$, 所以 $a \pm b \in E$. 下面证明 $ab \in E$ 和 $a^{-1} \in E$, 若 $a = 1$ 或 $b = 1$, 结论显然成立. 下面设 $a \neq 1$ 且 $b \neq 1$. 由于 $0, 1, a, b \in E$, 故

$$(a, 0), \ (0, b), \ (1, 0), \ (0, 1)$$

都是可作出点. 过 $(a, 0)$ 和 $(0, 1)$ 作直线 ℓ, 过点 $(0, b)$ 作直线 m 平行于直线 ℓ, 过点 $(1, 0)$ 作直线 n 平行于 ℓ. 设 m 与 x 轴的交点坐标为 $(c, 0)$, n 与 y 轴的交点坐标为 $(0, d)$, 这两个交点都是可作出点 (图 1.7). 由相似三角形性质可以得到 $ab = c \in E$ 和 $a^{-1} = d \in E$.

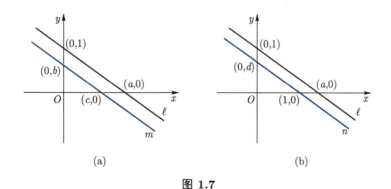

图 1.7

设 $z_1 = a_1 + b_1 \mathrm{i}$, $z_2 = a_2 + b_2 \mathrm{i}$, 其中 $a_1, a_2, b_1, b_2 \in \mathbb{R}$. 由于 $z_1, z_2 \in E$, 由命题 1.4.1 知 $a_1, b_1, a_2, b_2 \in E$, 所以由前面实数情形的证明有

$$a_1 \pm a_2 \in E, \ b_1 \pm b_2 \in E,$$

再由命题 1.4.1 得到

$$z_1 \pm z_2 = (a_1 \pm a_2) + (b_1 \pm b_2)\mathrm{i} \in E.$$

进一步地,

$$z_1 z_2 = (a_1 a_2 - b_1 b_2) + (a_1 b_2 + a_2 b_1)\mathrm{i},$$

且当 $z_1 \neq 0$ 时,

$$z_1^{-1} = \frac{a_1}{a_1^2 + b_1^2} + \frac{-b_1}{a_1^2 + b_1^2}\mathrm{i},$$

由此得到 $z_1 z_2 \in E$, 且当 $z_1 \neq 0$ 时, $z_1^{-1} \in E$.　　　□

由于 E 是 $\mathbb{C}$ 的子域, 故 E 包含有理数域 $\mathbb{Q}$, 从而每个有理数都是可作出的. 一个复数 z 的平方根有两个, 下面用 $\sqrt{z}$ 来表示 z 的一个平方根, 这样 z 的两个平方根可表示为 $\pm\sqrt{z}$.

命题 1.4.3　设复数 $z \in \mathbb{C}$, 若 $z \in E$, 则 $\sqrt{z} \in E$.

证明　显然只需考虑 $z \neq 0$ 的情形, 首先设 z 为正实数 a. 因为 $1, a \in E$, 由命题 1.4.2 有 $a + 1 \in E$. 设 O 为坐标原点 $(0,0)$, 点 P, Q 的坐标分别为 $(a, 0)$ 和 $(a + 1, 0)$, 并设 R 为线段 OQ 的中点. 以 R 为圆心经过点 Q 作圆 O_R (O_R 自然也经过坐标原点 O), 过点 P 作 x 轴的垂线, 在第一象限内与圆 O_R 交于点 T, T 为可作出点 (图 1.8). 设 $|PT| = t$, 由勾股定理有

$$|OQ|^2 = |OT|^2 + |TQ|^2 = |OP|^2 + |PT|^2 + |PT|^2 + |PQ|^2,$$

即

$$(a + 1)^2 = a^2 + t^2 + t^2 + 1,$$

故 $a = t^2$, 从而 $\sqrt{a} = t$. 由于 t 为可作出点 P 和 T 之间的距离, 故 $t \in E$, 即 $\sqrt{a} \in E$.

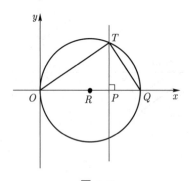

图 1.8

下面设 $z = re^{\mathrm{i}\theta} = r(\cos\theta + \mathrm{i}\sin\theta)$, 其中 $r > 0$ 为复数 z 的模长. 由于 r 是点 z 与坐标原点 O 之间的距离, 故 $r \in E$. 进一步地, 由 $r\cos\theta, r\sin\theta, r \in E$ 和命题 1.4.2 可以得到 $\cos\theta, \sin\theta \in E$. 又

$$\sqrt{z} = \sqrt{r}\left(\cos\frac{\theta}{2} + \mathrm{i}\sin\frac{\theta}{2}\right),$$

由前面的证明知 $\sqrt{r} \in E$, 再由

$$\cos\frac{\theta}{2} = \pm\sqrt{\frac{1+\cos\theta}{2}}, \quad \sin\frac{\theta}{2} = \pm\sqrt{\frac{1-\cos\theta}{2}}$$

和 $1 \pm \cos\theta \geqslant 0$ 得到 $\cos\dfrac{\theta}{2}, \sin\dfrac{\theta}{2} \in E$, 从而 $\sqrt{z} \in E$. $\qquad\square$

注 1.4.1 由于 E 为 $\mathbb{Q}$ 的扩域, 显然 $3 \in E$. 由命题 1.4.3 知 $\sqrt{3} \in E$, 再利用命题 1.4.3 可以得到实数

$$\sqrt{\sqrt{3}} = \sqrt[4]{3}, \sqrt{\sqrt[4]{3}} = \sqrt[8]{3}, \cdots, \sqrt[2^n]{3}, \cdots$$

都在 E 中, 其中 n 为任意正整数, 由此得到

$$\bigcup_{n=1}^{\infty} \mathbb{Q}(\sqrt[2^n]{3}) \subseteq E.$$

显然 $\sqrt[2^n]{3}$ 在 $\mathbb{Q}$ 上的极小多项式为 $x^{2^n} - 3$, 故 $[\mathbb{Q}(\sqrt[2^n]{3}) : \mathbb{Q}] = 2^n$, 这表明 E 包含 $\mathbb{Q}$ 的次数任意大的扩域, 所以 E 作为 $\mathbb{Q}$ 的扩张是无限次的.

例 1.4.1 取单位圆上的点 $1, \zeta_5, \zeta_5^2, \zeta_5^3, \zeta_5^4$ 为正五边形的顶点, 其中

$$\zeta_5 = e^{i\frac{2\pi}{5}} = \cos\frac{2\pi}{5} + i\sin\frac{2\pi}{5}.$$

由于 $\zeta_5^k = \zeta_5^{-(5-k)}$ 和

$$\zeta_5 + \zeta_5^{-1} = 2\cos\frac{2\pi}{5},$$

又 ζ_5 在 $\mathbb{Q}$ 上的极小多项式为分圆多项式

$$\Phi_5(x) = x^4 + x^3 + x^2 + x + 1,$$

我们有

$$\begin{aligned}
0 &= \zeta_5^4 + \zeta_5^3 + \zeta_5^2 + \zeta_5 + 1 \\
&= (\zeta_5^2 + \zeta_5^{-2}) + (\zeta_5 + \zeta_5^{-1}) + 1 \\
&= (\zeta_5 + \zeta_5^{-1})^2 + (\zeta_5 + \zeta_5^{-1}) - 1 \\
&= 4\cos^2\frac{2\pi}{5} + 2\cos\frac{2\pi}{5} - 1,
\end{aligned}$$

由此得到

$$\cos\frac{2\pi}{5} = \frac{-1+\sqrt{5}}{4} \in E,$$

故 $\cos\dfrac{2\pi}{5}$ 为可作出实数. 再由

$$\sin\frac{2\pi}{5}=\sqrt{1-\cos^2\frac{2\pi}{5}}$$

知 $\sin\dfrac{2\pi}{5}$ 也是可作出实数, 从而点 ζ_5 是可作出的.

作以原点为圆心、1 为半径的圆 O_0, 这就是单位圆, 可作出点 ζ_5 也在此圆上. 以点 ζ_5 为圆心经过点 1 (即点 $(1,0)$) 的圆交 O_0 于另一点 ζ_5^2, 以点 ζ_5^2 为圆心经过点 ζ_5 的圆交 O_0 于另一点 ζ_5^3, 类似地可作出点 ζ_5^4, 所以正五边形的 5 个顶点 $1,\zeta_5,\zeta_5^2,\zeta_5^3,\zeta_5^4$ 都是可作出点, 从而可尺规作出正五边形 (图 1.9).

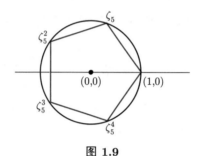

图 1.9

设 K 为实数域 $\mathbb{R}$ 的一个子域, 由中学的解析几何容易给出 K^2-直线和 K^2-圆的方程形式. 设点 $(a_1,b_1),(a_2,b_2)\in K^2$, 则过这两点的方程为

$$(y-b_1)(a_2-a_1)=(x-a_1)(b_2-b_1),$$

该方程可以化简为形式

$$ax+by+c=0,$$

其中

$$a=b_2-b_1,\ b=a_1-a_2,\ c=b_1(a_2-a_1)-a_1(b_2-b_1).$$

显然 $a,b,c\in K$, 故每条 K^2-直线的方程都可以写成

$$ax+by+c=0$$

的形式, 其中 $a,b,c\in K$. 类似地, 以点 (a_1,b_1) 为圆心经过点 (a_2,b_2) 的圆的方程为

$$(x-a_1)^2+(y-b_1)^2=(a_2-a_1)^2+(b_2-b_1)^2,$$

它可以化简为

$$x^2+y^2+dx+ey+f=0,$$

其中 $d,e,f\in K$, 这是任意 K^2-圆的方程形式.

命题 **1.4.4** 设 K 为实数域 $\mathbb{R}$ 的一个子域, 则两条 K^2-直线的交点坐标依然在域 K 中, 而一条 K^2-直线和一个 K^2-圆的交点以及两个 K^2-圆的交点坐标或在 K 中或在 K 的某个 2 次扩张中.

证明 (i) 设所给两条 K^2-直线的方程分别为

$$ax + by + c = 0$$

和

$$a'x + b'y + c' = 0,$$

其中 $a, b, c, a', b', c' \in K$, 这两条直线的交点坐标就是方程组

$$\begin{cases} ax + by + c = 0, \\ a'x + b'y + c' = 0 \end{cases} \tag{1.15}$$

的解. 因为这两条直线有交点, 所以有 $ab' - a'b \neq 0$, 容易得到该二元一次方程组的解为

$$x = \frac{bc' - b'c}{ab' - a'b}, \quad y = \frac{a'c - ac'}{ab' - a'b},$$

它们是由 K 中的元素作加、减、乘、除 (除数不为 0) 运算得到的, 故它们依然在域 K 中.

(ii) 设所给 K^2-直线和 K^2-圆的方程分别为

$$ax + by + c = 0$$

和

$$x^2 + y^2 + dx + ey + f = 0,$$

其中 $a, b, c, d, e, f \in K$ 且 a, b 不全为 0. 要求它们的交点坐标, 需要解方程组

$$\begin{cases} ax + by + c = 0, \\ x^2 + y^2 + dx + ey + f = 0. \end{cases} \tag{1.16}$$

不妨设 $b \neq 0$, 则由方程组 (1.16) 的第一个方程得到

$$y = -\frac{a}{b}x - \frac{c}{b},$$

代入 (1.16) 的第二个方程并化简得

$$Ax^2 + Bx + C = 0, \tag{1.17}$$

其中

$$A = a^2 + b^2, \ B = 2ac + b^2d - abe, \ C = c^2 - bce + b^2f.$$

显然 $A, B, C \in K$ 且一元二次方程 (1.17) 的解为 $x = s \pm q\sqrt{t}$, 其中

$$s = -\frac{B}{2A}, \; q = \frac{1}{2A}, \; t = B^2 - 4AC.$$

将 $x = s \pm q\sqrt{t}$ 代入 (1.16) 的第一个方程可求出 $y = s' \pm q'\sqrt{t}$, 其中 $s', q' \in K$. 由于 $s, s', q, q', t \in K$, 故当 $\sqrt{t} \in K$ 时, 交点坐标在域 K 中, 而当 $\sqrt{t} \notin K$ 时, 交点坐标在 K 的 2 次扩张 $K(\sqrt{t})$ 中.

(iii) 设所给两个 K^2-圆的方程分别为

$$x^2 + y^2 + dx + ey + f = 0$$

和

$$x^2 + y^2 + d'x + e'y + f' = 0,$$

其中 $d, e, f, d', e', f' \in K$. 它们的交点坐标是方程组

$$\begin{cases} x^2 + y^2 + dx + ey + f = 0, \\ x^2 + y^2 + d'x + e'y + f' = 0 \end{cases} \tag{1.18}$$

的解. 方程组 (1.18) 中两个方程相减得到一次方程

$$(d - d')x + (e - e')y + (f - f') = 0.$$

从而方程组 (1.18) 与方程组

$$\begin{cases} x^2 + y^2 + dx + ey + f = 0, \\ (d - d')x + (e - e')y + (f - f') = 0 \end{cases} \tag{1.19}$$

同解. 类似于前面 (ii) 的讨论, 方程组 (1.19) 的解或在 K 中或在 K 的某个 2 次扩张中, 这表明两个 K^2-圆的交点坐标或在 K 中或在 K 的某个 2 次扩张中. □

有了这些准备, 我们就可以刻画可作出数了. 可作出数显然与作图开始给定的点集 S 有关, 设 S 中除坐标原点 $0 = (0,0)$ 和 x 轴上单位点 $1 = (1,0)$ 外还有 n 个点 $z_1, z_2, \cdots, z_n$, 其中 $n \geqslant 0$. 显然, 任意有理数都可以通过 $0,1$ 做有限次四则运算得到. 对于 $1 \leqslant k \leqslant n$, 设

$$z_k = a_k + b_k \mathrm{i},$$

由于 z_k 是给定的, 当然是可作出的, 从而 a_k, b_k 都是可作出的, 所以 z_k 的共轭 $\overline{z_k} = a_k - b_k \mathrm{i}$ 也是可作出数. 令

$$F = \mathbb{Q}(z_1, z_2, \cdots, z_n, \overline{z_1}, \overline{z_2}, \cdots, \overline{z_n}),$$

则 F 中的每个数都是可作出的, 域 F 为作图开始时给定的点集 S 对应的域, 也就是由该作图问题已知条件给出的域. 设 $F_0 = F(\mathrm{i})$, 则 F_0 中的每个数也都是可作出的且有 $[F_0 : F] = 1$ 或者 2. 记

$$F_{\mathbb{R}} = \mathbb{Q}(a_1, a_2, \cdots, a_n, b_1, b_2, \cdots, b_n),$$

则 $F_{\mathbb{R}}$ 是实数域 $\mathbb{R}$ 的子域, 且有 $F_0 = F_{\mathbb{R}}(\mathrm{i})$. 下面的讨论中, 作图问题给定的域都设为 F 且 $F_0 = F(\mathrm{i})$.

定理 1.4.1 复数 z 为可作出数当且仅当存在 F 的一个根式扩张 L/F 使得 $z \in L$, 并且从 F 到 L 有一个根式扩张链

$$F \subseteq F_0 \subseteq F_1 \subseteq F_2 \subseteq \cdots \subseteq F_r = L \tag{1.20}$$

满足对任意 $1 \leqslant j \leqslant r$, 有 $[F_j : F_{j-1}] = 2$.

证明 充分性: 在根式扩张链 (1.20) 中, F_0 中的数都是可作出的. 由于 $[F_1 : F_0] = 2$, 取 $\alpha \in F_1 \backslash F_0$, 则有 $F_1 = F_0(\alpha)$. 设 α 在 F_0 上的极小多项式为

$$g(x) = x^2 + bx + c \in F_0[x],$$

则有

$$\left(\alpha + \frac{b}{2}\right)^2 = \frac{b^2 - 4c}{4}.$$

令

$$d = \frac{b^2 - 4c}{4},$$

则有 $d \in F_0$ 且

$$\sqrt{d} = \alpha + \frac{b}{2} \in F_1,$$

从而

$$F_1 = F_0(\alpha) = F_0(\sqrt{d}).$$

由于 $d \in F_0$ 可作出, 由命题 1.4.3 知 $\sqrt{d}$ 可作出, 再利用命题 1.4.2 得到 F_1 中的数均可作出. 以此类推, 对 r 做归纳可以得到 L 中的数可作出, 由 $z \in L$ 知 z 可作出.

必要性: 设 z 可作出, 若 $z = a + b\mathrm{i}$ 可用尺规至多一步从 S 作出, 其中 $a, b \in \mathbb{R}$. 在命题 1.4.4 中令 $K = F_{\mathbb{R}}$, 则得到 $a, b \in F_{\mathbb{R}}$ 或 $a, b \in F_{\mathbb{R}}(\sqrt{t})$, 其中 $t \in F_{\mathbb{R}}$ 但是 $\sqrt{t} \notin F_{\mathbb{R}}$. 从而 $z \in F_{\mathbb{R}}(\mathrm{i}) = F_0$ 或者

$$z \in F_{\mathbb{R}}(\sqrt{t})(\mathrm{i}) = F_0(\sqrt{t}).$$

在后一种情形中取 $F_1 = F_0(\sqrt{t})$, 则 $[F_1 : F_0] = 2$ 且 $z \in F_1$.

如果 z 不能用尺规至多一步从 S 作出, 则 z 是经过有限步尺规作图从 S 作出的, 而这只是添加了一些中间步骤. 对步数做归纳可以证明从 F_0 出发, 存在有限步 2 次扩张

$$F_1 = F_0(w_1),\ F_2 = F_1(w_2),\ \cdots,\ F_r = F_{r-1}(w_r)$$

使得 $z \in F_r$, 且 $[F_j : F_{j-1}] = 2, 2 \leqslant j \leqslant r$. 于是有从 F 到 F_r 的一个根式扩张链

$$F \subseteq F_0 \subseteq F_1 \subseteq F_2 \subseteq \cdots \subseteq F_r$$

使得 $z \in F_r$, 且 $[F_j : F_{j-1}] = 2, 1 \leqslant j \leqslant r$. □

推论 1.4.1　设 z 为可作出数, 则 z 是域 F 上的代数元, 且 z 在 F 上的极小多项式的次数为 2 的幂.

证明　设 z 为可作出数, 则由定理 1.4.1 知存在根式扩张链 (1.20) 使得 $z \in F_r$, 故 $F(z)$ 为 F_r 的子域. 由于

$$[F_r : F(z)][F(z) : F] = [F_r : F] = \left(\prod_{j=1}^{r} [F_j : F_{j-1}] \right) [F_0 : F] = 2^s,$$

其中 $s = r$ 或者 $r+1$, 故 $[F(z) : F] \mid 2^s$. 所以 $[F(z) : F] = 2^t$, 其中 $t \leqslant s$, 从而 z 是域 F 上的代数元, 且 z 在 F 上的极小多项式的次数为 2^t. □

例 1.4.2　在化圆为方问题中, 设已知圆的圆心在原点, 经过 x 轴上单位点 $(1,0)$, 即该问题给定的已知点只有 0 和 1, 这时域 $F = \mathbb{Q}$. 所要作的正方形面积等于给定圆的面积 π, 故边长为 $\sqrt{\pi}$, 所以化圆为方问题需要作的数为 $\sqrt{\pi}$. 德国数学家 Lindemann (林德曼) 于 1882 年证明了 π 不是 $\mathbb{Q}$ 上的代数元, 所以 $\sqrt{\pi}$ 不可作出, 否则 $\pi = \sqrt{\pi}^2$ 可作出, 与推论 1.4.1 矛盾, 从而化圆为方问题不可解.

三等分角问题要求三等分任意角, 即给定一个角 θ, 用尺规作出一个角 ψ 使得 $\theta = 3\psi$. 将角 θ 放在一个单位圆内, 使得角的顶点与圆心重合, 角的一边与 x 轴正向重合, 则角 θ 的另一边与此单位圆的交点为

$$e^{i\theta} = \cos\theta + i\sin\theta,$$

故三等分角问题给定的已知点是 0, 1 和 $e^{i\theta}$, 从而域

$$F = \mathbb{Q}(e^{i\theta}, e^{-i\theta}),$$

而问题要求尺规作出的复数为 $e^{i\psi}$, 其中 $\theta = 3\psi$. 特别地, 设 $\theta = \dfrac{\pi}{3}$, 则

$$e^{i\theta} = \frac{1}{2} + \frac{\sqrt{-3}}{2},$$

从而 $F = \mathbb{Q}(\sqrt{-3})$. 要作出的是 $\psi = \dfrac{\pi}{9}$, 由

$$\cos\theta = \cos 3\psi = 4\cos^3\psi - 3\cos\psi$$

和 $\cos\theta = \dfrac{1}{2}$ 得到 $\cos\dfrac{\pi}{9}$ 是多项式

$$f(x) = x^3 - \frac{3}{4}x - \frac{1}{8}$$

的根. 易知 $f(x)$ 无有理根, 所以 $f(x)$ 在有理数域 $\mathbb{Q}$ 上不可约, 故 $\cos\dfrac{\pi}{9}$ 在 $\mathbb{Q}$ 上的极小多项式是 $f(x)$, 次数为 3, 所以

$$\left[\mathbb{Q}\left(\cos\frac{\pi}{9}\right):\mathbb{Q}\right] = 3.$$

进一步地, $x^2 + 3$ 在实数域 $\mathbb{R}$ 上不可约, 自然在 $\mathbb{R}$ 的子域 $\mathbb{Q}\left(\cos\dfrac{\pi}{9}\right)$ 上不可约, 由此得

$$\left[\mathbb{Q}\left(\cos\frac{\pi}{9},\sqrt{-3}\right):\mathbb{Q}\left(\cos\frac{\pi}{9}\right)\right] = 2.$$

从而

$$\left[\mathbb{Q}\left(\cos\frac{\pi}{9},\sqrt{-3}\right):\mathbb{Q}\right] = \left[\mathbb{Q}\left(\cos\frac{\pi}{9},\sqrt{-3}\right):\mathbb{Q}\left(\cos\frac{\pi}{9}\right)\right]\left[\mathbb{Q}\left(\cos\frac{\pi}{9}\right):\mathbb{Q}\right] = 6.$$

由此得

$$\left[F\left(\cos\frac{\pi}{9}\right):F\right] = \left[\mathbb{Q}\left(\cos\frac{\pi}{9},\sqrt{-3}\right):\mathbb{Q}\right]/[F:\mathbb{Q}] = 3$$

不是 2 的幂, 由推论 1.4.1 得 $\cos\dfrac{\pi}{9}$ 不可作出, 从而角 $\dfrac{\pi}{9}$ 不能尺规作出, 这表明我们不能三等分角 $\dfrac{\pi}{3}$, 故三等分任意角是不可能的.

在立方倍积问题中设已知立方体的棱长为 1, 即该问题给定的已知点也只有 0 和 1, 所以域 $F = \mathbb{Q}$. 所要作的立方体体积为 2, 故棱长为 $\sqrt[3]{2}$, 即立方倍积问题需要作出的数为 $\sqrt[3]{2}$. 显然 $\sqrt[3]{2}$ 在 $\mathbb{Q}$ 上的极小多项式为 $x^3 - 2$, 次数不是 2 的幂, 由推论 1.4.1 得实数 $\sqrt[3]{2}$ 不能作出, 所以立方倍积问题不可解.

注 1.4.2 古希腊的三大几何作图问题都是不可解的, 这并不是说还没有找到只用直尺和圆规把要求的图作出来的方法, 而是把它们作出的尺规作图方法根本就是不存在的. 注意到解决这三个问题的方法本质上是代数方法, 所以在代数还没有发展到相当程度时是不可能解决这三大几何作图问题的.

例 1.4.3 设

$$f(x) = x^4 - 4x + 2 \in \mathbb{Q}[x],$$

由 Eisenstein 判别法易知 $f(x)$ 在有理数域 $\mathbb{Q}$ 上不可约. 设 $f(x)$ 的四个根分别为 α_1, α_2, α_3 和 α_4, 则 $\alpha_1, \alpha_2, \alpha_3, \alpha_4$ 在 $\mathbb{Q}$ 上的极小多项式都是 $f(x)$, 次数为 $4 = 2^2$. 令

$$\alpha = (\alpha_1 + \alpha_2)(\alpha_3 + \alpha_4),$$

$$\beta = (\alpha_1 + \alpha_3)(\alpha_2 + \alpha_4),$$

$$\gamma = (\alpha_1 + \alpha_4)(\alpha_2 + \alpha_3),$$

则以 α, β, γ 为根的多项式为

$$g(x) = x^3 - 8x + 16,$$

它就是多项式 $f(x)$ 的预解式. 容易验证 $g(x)$ 无有理根, 所以 $g(x)$ 在 $\mathbb{Q}$ 上不可约, 从而 α 在 $\mathbb{Q}$ 上的极小多项式就是 $g(x)$, 次数为 3. 由推论 1.4.1 得到 α 不能作出. 故 $\alpha_1, \alpha_2, \alpha_3, \alpha_4$ 中必有一个不能在只给出 0 和 1 的基础上尺规作出, 否则 $\alpha = (\alpha_1 + \alpha_2)(\alpha_3 + \alpha_4)$ 也可以作出. 这表明推论 1.4.1 的逆命题不成立.

例 1.4.3 表明极小多项式的次数为 2 的幂并不是可作出数的充要条件, 下面我们利用 Galois 理论给出可作出数的一个刻画, 其中域 F 仍为作图问题已知条件给出的域.

定理 1.4.2   设 z 是一个复数, 则 z 为可作出数当且仅当存在 F 的一个 Galois 扩张 L' 使得 $z \in L'$, 并且 Galois 群 $\mathrm{Gal}(L'/F)$ 的阶为 2 的幂.

证明   必要性: 由于 z 可作出, 由定理 1.4.1 知存在 F 的一个根式扩张 L/F 使得 $z \in L$, 并且从 F 到 L 有一个根式扩张链

$$F \subseteq F_0 \subseteq F_1 \subseteq F_2 \subseteq \cdots \subseteq F_r = L,$$

其中 $[F_j : F_{j-1}] = 2, 1 \leqslant j \leqslant r$. 设 L' 为扩张 L/F 的正规闭包, 由引理 1.3.1 的证明知存在连接形如 (1.10) 的子链所成的根式扩张链, 并且 $[F(S_{i,j}) : F(S_{i,j-1})] = 1$ 或者 2, 将该链中重复的项去掉, 可得到根式扩张链

$$F \subseteq F_0 = F_0' \subseteq F_1' \subseteq \cdots \subseteq F_{m-1}' \subseteq F_m' = L', \tag{1.21}$$

且 $[F_i' : F_{i-1}'] = 2, 1 \leqslant i \leqslant m$. 因为 2 次扩张一定为正规扩张, 由 Galois 基本定理, 根式扩张链 (1.21) 可给出次正规群列

$$\mathrm{Gal}(L'/F) \trianglerighteq \mathrm{Gal}(L'/F_0') \trianglerighteq \mathrm{Gal}(L'/F_1') \trianglerighteq \cdots \trianglerighteq \mathrm{Gal}(L'/F_{m-1}') \trianglerighteq \mathrm{Gal}(L'/F_m') = \{\mathrm{id}_{L'}\}.$$

由 $[\mathrm{Gal}(L'/F) : \mathrm{Gal}(L'/F_0')] = [F_0 : F] = 1$ 或者 2, 且

$$[\mathrm{Gal}(L'/F_{i-1}') : \mathrm{Gal}(L'/F_i')] = [F_i' : F_{i-1}'] = 2, \ 1 \leqslant i \leqslant m,$$

有 $|\mathrm{Gal}(L'/F)| = 2^m$ 或者 2^{m+1}.

充分性: 记 $G = \mathrm{Gal}(L'/F)$, 由于 $|G|$ 为 2 的幂, 记 $|G| = 2^s$. 由 Sylow 定理, G 有阶为 2^{s-1} 的子群 G_1, 且由于 $[G : G_1] = 2$, 有 $G_1 \trianglelefteq G$. 以此类推, 对 s 归纳便得到 G 的次正规群列

$$G = G_0 \trianglerighteq G_1 \trianglerighteq G_2 \trianglerighteq \cdots \trianglerighteq G_{s-1} \trianglerighteq G_s = \{e\},$$

其中 $[G_i : G_{i+1}] = 2, 0 \leqslant i \leqslant s - 1$. 记 $L_i = \mathrm{Inv}(G_i), 0 \leqslant i \leqslant s$, 根据 Galois 基本定理, 存在 L' 到 F 的扩张链

$$F = \mathrm{Inv}(G_0) = L_0 \subseteq L_1 \subseteq L_2 \subseteq \cdots \subseteq L_{s-1} \subseteq L_s = L'$$

使得对于每个 $0 \leqslant i \leqslant s - 1$, $[L_{i+1} : L_i] = 2$. 令 $F_i = L_i(\mathrm{i})$, 我们有扩张链

$$F \subseteq F_0 \subseteq F_1 \subseteq F_2 \subseteq \cdots \subseteq F_{s-1} \subseteq F_s = L'(\mathrm{i}).$$

由于 $z \in L'$, 故 $z \in L'(\mathrm{i})$. 又显然对 $0 \leqslant i \leqslant s - 1$, 有 $[F_{i+1} : F_i] \leqslant 2$, 由定理 1.4.1 得到 z 为可作出数. $\square$

由于 Galois 扩张的次数等于对应的 Galois 群的阶, 由上面定理 1.4.2 立得如下推论.

推论 1.4.2 设 z 是一个复数, 则 z 为可作出数当且仅当存在 F 的一个 Galois 扩张 L' 使得 $z \in L'$, 并且扩张次数 $[L' : F]$ 为 2 的幂.

推论 1.4.3 设 z 是一个复数, 则 z 为可作出数当且仅当 z 为 F 上的代数元, 并且 z 在 F 上的极小多项式在 F 上的分裂域 E' 对 F 的扩张次数 $[E' : F]$ 为 2 的幂.

证明 由于 $z \in E'$, E' 是 F 上的 Galois 扩张, 又 $[E' : F]$ 为 2 的幂, 由推论 1.4.2 知 z 为可作出数.

反之, 设 z 为可作出数, 由推论 1.4.2 知存在 F 的一个 Galois 扩张 L' 使得 $z \in L'$, 并且存在某个 $s \geqslant 0$ 使得 $[L' : F] = 2^s$. 由于 $z \in L'$, 由 L' 的正规性得到 z 在 F 上的极小多项式的根都在 L' 中, 从而 $E' \subseteq L'$. 再由

$$2^s = [L' : F] = [L' : E'][E' : F]$$

知 $[E' : F]$ 为 2 的幂. $\square$

同样地, 由于此时涉及的域的特征为 0, 故域 F 上多项式分裂域对 F 的扩张次数等于对应的 Galois 群的阶, 我们有如下推论.

推论 1.4.4 设 z 是一个复数, 则 z 为可作出数当且仅当 z 为 F 上的代数元, 并且 z 在 F 上的极小多项式在 F 上的 Galois 群的阶为 2 的幂.

例 1.4.4 依然设

$$f(x) = x^4 - 4x + 2 \in \mathbb{Q}[x],$$

它的四个复根为 $\alpha_1, \alpha_2, \alpha_3, \alpha_4$, 例 1.4.3 中已经得到 $\alpha_1, \alpha_2, \alpha_3, \alpha_4$ 不能都是可作出数. 由于 $f(x)$ 的预解式

$$g(x) = x^3 - 8x + 16$$

在 $\mathbb{Q}$ 上不可约, 又 $g(x)$ 的判别式 $D_g = -4864$ 不是 $\mathbb{Q}$ 中的平方数, 所以多项式 $f(x)$ 在 $\mathbb{Q}$ 上的 Galois 群为 S_4, 阶为 24. 由推论 1.4.4 知 $\alpha_1, \alpha_2, \alpha_3, \alpha_4$ 都不是可作出数.

由例 1.4.1 知道可以尺规作出正五边形, 那么对于任意的正 n 边形又如何, 其中 $n \geqslant 3$ 为正整数? 同样类似于例 1.4.1, 我们仅仅已知 0 和 1, 即开始给定的域 $F = \mathbb{Q}$. 所求的正 n 边形的一个顶点落在单位圆上的点 1 处, 则正 n 边形的 n 个顶点为

$$1, \zeta_n, \zeta_n^2, \cdots, \zeta_n^{n-1},$$

其中 $\zeta_n = \mathrm{e}^{\mathrm{i}\frac{2\pi}{n}}$, 所以能否作出正 n 边形就等价于能否作出复数 ζ_n. 由例 1.2.3 知 ζ_n 在 $\mathbb{Q}$ 上的极小多项式为分圆多项式 $\Phi_n(x)$, 而 $\Phi_n(x)$ 在 $\mathbb{Q}$ 上的分裂域为 $\mathbb{Q}(\zeta_n)$, 再由

$$[\mathbb{Q}(\zeta_n) : \mathbb{Q}] = \phi(n)$$

可以立得如下定理.

定理 1.4.3　设正整数 $n \geqslant 3$, $\phi(n)$ 为 n 的 Euler (欧拉) ϕ-函数值, 则可尺规作出正 n 边形当且仅当 $\phi(n)$ 为 2 的幂.

设正整数 n 的素因子分解式为

$$n = 2^e p_1^{e_1} p_2^{e_2} \cdots p_m^{e_m},$$

其中 $p_1, p_2, \cdots, p_m$ 是互不相同的奇素数, $e \geqslant 0$, $e_i \geqslant 1$, $1 \leqslant i \leqslant m$, 则有

$$\phi(n) = 2^{e-1} p_1^{e_1-1} p_2^{e_2-1} \cdots p_m^{e_m-1}(p_1 - 1)(p_2 - 1) \cdots (p_m - 1), \tag{1.22}$$

其中若 $e = 0$, 则认为式 (1.22) 中出现的 $2^{e-1} = 1$. 显然 $\phi(n)$ 为 2 的幂当且仅当

$$e_1 = e_2 = \cdots = e_m = 1,$$

且对每一个奇素数 p_i, 都存在正整数 t_i 使得 $p_i = 2^{t_i} + 1$. 又容易知道, 若形为 $2^t + 1$ 的数为素数, 则必有非负整数 h 使得 $t = 2^h$. 称形如

$$F_h = 2^{2^h} + 1$$

的素数为 **Fermat (费马) 素数**. 已知当 $0 \leqslant h \leqslant 4$ 时, F_h 确为素数, 分别为

$$F_0 = 3, \ F_1 = 5, \ F_2 = 17, \ F_3 = 257, \ F_4 = 65537,$$

但是

$$F_5 = 2^{32} + 1 = 4294967297 = 641 \times 6700417$$

不是素数. 由定理 1.4.3, 我们得到下面这个正 n 边形可尺规作出的充要条件.

推论 1.4.5　设正整数 $n \geqslant 3$, 则可尺规作出正 n 边形当且仅当 n 形为

$$n = 2^e p_1 p_2 \cdots p_m,$$

其中 $e \geqslant 0$, 而 $p_1, p_2, \cdots, p_m$ 为互不相同的 Fermat 素数.

注 1.4.3　可尺规作出正 n 边形等价于可作出 $\dfrac{2\pi}{n}$ 这个角, 从而三等分角问题不可解也可以作为推论 1.4.5 的一个推论. 由于尺规作不出正 9 边形, 我们就作不出角 $\dfrac{2\pi}{9}$, 也就不能把角 $\dfrac{2\pi}{3}$ 三等分.

推论 1.4.5 已经完美地解决了边数为多少的正多边形可尺规作出. 但这还涉及一个迄今仍未解决的问题, 即当自然数 h 为何值时, $F_h = 2^{2^h} + 1$ 为素数. 已经知道的是当 $0 \leqslant h \leqslant 4$ 时, F_h 是素数, 但除已知的这 5 个素数外, 还没有发现另外的 Fermat 素数. 现在可以确定的是对于 $5 \leqslant h \leqslant 13$, F_h 都不是素数.

一般认为, Gauss (高斯) 在他 19 岁时 (即 1796 年) 尺规作出了正 17 边形, 1801 年 Gauss 在专著 *Desquisitione Arithmeticae* 中证明了若 p 为 Fermat 素数, 则正 p 边形可尺规作出. 1832 年, Richelot (里歇洛) 在 *Journal für die Reine und Angewandte Mathematik* 上发表的论文给出了尺规作出正 257 边形的方法. 德国数学家 Hermes (赫密士) 花费了 10 年心血在 1894 年给出了正 65537 边形的尺规作图法, 其手稿装了一皮箱, 目前保管在 Göttingen (哥廷根) 大学.

习题 1.4

1. 证明可以尺规作出 $3°$ 角.

2. 设 $\alpha \in \mathbb{C}$ 是可作出数, β 是 α 在 $\mathbb{Q}$ 上的极小多项式的另一个根, 证明 β 也是可作出数.

3. 判断下面有理数域 $\mathbb{Q}$ 上多项式的根能否在仅已知 0 和 1 的基础下尺规作出:

(i) $x^4 + 2x^2 + 4x + 2$;

(ii) $x^4 + 2x^2 + 2$;

(iii) $x^4 + 8x + 12$.

4. 求出 17 次本原单位根 ζ_{17} 并给出正 17 边形的尺规作法.

5. 设 p, q 为互素的正整数, 证明: 如果正 p 和正 q 边形可以尺规作出, 那么正 pq 边形也可以尺规作出.

6. 证明角 $\arccos \dfrac{6}{11}$ 不能用尺规三等分.

第二章

模理论基础

我们在《代数学（一）》和《代数学（二）》中对线性空间理论做了深入的讨论, 其中的一部分结论实际上并没有用到域相较于一般的环更特殊的地方 (比如交换、非零元素可逆等). 通过将系数取值从域推广到一般的环上, 我们可以将线性空间的概念推广到更一般的概念——模, 从而使线性空间中的一部分理论可以被用来研究更广泛的结构. 除与线性空间有着紧密的联系外, 模的概念也可以看作是群作用的推广. 正如在《代数学（三）》群论部分的讨论中所见到的群在集合上的作用可以帮助我们了解群自身的结构那样, 通过观察一个环在其对应的模上的作用, 我们也可以获得环本身的信息.

2.1 模和子模

首先回顾在《代数学（一）》第四章中给出的模的定义.

定义 2.1.1   设 R 为环, 称交换群 M 为一个**左** R-**模**, 若有映射

$$\Phi : R \times M \to M$$

$$(a, u) \mapsto au$$

满足对任意 $a, b \in R$ 和任意 $u, v \in M$ 都有

(i) $a(u + v) = au + av$;

(ii) $(a + b)u = au + bu$;

(iii) $(ab)u = a(bu)$;

(iv) $1_R u = u$,

其中 1_R 表示环 R 的单位元. 此时也称 R 为模 M 的**系数环**, 并称 Φ 为**数乘映射**.

注 2.1.1   如果将定义 2.1.1 中条件 (iii) 换为条件

(v) $(ab)u = b(au)$,

就称所得的结构为一个**右** R-**模**. 这时可将 (a, u) 的像记为 ua. 如果交换群 M 上既有左 R-模结构, 又有右 R-模结构, 且对任意 $a, b \in R$ 和 $u \in M$, 有 $(au)b = a(u, b)$, 就称 M 为**双** R-**模**. 如果系数环 R 交换, 那么显然条件 (iii) 和 (v) 等价, 此时任意 R 上的左模也是右模.

我们也可以将左模结构理解为环在交换群上的"环作用". 记 $\mathrm{End}(M)$ 为交换群 M 的所有群自同态构成的集合.《代数学（三）》中例 2.2.7 告诉我们 $\mathrm{End}(M)$ 为一个环, 其中 M 的两个自同态 φ 和 ψ 的和定义为

$$\varphi + \psi : M \to M$$

$$u \mapsto \varphi(u) + \psi(u),$$

且把映射的复合运算 ∘ 作为 $\mathrm{End}(M)$ 上的乘法. 环 $(\mathrm{End}(M), +, \circ)$ 称为 M 的**群自同态环**. 由左模定义中的四个条件知数乘映射 Φ 给出环同态

$$\pi : R \to \mathrm{End}(M)$$

$$a \mapsto \Phi(a, \cdot),$$

其中对任意 $u \in M$, $\Phi(a, u) = au$. 正如群 G 在集合 X 上的作用等价于 G 到 S_X 的群同态一样, 环 R 通过环同态 π "作用" 在 M 上. 反过来, 任意从 R 到 $\mathrm{End}(M)$ 的环同态都给出 M 上的一个左 R-模结构. 因此 M 上的左 R-模结构与 R 到 $\mathrm{End}(M)$ 的环同态一一对应.

下面来看一些模的例子.

例 2.1.1   域 F 上的模就是 F-线性空间. 例如实数域 $\mathbb{R}$ 上线性空间 $\mathbb{R}^2$, 复数域 $\mathbb{C}$ 上线性空间 $\mathbb{C}^5$ 等.

例 2.1.2   设 n 为正整数, 线性空间 $\mathbb{R}^n$ 关于向量加法构成交换群. 将 $\mathbb{R}^n$ 中的元素记作列向量, 考虑 n 阶实方阵环 $\mathbb{R}^{n \times n}$, 将左乘矩阵看作是数乘映射, 则得到 $\mathbb{R}^n$ 上的一个左 $\mathbb{R}^{n \times n}$-模结构.

如果将 $\mathbb{R}^n$ 中的元素记作行向量, 通过将右乘矩阵看作数乘映射, 就得到 $\mathbb{R}^n$ 上的一个右 $\mathbb{R}^{n \times n}$-模结构.

例 2.1.3   设 M 为交换群, $R = \mathrm{End}(M)$, 即 M 上的群自同态环. 对任意 $a \in R$, $u \in M$, 定义 $au = a(u)$, 则 M 是一个左 $\mathrm{End}(M)$-模.

例 2.1.4   任意交换群 M 上有如下定义的 $\mathbb{Z}$-模结构. 对任意 $u \in M$, 任意 $n \in \mathbb{Z}$, 令

$$nu = \begin{cases} \underbrace{u + u + \cdots + u}_{n \ \text{个}}, & n > 0, \\ 0_M, & n = 0, \\ \underbrace{(-u) + (-u) + \cdots + (-u)}_{-n \ \text{个}}, & n < 0, \end{cases}$$

其中 0_M 为交换群 M 的零元. 后续我们将利用这个模结构来研究交换群的性质, 并进一步给出有限生成交换群的分类 (见本书 3.4 节).

例 2.1.5   任给环 $(R, +, \cdot)$, 考虑交换群 $(R, +)$, 则环 R 中的乘法给出了环 R 在加法群 R 上的数乘, 因此加法群 R 有一个双 R-模结构. 类似地, 对 R 的任意一个左 (右) 理想 I, 加法群 I 上也有一个左 (右) R-模结构.

例 2.1.6   考虑域 F 上的多项式环 $F[\lambda]$. 设 V 为 F-线性空间, $\mathrm{End}_F(V)$ 为 F 上所有线性变换构成的环, 显然 $\mathrm{End}_F(V)$ 是 $\mathrm{End}(V)$ 的子环. 任给 V 上的一个线性变换 φ, 如下定义的 $F[\lambda]$ 到 $\mathrm{End}_F(V)$ 的映射

$$\Psi_\varphi : F[\lambda] \to \mathrm{End}_F(V)$$

$$f(\lambda) \mapsto f(\varphi)$$

是一个环同态. 由此可以将 V 看作是 $F[\lambda]$-模. 后面我们将利用这类模结构来研究线性变换的标准形 (见本书 3.5 节).

> **注 2.1.2**　由于 1 生成 $\mathbb{Z}$, 所以交换群上的 $\mathbb{Z}$ 模结构是唯一的 (见习题 2.1 第 3 题). 而对 F-线性空间 V 上通过线性变换给出的 $F[\lambda]$-模结构, 考虑数乘 λ 的结果可知 V 上不同的线性变换给出了 V 上不同的 $F[\lambda]$-模结构 (见习题 2.1 第 6 题). 因此给定环在给定交换群上模结构的唯一性没有一般性的结论, 需要结合实际情况来讨论.

例 2.1.7　作为一个平凡的例子, 记 $\{0\}$ 为单位元群. 对任意环 R, 群 $\{0\}$ 上都有唯一的一个 R-模结构, 即对任意 $a \in R$, $a0 = 0$. 称该 R-模为 R 上的**零模**. 若 R 为域, 则 R 上的零模就是我们在《代数学（一）》中见到的 R 上的零空间.

在对模做进一步介绍之前, 我们首先讨论左模和右模这两个概念的联系, 为此引入环的反同态概念.

定义 2.1.2　设 R 和 R' 为环, $\varphi : R \to R'$ 是映射, 若对任意 $a, b \in R$, 有

(i) $\varphi(a + b) = \varphi(a) + \varphi(b)$;

(ii) $\varphi(ab) = \varphi(b)\varphi(a)$;

(iii) $\varphi(1_R) = 1_{R'}$,

则称 φ 为环 R 到环 R' 的**反同态**. 若进一步有 φ 为双射, 则称 φ 为**反同构**.

> **注 2.1.3**　类似于之前关于模 M 上的左 R-模结构与 R 到 $\mathrm{End}(M)$ 的环同态之间的关系, 模 M 上的右 R-模结构与 R 到 $\mathrm{End}(M)$ 的环反同态一一对应.

例 2.1.8　设 n 为正整数, 考虑 n 阶实矩阵环 $R = \mathbb{R}^{n \times n}$, 并记

$$\Phi : \mathbb{R}^{n \times n} \times \mathbb{R}^{n \times n} \to \mathbb{R}^{n \times n}$$

为矩阵乘法. 对任意 $A \in \mathbb{R}^{n \times n}$, 定义映射

$$\Phi(A, \cdot) : \mathbb{R}^{n \times n} \to \mathbb{R}^{n \times n}$$

$$B \mapsto AB.$$

直接验证可得 $A \mapsto \Phi(A, \cdot)$ 是一个从 $\mathbb{R}^{n \times n}$ 到群自同态环 $\mathrm{End}(\mathbb{R}^{n \times n})$ 的环同态, 这便给出群 $\mathbb{R}^{n \times n}$ 上的一个左 $\mathbb{R}^{n \times n}$-模结构.

类似地, 对任意 $A \in \mathbb{R}^{n \times n}$, 定义映射

$$\Phi(\cdot, A) : \mathbb{R}^{n \times n} \to \mathbb{R}^{n \times n}$$

$$B \mapsto BA.$$

直接验证可得 $A \mapsto \Phi(\cdot, A)$ 是一个从 $\mathbb{R}^{n \times n}$ 到群自同态环 $\mathrm{End}(\mathbb{R}^{n \times n})$ 的环反同态, 这给出群 $\mathbb{R}^{n \times n}$ 上的一个右 $\mathbb{R}^{n \times n}$-模结构.

直接验证定义可得以下结论.

命题 2.1.1 对任意环 R, R', R'' 以及映射 $\varphi: R \to R'$ 和 $\psi: R' \to R''$, 有

(i) 若 φ 和 ψ 均为环同态或均为环反同态, 则 $\psi \circ \varphi$ 为环同态.

(ii) 若 φ 和 ψ 中一个是环同态, 另一个是环反同态, 则 $\psi \circ \varphi$ 为环反同态.

作为该命题的一个直接应用, 我们有如下推论.

推论 2.1.1 设 φ 为环 R' 到环 R 的反同态. 若 M 是一个右 R-模, 则映射

$$\Phi: R' \times M \to M$$

$$(a', u) \mapsto \varphi(a')u$$

给出 M 上的一个左 R'-模结构.

设 $(R, +, \cdot)$ 为环, 定义 R 上的一个新运算 "$\odot$" 为

$$\odot: R \times R \to R$$

$$(a, b) \mapsto a \odot b := b \cdot a.$$

命题 2.1.2 $(R, +, \odot)$ 是环, 即环 R 在原来的加法 "$+$" 和前面定义的乘法 "$\odot$" 下仍构成环.

定义 2.1.3 称环 $(R, +, \odot)$ 为环 $(R, +, \cdot)$ 的 **反转环**, 记做 R^{o}.

直接验证定义可得以下结论.

命题 2.1.3 集合 R 上的恒等映射 id_R 是一个从环 R 到 R^{o} 的反同构.

因此由推论 2.1.1 可知

推论 2.1.2 任何右 (左) R-模都是左 (右) R^{o}-模.

例 2.1.9 考虑交换群 M 和其上的自同态集合 $\mathrm{End}(M)$. 对任意 $\varphi, \psi \in \mathrm{End}(M)$ 和任意 $u \in M$, 定义

$$(\varphi \odot \psi)(u) = \psi(\varphi(u)) = (\psi \circ \varphi)(u),$$

容易验证 $(\mathrm{End}(M), +, \odot)$ 是环. 按照以上定义, 该环是 $\mathrm{End}(M)$ 的反转环 $\mathrm{End}(M)^{\mathrm{o}}$, 此时 M 是一个右 $\mathrm{End}(M)^{\mathrm{o}}$-模.

实际上, 可以考虑使用新的记号 $(u)\varphi$, 将映射符号写在右边. 这样上面的运算复合可以写为

$$(u)(\varphi \odot \psi) = ((u)\varphi)\psi,$$

以方便我们观察.

注 2.1.4　在下面的讨论中, 除非特别说明, 我们将**只考虑左模**, 并简称为**模**.

类似于《代数学 (一)》第四章中对线性空间的讨论, 我们也有以下关于模的基本结论, 其证明过程与线性空间的情形类似, 故留作习题 (见习题 2.1 第 1 题).

命题 2.1.4　设 R 为环, M 为 R-模, 则有如下结论:

(i) 对任意 $u \in M$, $0_R u = 0_M$;

(ii) 对任意 $a \in R$, $a 0_M = 0_M$;

(iii) 对任意 $a \in R$ 和 $u \in M$, $(-a)u = a(-u) = -au$;

(iv) 对任意 $a_1, a_2, \cdots, a_n \in R$, $u_1, u_2, \cdots, u_m \in M$,

$$\left(\sum_{i=1}^{n} a_i \right) \left(\sum_{j=1}^{m} u_j \right) = \sum_{i=1}^{n} \sum_{j=1}^{m} a_i u_j,$$

其中 0_R 和 0_M 分别为 R 和 M 中的零元.

与之前介绍其他代数结构一样, 模结构中在同样的加法和数乘下满足模定义的子集就是该模的子结构——子模.

下面均设 R 为环, M 为 R-模.

定义 2.1.4　设 N 为 M 的非空子集, 若 N 关于 M 的加法运算以及 R 与 M 的数乘映射构成 R-模, 则称 N 为模 M 的一个**子模**.

注意到模结构实际上包含了群结构和一个数乘映射, 因此 M 的非空子集 N 是子模当且仅当 N 构成群 M 的子群, 并且对数乘封闭. 由此我们有以下判断 M 的非空子集 N 是否构成子模的判据.

命题 2.1.5　模 M 的非空子集 N 为子模当且仅当 N 对加法和数乘封闭, 即满足

(i) 对任意 $u, v \in N$, 有 $u + v \in N$.

(ii) 对任意 $a \in R$ 和 $u \in N$, 有 $au \in N$.

注 2.1.5　注意到命题 2.1.5 中第一个条件仅仅要求非空子集 N 对 M 上的加法运算封闭. 这是由于 R 有单位元 1_R, 且对任意 $u \in M$, 都有 $(-1_R)u = -u$. 因此若 N 对数乘封闭, 则 N 对取加法逆也封闭.

例 2.1.10　对任意环 R 以及 R-模 M, M 总有两个平凡的子模 $\{0_M\}$ 和 M.

例 2.1.11　设环 R 为域, 则模 M 为 R 上线性空间, 其子模就是我们熟悉的子空间 (见《代数学 (一)》第四章).

例 2.1.12　设环 R 为整数环 $\mathbb{Z}$ 的群自同态环 $\mathrm{End}(\mathbb{Z})$, 模 M 为 $\mathbb{Z}$, 则对 M 的任意子模 N, 一定存在 $n \in \mathbb{Z}$ 使得 $N = n\mathbb{Z}$.

事实上, 任意子模 $N \subseteq \mathbb{Z}$ 首先是子群. 由 $\mathbb{Z}$ 的子群分类可知, 存在整数 $n \in \mathbb{Z}$ 使得 $N = n\mathbb{Z}$, 下面再说明 $\mathbb{Z}$ 的任意子群 $n\mathbb{Z}$ 都是子模. 因为 $\mathbb{Z}$ 是一个由 1 生成的循环群, 因此要确定 $\mathbb{Z}$ 的群自同态 $f \in \mathrm{End}(\mathbb{Z})$, 只需要确定 $f(1)$ 即可.

记 $k = f(1)$, 对任意 $m \in \mathbb{Z}$, 有

$$f(nm) = n(mf(1)) = n(mk) \in n\mathbb{Z},$$

因此

$$f(n\mathbb{Z}) \subseteq n\mathbb{Z}.$$

由命题 2.1.5 可知 $n\mathbb{Z}$ 是子模.

例 2.1.13 设 R 为整数环 $\mathbb{Z}$, M 为一个 $\mathbb{Z}$-模. 对任意非空子集 $N \subseteq M$, 显然有 N 为 M 的子模当且仅当 N 为 M 的子群.

例 2.1.14 设 R 为环, 例 2.1.5 给出了加法群 R 有左 (右) R-模结构. 对 R 的非空子集 I, I 关于此左 (右) R-模结构为子模当且仅当其关于 R 的环结构为左 (右) 理想.

例 2.1.15 设 R 为域 F 上的多项式环 $F[\lambda]$, M 为 F 上的线性空间. 对任意 M 上的线性变换 φ, 考虑 φ 诱导的 M 上的 $F[\lambda]$-模结构. 任取 $N \subseteq M$, 则 N 为 M 的子模当且仅当 N 为 φ 的不变子空间 (见《代数学 (一)》第九章).

类似于我们在《代数学 (一)》第四章中对子空间的讨论, 在模中也可以通过一些集合间的运算从已有的子模来构造新的子模.

命题 2.1.6 (i) 设 k 为正整数, $N_1, N_2, \cdots, N_k$ 为模 M 的 k 个子模, 则

$$N_1 + N_2 + \cdots + N_k := \{u_1 + u_2 + \cdots + u_k \in M \mid u_1 \in N_1, u_2 \in N_2, \cdots, u_k \in N_k\}$$

是 M 的子模, 并称其为**子模 $N_1, N_2, \cdots, N_k$ 的和**.

(ii) 设 $\{N_\alpha\}_{\alpha \in I}$ 是以非空集合 I 为指标集的 M 的子集族, 且对任意 $\alpha \in I$, 均有 N_α 为模 M 的子模, 那么 $\bigcap_{\alpha \in I} N_\alpha$ 是 M 的子模, 并称其为**子模族 $\{N_\alpha\}_{\alpha \in I}$ 的交**.

子模和的一种特殊情况是 (内) 直和.

定义 2.1.5 设 $N_1, N_2, \cdots, N_k$ 为 M 的 k 个子模, 称

$$N = N_1 + N_2 + \cdots + N_k$$

为子模 $N_1, N_2, \cdots, N_k$ 的 **(内) 直和**, 若 N 中的元素表示为 $N_1, N_2, \cdots, N_k$ 中元素和的方式唯一. 此时记

$$N = N_1 \oplus N_2 \oplus \cdots \oplus N_k.$$

注 2.1.6 这里称呼内直和是与本书 2.3 节中将要介绍的外直和的概念做一个区分. 我们将在 2.3 节讨论这二者之间的联系.

例 2.1.16 设 R 为整数环 $\mathbb{Z}$, M 为交换群

$$\mathbb{Z} \times \mathbb{Z}_2 \times \mathbb{Z}_3,$$

由例 2.1.4 知 M 自然作成一个 $\mathbb{Z}$-模. 考虑 M 的三个子模

$$N_1 = \mathbb{Z} \times \{\bar{0}_2\} \times \{\bar{0}_3\},$$

$$N_2 = \{0\} \times \mathbb{Z}_2 \times \{\bar{0}_3\},$$

$$N_3 = \{0\} \times \{\bar{0}_2\} \times \mathbb{Z}_3,$$

其中 $\bar{0}_2$ 和 $\bar{0}_3$ 分别为 $\mathbb{Z}_2$ 和 $\mathbb{Z}_3$ 中的零元, 则 M 为子模 N_1, N_2 和 N_3 的直和

$$M = N_1 \oplus N_2 \oplus N_3.$$

可以利用以下结论来判断一个子模的和是否为直和, 关于线性空间子空间的类似结论已在《代数学（一）》第五章中介绍过, 由于二者证明类似, 这里略去证明.

定理 2.1.1　设 M 为 R-模, 记 0_M 为 M 的零元. 设 $N_1, N_2, \cdots, N_k$ 为 M 的 k 个子模, 则下面陈述等价:

(i) $N_1 + N_2 + \cdots + N_k = N_1 \oplus N_2 \oplus \cdots \oplus N_k$;

(ii) 若 $u_1 \in N_1, u_2 \in N_2, \cdots, u_k \in N_k$ 满足

$$u_1 + u_2 + \cdots + u_k = 0_M,$$

则

$$u_1 = u_2 = \cdots = u_k = 0_M;$$

(iii) 对任意 $1 \leqslant i \leqslant k$, 有

$$N_i \bigcap \sum_{\substack{1 \leqslant j \leqslant k \\ j \neq i}} N_j = \{0_M\}.$$

任取元素 $u \in M$, 定义映射 φ_u 为

$$\varphi_u : R \to M,$$

$$a \mapsto au.$$

由数乘映射的性质, 直接验证可知 φ_u 是 R 到 M 的加法群同态, 从而 φ_u 的像集

$$\operatorname{Im} \varphi_u = Ru := \{au \in M \mid a \in R\}$$

为 M 的一个加法子群.

命题 2.1.7　对任意 $u \in M$, 映射 φ_u 的像 Ru 为 M 的子模.

证明　我们已经知道 Ru 是 M 的加法子群. 又对任意 $a, b \in R$, 有

$$b(au) = (ba)u \in Ru.$$

因此 Ru 对数乘封闭, 由此可得 Ru 为 M 的子模.　□

例 2.1.17　如果 R 是域, 那么 M 为 R-线性空间. 对任意向量 $u \in M$, 若 u 不为零向量, 则子模 Ru 为包含 u 的 1 维子空间. 若 $u = 0$, 则 Ru 为 M 的零子空间.

定义 2.1.6 对模 M 中的元素 u, 称 Ru 为 u **生成的** M **的循环子模**. 若存在 $u \in M$ 使得 $M = Ru$, 则称 M 为**循环模**.

命题 2.1.8 对任意 $u \in M$, 映射 φ_u 的核

$$\operatorname{Ker} \varphi_u = \{a \in R \mid au = 0_M\}$$

是 R 的一个左理想.

证明 由于 φ_u 是 R 到 M 的加法群同态, 故 $\operatorname{Ker} \varphi_u$ 为 R 的加法子群.

任取 $a \in R$ 和 $b \in \operatorname{Ker} \varphi_u$, 由

$$\varphi_u(ab) = (ab)u = a(bu) = a0_M = 0_M$$

得到 $ab \in \operatorname{Ker} \varphi_u$, 即 $\operatorname{Ker} \varphi_u$ 对左乘 R 中元素封闭. 从而 $\operatorname{Ker} \varphi_u$ 是 R 的一个左理想. $\square$

注 2.1.7 按照约定, 我们这里只考虑左模. 如果 M 为一个右 R-模, 那么任取 $u \in M$, 可以类似地证明 $\operatorname{Ker} \varphi_u$ 为 R 的右理想.

例 2.1.18 考虑加法群 $\mathbb{Z}_6$ 为一个 $\mathbb{Z}$ 模, 取 $u = \overline{3}$, 则有

$$\varphi_{\overline{3}} : \mathbb{Z} \to \mathbb{Z}_6,$$

$$n \mapsto \overline{3n}.$$

容易证明 $\operatorname{Ker} \varphi_{\overline{3}} = 2\mathbb{Z}$ 为 $\mathbb{Z}$ 的一个理想.

注意到如果模 M 的子模 N 包含 u, 由于 N 对数乘封闭, 我们有 $Ru \subseteq N$, 所以 Ru 为包含 u 的 M 的最小子模. 沿着这个思路考虑一般情形, 则可以给出生成子模的概念.

定义 2.1.7 设 $S \subseteq M$ 为 M 的一个非空子集. 定义由子集 S **生成的**子模 $\langle S \rangle$ 为所有包含 S 的子模的交, 即

$$\langle S \rangle = \bigcap \{N \mid N \text{ 为 } M \text{ 的子模, 且 } S \subseteq N\}.$$

注 2.1.8 子模 $\langle S \rangle$ 是包含 S 的 M 的最小子模.

类似于对其他代数结构的生成的讨论, 任给子集 S, 其生成的子模也可以理解为是通过对 S 的元素做所有可能的有限次加法和数乘运算, 并将得到的所有运算结果收集在一起得到的. 我们可将其表述为以下命题, 由于该命题证明与其他代数结构中相似命题的证明相似, 故略去.

命题 2.1.9 设 S 为模 M 的一个非空子集, 则

$$\langle S \rangle = \{a_1 u_1 + a_2 u_2 + \cdots + a_k u_k \mid k \in \mathbb{Z}^+, a_1, a_2, \cdots, a_k \in R, u_1, u_2, \cdots, u_k \in S\}.$$

特别地, 若 $S = \{u_1, u_2, \cdots, u_k\}$ 为 M 的 k 元子集, 则有

$$\langle S \rangle = Ru_1 + Ru_2 + \cdots + Ru_k.$$

定义 2.1.8   设 N 为 M 的子模, 若存在正整数 k 以及 M 的 k 元子集 $\{u_1, u_2, \cdots, u_k\}$ 满足

$$N = Ru_1 + Ru_2 + \cdots + Ru_k,$$

则称 N 为 M 的一个**有限生成子模**, 同时称集合 $\{u_1, u_2, \cdots, u_k\}$ 为 N 的一个**生成元集**. 若进一步有 $M = N$, 则称 M 为**有限生成模**.

例 2.1.19   考虑交换环 R 上的多项式环 $R[x]$, 将其看作一个 R 模. 所有次数小于等于 1 的多项式构成的集合 N 为 $R[x]$ 的一个子模. 注意到 N 可以由 $\{1, x\}$ 生成, 即

$$N = R + Rx.$$

例 2.1.20   考虑交换群的直积

$$M = \mathbb{Z} \times \mathbb{Z}_2 \times \mathbb{Z}_3,$$

其中的任意元素 $(k, \overline{m_2}, \overline{n_3})$ 可以表示为

$$(k, \overline{m_2}, \overline{n_3}) = k(1, \overline{0_2}, \overline{0_3}) + m(0, \overline{1_2}, \overline{0_3}) + n(0, \overline{0_2}, \overline{1_3}).$$

故 M 可由

$$\{(1, \overline{0_2}, \overline{0_3}), (0, \overline{1_2}, \overline{0_3}), (0, \overline{0_2}, \overline{1_3})\}$$

生成, 因此 M 为有限生成模.

习题 2.1

1. 证明命题 2.1.4.

2. 设 R 为环, I 为 R 的左理想. 考虑 R 上的加法和乘法, 证明 I 是一个 R-模.

3. 设 G 为交换群, 其中零元记为 0_G. 对任意环 R, 当 G 上存在 R-模结构时, 若只存在唯一的一个映射

$$\Phi : R \times G \to G$$

可以被用来作为模结构定义中的数乘映射, 则称 G 上的 R-模结构**唯一**.

(i) 证明 G 上的 $\mathbb{Z}$-模结构唯一;

(ii) 设 G 中存在有限阶非单位元, 即存在 $g \in G \setminus \{0_G\}$ 和正整数 n 满足 $ng = 0_G$, 证明 G 上没有 $\mathbb{Q}$-模结构;

(iii) 证明: 若 G 上存在一个 $\mathbb{Q}$-模结构, 则该模结构唯一.

4. 设 p 为素数, 证明任意交换群 M 上如果存在 $\mathbb{F}_p$-模结构, 那么 M 上有唯一的 $\mathbb{F}_p$-模结构.

5. 设 R 为环, M 为 R-模, 证明对 R 的任意子环 R', M 也是 R'-模.

6. 设 R 和 R' 为环, $\varphi: R' \to R$ 为环同态. 设 M 为 R-模, 定义

$$\psi: R' \times M \to M$$

$$(a, x) \mapsto \varphi(a)x,$$

证明 ψ 给出 M 的一个 R'-模结构.

7. 考虑 2 维实线性空间 $\mathbb{R}^2$, 并记元素为列向量. 设有实数域 $\mathbb{R}$ 上的 2 阶矩阵

$$A_1 = \begin{pmatrix} \cos\frac{\pi}{3} & -\sin\frac{\pi}{3} \\ \sin\frac{\pi}{3} & \cos\frac{\pi}{3} \end{pmatrix}, \quad A_2 = \begin{pmatrix} 1 & 1 \\ 0 & 1 \end{pmatrix}, \quad A_3 = \begin{pmatrix} 2 & 0 \\ 0 & \frac{1}{2} \end{pmatrix},$$

并记左乘这些矩阵给出 $\mathbb{R}^2$ 上的线性变换分别为 φ_1, φ_2 和 φ_3. 由例 2.1.6 所说, 线性变换 φ_1, φ_2 和 φ_3 分别给出 $\mathbb{R}^2$ 的 $\mathbb{R}[x]$-模结构.

(i) 对向量 $u \in \mathbb{R}^2$, 分别给出 u 在数乘下的像集 $\mathbb{R}[x]u$;

(ii) 分别给出各个模结构下的 $\mathbb{R}^2$ 的子模.

8. 设 R 为环, I 为 R 的一个理想, M 为 R-模. 令

$$IM := \{a_1 u_1 + a_2 u_2 + \cdots + a_n u_n \mid n \in \mathbb{Z}^+, a_1, a_2, \cdots, a_n \in I, u_1, u_2, \cdots, u_n \in M\},$$

证明 IM 为 M 的子模.

9. 设 R 为环, M 为 R-模, 且 M 中有**子模升链**

$$N_0 \subseteq N_1 \subseteq \cdots \subseteq N_k \subseteq \cdots,$$

证明 $\bigcup_{k \in \mathbb{N}} N_k$ 为 M 的子模.

10. 设 R 为环, M 为 R-模, 并设 M 有**子模降链**

$$N_0 \supseteq N_1 \supseteq \cdots \supseteq N_k \supseteq \cdots,$$

证明 $\bigcap_{k \in \mathbb{N}} N_k$ 为 M 的子模.

11. 设 R 为环, M 为 R-模. 对任意 $u \in M$, 定义

$$\mathrm{ann}(u) = \{a \in R \mid au = 0\},$$

证明 $\mathrm{ann}(u)$ 是 R 作为 R-模的一个子模.

12. 设 R 为环, M 为 R-模, $M_1, M_2, \cdots, M_s$ 为 M 的子模.

(i) 证明

$$M_1 + M_2 + \cdots + M_s = M_1 \oplus M_2 \oplus \cdots \oplus M_s$$

当且仅当对任意 $2 \leqslant j \leqslant s$, 有

$$M_j \cap (M_1 + M_2 + \cdots + M_{j-1}) = \{0\};$$

(ii) 若将条件对任意 $2 \leqslant j \leqslant s$, 有

$$M_j \cap (M_1 + M_2 + \cdots + M_{j-1}) = \{0\}$$

替换为对任意 $1 \leqslant i < j \leqslant s$, 有

$$M_i \cap M_j = \{0\},$$

则 $M_1 + M_2 + \cdots + M_s$ 为直和这个结论是否还成立? 请说明理由.

13. 找出一个环 R 及 R 的一个理想 I, 使得 I 作为 R-模不是有限生成的.

14. 设 R 为整环, F 是 R 的分式域, 证明: 若 F 作为 R 模是有限生成的, 则 $R = F$.

15. 证明 $\mathbb{Q}$ 作为 $\mathbb{Z}$-模不是有限生成的.

2.2 商模和模同态

设 R 为环, M 为 R-模. 由于 M 是交换群, 其任意子群都是正规子群. 因此任取 M 的一个子群 N, 都有商群 M/N, 同时商群 M/N 也是一个交换群. 对于任意元素 $u \in M$, 其在自然映射下的像为陪集 $u + N$. 那么商群 M/N 与 M 上的数乘是否相容呢?

对任意 $a \in R$, 记 φ_a 为 a 给出的 M 的数乘, 即对任意 $u \in M$, $\varphi_a(u) = au$. 定义 $\overline{\varphi_a}$ 为

$$\overline{\varphi_a} : M/N \to M/N$$

$$u + N \mapsto au + N,$$

若商群 M/N 与 M 上的数乘相容, 则这样定义的 $\overline{\varphi_a}$ 就应该是映射, 而这就需要 M/N 中每个元素 $u + N$ 在 $\overline{\varphi_a}$ 下的像不依赖于这个陪集代表元 u 的选取.

任取 $u, v \in M$, 利用之前关于陪集的讨论, 有

$$u + N = v + N \Leftrightarrow u - v \in N.$$

由 $\overline{\varphi_a}$ 的构造, 对于 $u, v \in M$ 和陪集 $au + N, av + N \in M/N$, 类似地有

$$au + N = av + N \Leftrightarrow a(u - v) = au - av \in N.$$

因此如果希望有

$$u + N = v + N \implies au + N = av + N,$$

那么 N 需要满足对任意 $a \in R$ 和 $u \in N$, 都有 $au \in N$, 即要求子群 N 是 M 的子模.

> **注 2.2.1** 一般情况下, 子群 N 不一定为 M 的子模. 例如 $\mathbb{Q}$ 为 $\mathbb{Q}$-模, 取 $\mathbb{Q}$ 的加法子群 $\mathbb{Z}$. 注意到 $\mathbb{Q}1 = \mathbb{Q}$, 因此 $\mathbb{Z}$ 关于数乘不封闭, 所以 $\mathbb{Z}$ 不是 $\mathbb{Q}$ 的子模.

任取 M 的子模 N, 直接验证可知映射

$$\overline{\Phi} : R \times M/N \to M/N$$

$$(a, u + N) \mapsto au + N$$

给出 M/N 上以 R 为系数环的数乘.

定义 2.2.1 设 R 为环, M 为 R-模, N 为 M 的子模, 称如上构造的 R-模 M/N 为模 M 关于子模 N 的**商模**.

> **注 2.2.2** 记 M 到 M/N 的自然映射为 π, 则有以下交换图:

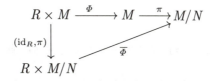

下面给出一些商模的例子.

例 2.2.1 设 V 为域 F 上的线性空间, W 为 V 的一个子空间, 则作为 F-模, 商空间 V/W 为 V 关于 W 的商模.

例 2.2.2 设 R 为环, I 为 R 的理想, 则从 R-模的角度看, 商环 R/I 可以看作是 R 关于 I 的商模.

例 2.2.3 设 G 为交换群, H 是 G 的一个子群, 则从 $\mathbb{Z}$-模的角度看, 商群 G/H 为模 G 关于子模 H 的商模.

类似于对其他代数结构的处理, 当试图联系同一个环上的两个模时, 通常考虑使用二者之间与模结构相容的映射, 这就是模同态的概念.

定义 2.2.2 设 R 为环, M 和 M' 为两个 R-模, 称映射

$$f : M \to M'$$

为一个从 M 到 M' 的**模同态**, 若对任意 $a \in R$ 以及 $u, v \in M$, 有

(i) $f(u + v) = f(u) + f(v)$

和

(ii) $f(au) = af(u)$.

若进一步有映射 f 为单射 (满射、双射), 则称 f 为**单同态** (**满同态、同构**). 若 $M = M'$, 则称模 M 到自身的模同态 (模同构) 为模 M 的**自同态** (**自同构**).

注 2.2.3   定义中条件 (i) 讲的是 f 与 M 和 M' 上的加法群结构相容, 而条件 (ii) 是 f 与 M 和 M' 上的数乘相容. 当 R 为域时, 模 M 和 M' 均为 R-线性空间, 二者之间的模同态就是我们在《代数学 (一)》第八章中讨论的线性映射. 由此有时也称 R-模同态为 R-线性映射.

由定义可以直接验证模同态的复合仍是模同态.

命题 2.2.1   设 M, M' 和 M'' 均为 R-模, 若映射 $f : M \to M'$ 和 $f' : M' \to M''$ 都是模同态, 则复合映射 $f' \circ f$ 是一个从 M 到 M'' 的模同态.

下面看一些模同态的例子.

例 2.2.4   设 G 和 G' 为两个交换群. 对任意群同态 $f : G \to G'$, 考虑 G 和 G' 的 $\mathbb{Z}$-模结构, 则模同态定义中的条件 (ii) 自然满足. 因此 $\mathbb{Z}$-模之间的模同态就是相应的交换群之间的群同态.

例 2.2.5   设 M 为 R-模, N 为 M 的子模, 考虑群的自然同态

$$\pi : M \to M/N$$

$$u \mapsto u + N.$$

由 M/N 上的 R-模结构得到对任意 $a \in R$ 和 $u \in M$, 有 $a(u + N) = au + N$, 因此

$$\pi(au) = au + N = a(u + N) = a\pi(u).$$

故映射 π 为模同态, 称其为模 M 到商模 M/N 的**自然同态**.

例 2.2.6   对任意 R-模 M, 都有唯一的一个 M 到零模 $\{0\}$ 的同态, 也有唯一的一个从 $\{0\}$ 到 M 的同态.

模同态在建立相关模元素之间联系的同时, 也建立了相关模的子模之间的联系. 下面将通过模同态基本定理和对应定理对这个联系进行描述.

定义 2.2.3   设 M 和 M' 是两个 R-模, $f : M \to M'$ 是模同态. 记 $0'$ 为 M' 的零元. 称集合

$$\operatorname{Ker} f := \{x \in M \mid f(x) = 0'\}$$

为模同态 f 的**核**, 称集合

$$\operatorname{Im} f := \{f(x) \mid x \in M\}$$

为 f 的**像**. 一般地, 对 M 的任意子集 S, 称

$$f(S) = \{f(x) \mid x \in S\}$$

为 S 在 f 下的像.

注 2.2.4 类似于《代数学（一）》第八章中对线性映射的讨论, 对任意模同态 $f : M \to M'$, 有

(i) $\operatorname{Ker} f$ 为 M 的子模.

(ii) 若 N 为 M 的子模, 则 $f(N)$ 为 M' 的子模. 特别地, $\operatorname{Im} f$ 为 M' 的子模.

定理 2.2.1 (模同态基本定理) 设 M 和 M' 为 R-模, $f : M \to M'$ 为模同态, 则

$$M/\operatorname{Ker} f \cong \operatorname{Im} f.$$

定理 2.2.2 (对应定理) 设 M 和 M' 为 R-模, $f : M \to M'$ 为模同态, 则映射

$$\{M \text{ 的包含 } \operatorname{Ker} f \text{ 的子模}\} \to \{\operatorname{Im} f \text{ 的子模}\}$$

$$N \mapsto f(N)$$

为一一对应. 进一步地, 设 N 为 M 的包含 $\operatorname{Ker} f$ 的子模, 则有

$$M/N \cong \operatorname{Im} f/f(N).$$

《代数学（一）》第八章中已经讨论过以上定理在线性空间这个特殊情形下的版本, 同时该定理的证明也与其他几个代数结构所对应的定理类似, 故此处略去证明.

设 M 和 M' 为 R-模, 记所有 M 到 M' 的模同态构成的集合为

$$\operatorname{Hom}_R(M, M') := \{f : M \to M' \text{ 为 } R\text{-模同态}\}.$$

如果 R 是域, 那么 $\operatorname{Hom}_R(M, M')$ 就是 M 到 M' 的 R-线性映射构成的集合. 由《代数学（一）》第八章中的讨论, $\operatorname{Hom}_R(M, M')$ 也是一个 R-线性空间. 但对一般的环 R, 情况有所不同. 显然零映射为 R-模同态, 所以 $\operatorname{Hom}_R(M, M')$ 非空. 对任意 $f, g \in \operatorname{Hom}_R(M, M')$, 定义 $f + g$ 为一个从 M 到 M' 的映射, 其中对任意 $u \in M$, 有

$$(f + g)(u) = f(u) + g(u).$$

直接验证可知 $f + g$ 仍是 M 到 M' 的模同态, 这给出 $\operatorname{Hom}_R(M, M')$ 上的一个二元运算. 再由定义直接验证可知集合 $\operatorname{Hom}_R(M, M')$ 关于运算 "$+$" 构成一个交换群.

对任意 $a \in R$ 和 $f \in \operatorname{Hom}_R(M, M')$, 自然可以定义映射

$$af : M \to M'$$

$$u \mapsto af(u).$$

注意到此时由于 R 可能缺乏交换性, 故映射 af 不一定是模同态. 要看清楚这一点, 我们任取 $b \in R$ 以及 $u \in M$, 若 af 为模同态, 则有

$$(af)(bu) = b(af)(u).$$

由于

$$(af)(bu) = af(bu) = a(bf(u)) = (ab)f(u),$$

而

$$b(af)(u) = b(af(u)) = (ba)f(u),$$

所以若 af 为模同态, 则应该有 $baf(u) = abf(u)$. 因此对任意 $b \in R$ 和 $u \in M$, 都有

$$(ab - ba)f(u) = 0_{M'},$$

这里 $0_{M'}$ 为 M' 的零元. 注意到这个条件并不是任意环 R 上的任意一个模同态都满足的. 例如, 设正整数 $n \geqslant 2$, R 为 $\mathbb{R}$ 上 n 阶全矩阵环 $\mathbb{R}^{n \times n}$. 考虑 R 作为 R-模, 以及 R 到自身的恒等变换作为模同态. 取 $A \in \mathbb{R}^{n \times n}$, 则以上需要验证的条件为任取 $B, C \in \mathbb{R}^{n \times n}$, 都有 $(AB - BA)C$ 为零矩阵, 但这并不总是成立的, 比如可以考虑 $C = I_n$ 且 A 不是数量矩阵的情形.

如果我们缩小考虑的范围, 设 a 取自环 R 的中心, 则以上等式自然成立. 注意到《代数学 (三)》中已经定义了环 R 的中心 $Z(R)$ 为与 R 中所有元素都交换的 R 中元素构成的集合, 即

$$Z(R) = \{a \in R \mid \forall b \in R, \ ab = ba\},$$

容易验证 $Z(R)$ 为 R 的子环.

命题 2.2.2 映射

$$\Phi: Z(R) \times \operatorname{Hom}_R(M, M') \to \operatorname{Hom}_R(M, M')$$

$$(a, f) \mapsto af$$

定义良好, 并给出 $\operatorname{Hom}_R(M, M')$ 上一个 $Z(R)$-模结构.

证明 由于 $a \in Z(R)$, 故对任意模同态 f, 映射 af 仍是一个 M 到 M' 的模同态, 因此映射 Φ 的定义良好. 下面我们验证映射 Φ 满足数乘映射的四个条件.

对任意 $a \in Z(R)$, $f, g \in \operatorname{Hom}_R(M, M')$, 由对任意 $u \in M$ 有

$$(a(f+g))(u) = a((f+g)(u)) = a(f(u) + g(u)) = (af)(u) + (ag)(u) = (af + ag)(u),$$

可得 $a(f + g) = af + ag$.

任取 $a, b \in Z(R)$ 和 $f \in \operatorname{Hom}_R(M, M')$, 对任意 $u \in M$, 有

$$((a+b)f)(u) = (a+b)f(u) = af(u) + bf(u) = (af + bf)(u),$$

因此 $(a+b)f = af + bf$.

对任意 $f \in \mathrm{Hom}_R(M, M')$, 由对任意 $u \in M$ 有

$$(1_R f)(u) = 1_R(f(u)) = f(u)$$

得到 $1_R f = f$, 其中 1_R 为 R 的单位元, 自然也是 $Z(R)$ 的单位元.

最后任取 $a, b \in Z(R)$, 对任意 $f \in \mathrm{Hom}_R(M, M')$ 和 $u \in M$, 有

$$(a(bf))(u) = a(bf)(u) = a(b(f(u))) = (ab)f(u) = ((ab)f)(u),$$

因此 $a(bf) = (ab)f$.

综上所述, $\mathrm{Hom}_R(M, M')$ 为一个 $Z(R)$-模. $\qquad\square$

若 $M = M'$, 考虑 M 的模自同态集合

$$\mathrm{End}_R(M) := \{f \text{ 为模 } M \text{ 的自同态}\}.$$

由于 M 上的恒等变换 id_M 总是一个 M 的模自同态, 故集合 $\mathrm{End}_R(M)$ 非空. 又模自同态首先是一个群自同态, 集合 $\mathrm{End}_R(M)$ 为 $\mathrm{End}(M)$ 的一个非空子集. 直接验证可知 $\mathrm{End}_R(M)$ 为 $\mathrm{End}(M)$ 的子环. 环 $\mathrm{End}_R(M)$ 称为 M 的**模自同态环**, 其单位群由所有 M 的模自同构构成, 记作 $\mathrm{Aut}_R(M)$.

模 M 的 R-模结构对应着一个环同态

$$\varphi : R \to \mathrm{End}(M).$$

对任意 $a \in R$, 记 $\varphi(a) = \varphi_a$, 由模同态的定义我们有以下结论.

命题 2.2.3 (1) 对任意 $a \in R$ 和任意 $f \in \mathrm{End}_R(M)$, $\varphi_a \circ f = f \circ \varphi_a$.

(2) 若 R 交换, 则 φ_a 为一个 M 的模自同态.

例 2.2.7 设 n 为正整数, 考虑实数域 $\mathbb{R}$ 上的线性空间 $\mathbb{R}^n$. 环 $\mathrm{End}_{\mathbb{R}}(\mathbb{R}^n)$ 是由 $\mathbb{R}^n$ 上所有线性变换构成的. 对任意 $a \in \mathbb{R}$, 由于 $\mathbb{R}$ 交换, 其对应的 $\mathbb{R}^n$ 群自同态 φ_a 也是一个线性变换且与所有的线性变换交换. 另一方面, 线性变换 φ_a 在任意一组基下的矩阵表示都是一个数量矩阵 aI_n, 由此得到数量矩阵与所有 n 阶方阵可交换.

习题 2.2

1. 证明注 2.2.4 中的结论: 对任意模同态 $f : M \to M'$,

(i) $\mathrm{Ker}\, f$ 为 M 的子模;

(ii) 若 N 为 M 的子模, 则 $f(N)$ 为 M' 的子模. 特别地, $\mathrm{Im}\, f$ 为 M' 的子模.

2. 设 R 为环, M 为 R-模, 且 M_1 和 M_2 都是 M 的子模.

(i) 证明: 若 $M_1 \subseteq M_2$, 则有 $(M/M_1)/(M_2/M_1) \cong M/M_2$;

(ii) 证明: 若 $M = M_1 \oplus M_2$, 则有 $M/M_2 \cong M_1$;

(iii) 证明: $M_1/(M_1 \cap M_2) \cong (M_1 + M_2)/M_2$;

(iv) 设 N_1 和 N_2 分别为 M_1 和 M_2 的子模, 且 $M = M_1 \oplus M_2$. 记 $N = N_1 \oplus N_2$, 证明: $M/N \cong (M_1/N_1) \oplus (M_2/N_2)$.

3. 设 m, n 为正整数, 证明存在 $\mathbb{Z}$-模同构 $\mathrm{Hom}_{\mathbb{Z}}(\mathbb{Z}_m, \mathbb{Z}_n) \cong \mathbb{Z}/\gcd(m,n)\mathbb{Z}$.

4. 证明存在 $\mathbb{Z}$-模同构 $\mathrm{End}_{\mathbb{Z}}(\mathbb{Z}) \cong \mathbb{Z}$. 结论对一般的交换环 R 成立么?

5. 设 R 为环, 若 R-模 M 的子模只有 $\{0_M\}$ 和 M, 则称 M 为**单模**. 设 M 为 R-单模.

(i) 证明 M 是循环模;

(ii) 设 M 有非零元, 证明 M 的 R-模自同态环 $\mathrm{End}_R(M)$ 为除环;

(iii) 特别地, 令 $R = \mathbb{Z}$, 给出 $\mathbb{Z}$ 上非零单模在模同构意义下的分类, 并证明所得结论.

6. 设 R 为交换环. 任取 R-模 K, L 和 M, 设存在模同态 $f : K \to L$ 和 $g : L \to M$,

$$K \xrightarrow{\ f\ } L \xrightarrow{\ g\ } M$$

满足 $\mathrm{Im}\, f = \mathrm{Ker}\, g$, 则称上面的序列在 L 处**正合**.

(i) 设有模同态序列

$$\{0\} \longrightarrow M_1 \xrightarrow{\ f_1\ } M_2 \xrightarrow{\ f_2\ } M_3 \longrightarrow \{0\},$$

其中 M_1, M_2 和 M_3 为 R-模, f_1 和 f_2 为模同态. 考虑零模到任意模唯一的模同态以及任意模到零模唯一的模同态, 证明以下两个陈述等价;

i) 序列在 M_1 处, M_2 处以及 M_3 处均正合;

ii) f_1 为单同态, f_2 为满同态, 且 $\mathrm{Im}\, f_1 = \mathrm{Ker}\, f_2$;

(注: 如果以上条件 i) 成立, 就称该序列为一个**短正合列**.)

(ii) 考察下面关于 R-模 M_1, M_2, M_3, N_1, N_2 以及 N_3 的交换图:

$$
\begin{array}{ccccccccc}
\{0\} & \longrightarrow & M_1 & \xrightarrow{\ f_1\ } & M_2 & \xrightarrow{\ f_2\ } & M_3 & \longrightarrow & \{0\} \\
& & \downarrow{\scriptstyle \alpha} & & \downarrow{\scriptstyle \beta} & & \downarrow{\scriptstyle \gamma} & & \\
\{0\} & \longrightarrow & N_1 & \xrightarrow{\ g_1\ } & N_2 & \xrightarrow{\ g_2\ } & N_3 & \longrightarrow & \{0\}
\end{array}
$$

即所涉及的同态满足

$$g_1 \circ \alpha = \beta \circ f_1, \quad \gamma \circ f_2 = g_2 \circ \beta.$$

设第一行和第二行的序列均为短正合列, 证明

i) 若 α 和 γ 均为单同态, 则 β 为单同态;

ii) 若 α 和 γ 均为满同态, 则 β 为满同态.

7. 设 R 为交换环, M 和 N 为 R-模. 设

$$\varphi : M \to N \quad \text{和} \quad \psi : N \to M$$

为两个 R-模同态且满足 $\psi \circ \varphi = \mathrm{id}_M$, 证明 $N = \mathrm{Im}\,\varphi \oplus \mathrm{Ker}\,\psi$.

2.3 自由模

设 F 为域, n 为正整数, V 是 F 上的一个 n 维线性空间. 设 $(\alpha_1, \alpha_2, \cdots, \alpha_n)$ 为 V 在 F 上的一组基, 则 V 是 n 个 1 维线性子空间的直和, 即

$$V = F\alpha_1 \oplus F\alpha_2 \oplus \cdots \oplus F\alpha_n.$$

利用坐标, 可以得到 V 与

$$F^n = \underbrace{F \times F \times \cdots \times F}_{n \text{ 个}}$$

作为线性空间是同构的, 由此可以利用维数对 F 上的线性空间进行分类. 另一方面, 任取一个 F-线性空间 W 及其中的 n 个元素 $u_1, u_2, \cdots, u_n$, 我们总可以构造一个线性映射

$$\varphi : V \to W$$

满足对任意 $1 \leqslant i \leqslant n$, 有 $\varphi(\alpha_i) = u_i$, 即固定基 $(\alpha_1, \alpha_2, \cdots, \alpha_n)$ 的 V 具有某种 "泛性质". 进一步地, 如果 φ 为满射, 那么线性空间 W 同构于 V 的一个商空间.

设 R 为环, 我们希望对 R-模也做类似的讨论. 主要思路如下: 利用模的外直和, 我们可以构造出 R-模 R^n. 设 M 为 R-模, 若 M 是有限生成的, 则有正整数 m 和 M 中 m 个元素 $u_1, u_2, \cdots, u_m$ 使得

$$M = Ru_1 + Ru_2 + \cdots + Ru_m.$$

构造映射

$$\varphi : R^m \to M$$

$$(a_1, a_2, \cdots, a_m) \mapsto a_1 u_1 + a_2 u_2 + \cdots + a_m u_m,$$

容易验证 φ 是一个模同态. 注意到 φ 是满射, 利用模同态基本定理, 模 M 同构于 R^m 的商模 $R^m/\mathrm{Ker}\,\varphi$. 这样我们就可以将对 M 的结构的研究, 转化为对 R^m 以及 $\mathrm{Ker}\,\varphi$ 的研究. 因此对形如 R^m 的模的研究在有限生成模的研究中有着重要作用.

在正式介绍自由模之前, 我们先引入模的外直和的概念. 设 R 为环, $M_1, M_2, \cdots, M_n$ 为 R-模, 考虑 $M_1, M_2, \cdots, M_n$ 的笛卡儿积

$$M = M_1 \times M_2 \times \cdots \times M_n := \{\underline{u} = (u_1, u_2, \cdots, u_n) \mid u_1 \in M_1, u_2 \in M_2, \cdots, u_n \in M_n\}.$$

在 M 上定义加法以及与 R 的数乘如下, 对任意 $\underline{u} = (u_1, u_2, \cdots, u_n), \underline{v} = (v_1, v_2, \cdots, v_n) \in M$ 和 $a \in R$, 定义

$$\underline{u} + \underline{v} := (u_1 + v_1, u_2 + v_2, \cdots, u_n + v_n),$$

$$a\underline{u} := (au_1, au_2, \cdots, au_n).$$

容易验证 M 是 R-模, 称之为模 $M_1, M_2, \cdots, M_n$ 的 **(外) 直和**.

> **注 2.3.1**   重新审视以上介绍的模的直和概念, 要求只考虑有限多个模并不必要. 我们可以考虑任意一族 R-模 $\{M_\alpha\}_{\alpha \in I}$, 并构造这些模的笛卡儿积
>
> $$\prod_{\alpha \in I} M_\alpha := \left\{ f : I \to \bigcup_{\alpha \in I} M_\alpha \,\middle|\, \forall \alpha \in I, f(\alpha) \in M_\alpha \right\}.$$
>
> 类似于以上构造的方法可以给出所得笛卡儿积上的一个 R-模结构, 该模通常称为 $\{M_\alpha\}_{\alpha \in I}$ 的**直积**. 在这个模中, 以下子集构成一个子模:
>
> $$\bigoplus_{\alpha \in I} M_\alpha := \left\{ f \in \prod_{\alpha \in I} M_\alpha \,\middle|\, \begin{array}{l} \text{存在 } I \text{ 的有限子集 } J, \text{对 } I \setminus J \text{ 中任意 } \alpha, \\[4pt] \text{都有 } f(\alpha) = 0_\alpha \in M_\alpha \end{array} \right\},$$
>
> 该子模称为 $\{M_\alpha\}_{\alpha \in I}$ 的**直和**. 显然对有限多个 R-模来说, 它们的直积与直和是相同的.

> **注 2.3.2**   为了方便区分, 我们暂时使用 $\oplus_e$ 来表示外直和, 而用 $\oplus_i$ 来表示之前介绍的内直和. 同时为了简化记号, 我们用 0 来记一个模的零元或一个环的零元, 虽然符号相同, 但可以通过上下文来判断每个 0 的具体含义.

对任意 $1 \leqslant j \leqslant n$, 考虑映射

$$\iota_j : M_j \to M_1 \oplus_e \cdots \oplus_e M_j \oplus_e \cdots \oplus_e M_n$$

$$u \mapsto (0, \cdots, 0, \underset{j}{u}, 0, \cdots, 0),$$

并记 ι_j 的像为 $M_j' = \{0\} \oplus_e \cdots \oplus_e \{0\} \oplus_e M_j \oplus_e \{0\} \oplus_e \cdots \oplus_e \{0\}$.

命题 2.3.1   (i) 对任意 j, 映射 ι_j 是模的单同态, 从而 $M_j \cong M_j'$.

(ii) 外直和 $M_1 \oplus_e \cdots \oplus_e M_n$ 可以写为下面的 (内) 直和:

$$M_1 \oplus_e \cdots \oplus_e M_j \oplus_e \cdots \oplus_e M_n = M_1' \oplus_i \cdots \oplus_i M_j' \oplus_i \cdots \oplus_i M_n'.$$

命题的证明与《代数学（一）》第八章中关于线性空间的类似结论的证明相似, 此处略去.

注 2.3.3 在考虑外直和 $M_1 \oplus_e M_2 \oplus_e \cdots \oplus_e M_n$ 的时候我们利用模 $M_1, M_2, \cdots, M_n$ 构造了一个新的集合并在其上定义了模结构. 相对地, 在讨论内直和时, 由于给定模的子模之间已经有了定义良好的运算, 且已经有了和集合, 故通常称之为 (内) 直和. 命题 2.3.1 告诉我们, 通过同构映射 $(\iota_j)_{1 \leqslant j \leqslant n}$ 可以将外直和转化为内直和.

注 2.3.4 作为一个特殊的情形, 当讨论一个模的多个子模时, 我们既可以讨论子模的外直和, 也可以讨论子模的和, 对二者之间联系的讨论见习题 2.3 第 1 题.

注 2.3.5 在后面的讨论中, 我们将统一使用记号 $\oplus$ 来表示 (内或外) 直和. 若有歧义, 则会明确说明是内直和还是外直和.

设 R 为环, 对任意正整数 n, 考虑 n 个 R 作为 R-模的直和:

$$R^n := \underbrace{R \oplus R \oplus \cdots \oplus R}_{n \uparrow}.$$

记其中的元素为 $\underline{a} = (a_1, a_2, \cdots, a_n) \in R^n$. 对任意 $j \in [n] = \{1, 2, \cdots, n\}$, 记

$$\underline{e}_j = (0, \cdots, 0, \underset{j}{1}, 0, \cdots, 0).$$

我们有如下观察.

观察 2.3.1 对 R^n 中的任意元素 $\underline{a} = (a_1, a_2, \cdots, a_n)$, $\underline{a}$ 可以写成 $\underline{e}_1, \underline{e}_2, \cdots, \underline{e}_n$ 的 R-线性组合

$$\underline{a} = a_1 \underline{e}_1 + a_2 \underline{e}_2 + \cdots + a_n \underline{e}_n.$$

进一步地, $\underline{a} = \underline{0}$ 当且仅当对所有 $1 \leqslant j \leqslant n$, 均有 $a_j = 0$.

注 2.3.6 可以将 R^n 中的元素写为 $\underline{e}_1, \underline{e}_2, \cdots, \underline{e}_n$ 的 R-线性组合, 且这种写法唯一.

从模的生成角度来看, 以上观察首先告诉我们模 R^n 是由 $\{\underline{e}_1, \underline{e}_2, \cdots, \underline{e}_n\}$ 生成的. 其次不存在不全为零的 R 中元素 $a_1, a_2, \cdots, a_n$ 使得

$$a_1 \underline{e}_1 + a_2 \underline{e}_2 + \cdots + a_n \underline{e}_n = \underline{0}.$$

类似于对其他代数结构的讨论 (见《代数学（三）》第二章中关于自由群的讨论), 我们可以称 R^n 是由 $\underline{e}_1, \underline{e}_2, \cdots, \underline{e}_n$ "自由" 生成的. 由此可给出一个直观的自由模的定义.

定义 2.3.1 (自由模定义一) 设 M 为环 R 上的非零模, 若存在正整数 n 使得 M 与 R^n 同构, 则称 M 为一个 R 上的**自由模**. 此时称正整数 n 为 M 的**秩**.

> **注 2.3.7** 类似于《代数学（一）》中对线性空间的讨论, 如无特殊说明, 我们只考虑秩有限的自由模.

设 M 为 R-模, 在之前关于循环子模的讨论中, 我们看到对任意 $u \in M$, M 的循环子模 Ru 是 R 到 M 的加法群同态 $\varphi_u : a \mapsto au$ 的像. 类似地, 任取 M 中 n 个元素 $u_1, u_2, \cdots, u_n$, 定义映射

$$\varphi : R^n \to M,$$

$$a_1 \underline{e}_1 + a_2 \underline{e}_2 + \cdots + a_n \underline{e}_n \mapsto a_1 u_1 + a_2 u_2 + \cdots + a_n u_n.$$

由于 R^n 中的元素由系数 $a_1, a_2, \cdots, a_n$ 唯一决定, 故以上映射定义良好. 通过直接计算, 可以进一步证明映射 φ 是一个模同态. 由于 R^n 由 $\underline{e}_1, \underline{e}_2, \cdots, \underline{e}_n$ 生成, 故 φ 由 $\varphi(\underline{e}_1), \varphi(\underline{e}_2), \cdots, \varphi(\underline{e}_n)$ 决定. 由定义容易得到对任意 $1 \leqslant i \leqslant n$, 都有 $\varphi(\underline{e}_i) = u_i$. 注意到在以上讨论中, 模 M 中的元素 $u_1, u_2, \cdots, u_n$ 是任意取定的. 我们可以将以上讨论总结为下面这个 R^n 的 "泛性质".

命题 2.3.2 设 n 为正整数, M 为一个 R 模, 则对 M 中任意 n 个元素 $u_1, u_2, \cdots, u_n$, 存在唯一的模同态

$$\varphi : R^n \to M,$$

使得对任意 $1 \leqslant j \leqslant n$, 有 $\varphi(\underline{e}_j) = u_j$.

这个泛性质也可以给出自由模的一个定义.

<u>**定义 2.3.2**</u>(自由模定义二) 设 M 为 R 上的非零模, n 为正整数, 称 M 是一个**秩为 n 的自由模**, 若 M 中存在 n 个非零元素 $u_1, u_2, \cdots, u_n$, 使得对任意 R-模 N, 以及 N 中任意的 n 个元素 $v_1, v_2, \cdots, v_n$, 都有唯一的模同态

$$\varphi : M \to N,$$

且对任意 $1 \leqslant j \leqslant n$, 均有 $\varphi(u_j) = v_j$. 此时称 $(u_1, u_2, \cdots, u_n)$ 为 M 的一组**基**.

> **注 2.3.8** 简单地说, 一个秩为 n 的 R 上的自由模就是当我们用 n 个元素生成一个 R-模时得到的 "最大" 可能 R-模. 这里的 "最大" 是用 "存在一个从这个模到任意 n 个元素生成的 R-模的模满同态" 来刻画的.

命题 2.3.3 定义 2.3.1 和定义 2.3.2 等价.

证明 设 M 为非零 R-模, 且存在正整数 n 使得 M 与 R^n 同构, 并记 $f : M \to R^n$ 为模同构. 对任意 $1 \leqslant i \leqslant n$, 记 $u_i = f^{-1}(\underline{e}_i)$.

在之前的讨论中, 我们已经证明了 R^n 满足定义 2.3.2. 即对任意 R-模 N 和 N 中任意元素 $v_1, v_2, \cdots, v_n$, 有唯一的模同态 $\psi : R^n \to N$, 使得对任意 $1 \leqslant i \leqslant n$, 有 $\psi(\underline{e}_i) = v_i$. 考虑复合映射 $\varphi = \psi \circ f$, 这是一个 M 到 N 的模同态, 且对任意 $1 \leqslant i \leqslant n$,

有

$$(\psi \circ f)(u_i) = \psi(\underline{e}_i) = v_i.$$

下证这样的模同态是唯一的. 事实上, 若有两个这样的模同态 φ_1 和 φ_2, 则 $\varphi_1 \circ f^{-1}$ 和 $\varphi_2 \circ f^{-1}$ 是两个从 R^n 到 N 的模同态, 且满足对任意 $1 \leqslant i \leqslant n$,

$$(\varphi_1 \circ f^{-1})(\underline{e}_i) = (\varphi_2 \circ f^{-1})(\underline{e}_i) = v_i.$$

因此 $\varphi_1 \circ f^{-1} = \varphi_2 \circ f^{-1}$, 故

$$\varphi_1 = (\varphi_1 \circ f^{-1}) \circ f = (\varphi_2 \circ f^{-1}) \circ f = \varphi_2.$$

综上所述, 模 M 满足定义 2.3.2.

反之, 假设 M 满足定义 2.3.2, 且 $(u_1, u_2, \cdots, u_n)$ 为 M 的一组基. 考虑 R^n 及其中的元素 $\underline{e}_1, \underline{e}_2, \cdots, \underline{e}_n$, 我们有唯一的模同态 $\varphi : M \to R^n$, 使得 $\varphi(u_i) = \underline{e}_i$ 对任意 $1 \leqslant i \leqslant n$ 成立. 由前面的讨论知存在唯一的模同态 $\psi : R^n \to M$, 使得对任意 $1 \leqslant i \leqslant n$, 都有 $\psi(\underline{e}_i) = u_i$. 注意到 $\psi \circ \varphi$ 为一个 M 到 M 的同态, 且对任意 $1 \leqslant i \leqslant n$, 都有 $(\psi \circ \varphi)(u_i) = u_i$. 又 id_M 也满足这个性质, 由定义 2.3.2 知 $\psi \circ \varphi = \mathrm{id}_M$. 同时由命题 2.3.2, 有 $\varphi \circ \psi = \mathrm{id}_{R^n}$. 因此 φ 为双射, 构成模 M 到 R^n 的模同构. 因此 M 满足定义 2.3.1. $\qquad\square$

按照定义 2.3.2, 模 R^n 中的元素 $\underline{e}_1, \underline{e}_2, \cdots, \underline{e}_n$ 构成一组基. 由之前的讨论, 这组元素生成 R^n, 并且任何元素在这组生成元下的表示唯一. 注意到这两个性质都是在模同构意义下不变的. 因此任意自由模 M 中都存在一组生成元, 满足 M 中任意元素在这组生成元下的表示唯一. 又由同构可知这组元素为 M 的一组基. 因此一个自然的问题就是这两个性质是不是也可以被用来刻画自由模的基? 下面命题给出这个问题的一个肯定回答.

命题 2.3.4　设 n 为正整数, M 为非零 R-模, $u_1, u_2, \cdots, u_n \in M$, 则 M 为自由模且 $(u_1, u_2, \cdots, u_n)$ 构成 M 的一组基当且仅当

(i) 对任意 $u \in M$, u 为 $u_1, u_2, \cdots, u_n$ 的 R-线性组合, 即存在 $x_1, x_2, \cdots, x_n \in R$ 使得

$$u = x_1 u_1 + x_2 u_2 + \cdots + x_n u_n.$$

(ii) $x_1 u_1 + x_2 u_2 + \cdots + x_n u_n = 0$ 当且仅当对任意 $1 \leqslant j \leqslant n$ 均有 $x_j = 0$.

注 2.3.9　命题 2.3.4 中条件 (i) 意味着 $M = Ru_1 + Ru_2 + \cdots + Ru_n$, 条件 (ii) 意味着对任意 $u \in R$, u 表示为 $u_1, u_2, \cdots, u_n$ 的 R-线性组合的方法唯一. 我们仍使用线性代数中的术语, 称满足条件 (ii) 的 $u_1, u_2, \cdots, u_n$ 是 R-**线性无关**的. 若元素组 $u_1, u_2, \cdots, u_n$ 不满足条件 (ii), 则称它们 R-**线性相关**.

注意到在这个定义下, 一般环上模中的单个非零元素可能是线性相关的. 例如, 将 $\mathbb{Z}_6$ 看作是 $\mathbb{Z}$-模, 因为 $3 \cdot \overline{2} = \overline{0}$, 所以 $\overline{2}$ 是 $\mathbb{Z}$-线性相关的.

证明   首先证明必要性. 设 M 是 R 上的一个非零自由模, 且 $(u_1, u_2, \cdots, u_n)$ 为其一组基. 设 $u_1, u_2, \cdots, u_n$ 在 M 中生成的子模为 $N = Ru_1 + Ru_2 + \cdots + Ru_n$. 由定义 2.3.2 知存在唯一的模满同态 $\varphi : M \to N$, 使得对任意 $1 \leqslant i \leqslant n$, 均有 $\varphi(u_i) = u_i$. 又嵌入映射 $\iota : N \to M$ 也是一个模同态, 且对任意 $1 \leqslant i \leqslant n$, 有 $\iota(u_i) = u_i$, 因此复合映射 $\iota \circ \varphi : M \to M$ 是模同态, 且对任意 $1 \leqslant i \leqslant n$, 有 $\iota \circ \varphi(u_i) = u_i$.

注意到模 M 上的恒等同态 id_M 也满足这个性质. 由于 M 为自由模, 由定义 2.3.2 中模同态的唯一性, 有 $\iota \circ \varphi = \mathrm{id}_M$. 因此 φ 为单射, ι 为满射, 由此可得

$$M = Ru_1 + Ru_2 + \cdots + Ru_n.$$

再考虑模 R^n. 由自由模的定义 2.3.2, 存在唯一的模同态 $\psi : M \to R^n$, 使得对任意 $1 \leqslant i \leqslant n$, 有 $\psi(u_i) = \underline{e}_i$. 由于 $(\underline{e}_1, \underline{e}_2, \cdots, \underline{e}_n)$ 为一组 R-线性无关的元素, 因此 $(u_1, u_2, \cdots, u_n)$ 也为一组 R-线性无关的元素. 必要性得证.

充分性的证明与对命题 2.3.2 的讨论类似, 此处不再重复.   □

命题 2.3.4 给出了第三种刻画 R 上自由模的方法.

定义 2.3.3 (自由模定义三)   设 M 为 R 上的非零模, 如果 M 中有一组非零元素 $u_1, u_2, \cdots, u_n$ 是 R-线性无关的并且生成 M, 就称 M 为一个**自由模**, $(u_1, u_2, \cdots, u_n)$ 为 M 的一组**基**, 且称基中的元素个数 n 为 M 的**秩**.

注 2.3.10   设 M 为自由模, 记 $\mathcal{B} = (u_1, u_2, \cdots, u_n)$ 为 M 的一组基. 对任意 $u \in M$, 考虑其在 $\mathcal{B}$ 下的表示

$$u = x_1 u_1 + x_2 u_2 + \cdots + x_n u_n.$$

命题 2.3.4 告诉我们这样的表示是唯一的. 称 R 上列向量

$$[u]_{\mathcal{B}} = (x_1, x_2, \cdots, x_n)^{\mathrm{T}} \in R^{n \times 1}$$

为 u 在基 $\mathcal{B}$ 下的**坐标**.

注 2.3.11   约定 R 上的零模为秩是 0 的自由模.

注 2.3.12   不同于域上线性空间的维数总是唯一的, 一般环上自由模的秩有可能不唯一 (见习题 2.3 第 10 题), 我们将在下节利用环上矩阵对自由模秩的唯一性问题进行讨论.

习题 2.3

1. 设 M 为 R-模, N_1 和 N_2 为 M 的子模.

(i) 证明映射

$$f : N_1 \oplus_e N_2 \to N_1 + N_2$$

$$(u_1, u_2) \mapsto u_1 + u_2$$

为模同态;

(ii) 证明 (i) 中模同态 f 为同构当且仅当 $N_1 + N_2$ 为内直和, 即当且仅当

$$N_1 \cap N_2 = \{0\};$$

(iii) 令 $M = \mathbb{Z}$, 且其子模 $N_1 = 2\mathbb{Z}$ 和 $N_2 = 3\mathbb{Z}$, 求 $\operatorname{Ker} f$.

2. 设 R 为环, M_1, M_2, N_1 和 N_2 为 R-模. 若有 $M_1 \cong N_1$ 和 $M_2 \cong N_2$, 证明

$$M_1 \oplus M_2 \cong N_1 \oplus N_2.$$

3. 设 R 为环, M_1, M_2 为 R-模, N_1 为 M_1 的子模, N_2 为 M_2 的子模, 证明

$$M_1/N_1 \oplus M_2/N_2 \cong (M_1 \oplus M_2)/(N_1 \oplus N_2).$$

4. 设 R 为环, 映射 $\varphi_1 : M_1 \to N_1$ 和 $\varphi_2 : M_2 \to N_2$ 为 R-模同态, 证明映射

$$\Phi : M_1 \oplus M_2 \to N_1 \oplus N_2$$

$$(u_1, u_2) \mapsto (\varphi_1(u_1), \varphi_2(u_2))$$

也是 R-模同态.

5. 设 R 为交换环, 并设有 R-模 M_1, M_2, M, N_1, N_2, N.

(i) 证明存在模同构 $\operatorname{Hom}_R(M_1 \oplus M_2, N) \cong \operatorname{Hom}_R(M_1, N) \oplus \operatorname{Hom}_R(M_2, N)$;

(ii) 证明存在模同构 $\operatorname{Hom}_R(M, N_1 \oplus N_2) \cong \operatorname{Hom}_R(M, N_1) \oplus \operatorname{Hom}_R(M, N_2)$.

6. 设 R 为环, M 为 R 上的自由模.

(i) 若 R 为整环, 证明对任意 $a \in R, u \in M$, 若 $au = 0$, 则有 $a = 0_R$ 或者 $u = 0_M$;

(ii) 若 R 不是整环, 构造一个以上论述的反例.

7. 设 R 为交换环, I 为 R 的理想. 证明作为 R-模, 商模 R/I 为 R 上的自由模当且仅当 $I = \{0\}$.

8. 设 R 为环, n 为正整数, M 为一个秩为 n 的 R 上的自由模.

(i) 证明 n 个 M 中的非零元素 $u_1, u_2, \cdots, u_n$ 构成 M 的一组基当且仅当其满足以下两个条件:

i) $M = Ru_1 \oplus Ru_2 \oplus \cdots \oplus Ru_n$;

ii) 对任意 $1 \leqslant i \leqslant n$,

$$\phi_i : R \to Ru_i$$

$$a \mapsto au_i$$

是 R-模同构;

(ii) 设 R 为域, 证明对任意 $u \in M \setminus \{0\}$,

$$\varphi_u : R \to Ru$$

$$a \mapsto au$$

是 R-模同构.

9. 将有理数域 $\mathbb{Q}$ 看作是 $\mathbb{Z}$-模, 证明 $\mathbb{Q}$ 不是 $\mathbb{Z}$ 上自由模.

10. 把 $\mathbb{Z}$ 上的多项式环 $\mathbb{Z}[x]$ 看作一个 $\mathbb{Z}$-模, $R = \mathrm{End}_{\mathbb{Z}}(\mathbb{Z}[x])$ 为其模自同态环, 并将 R 看作一个 R-模.

(i) 证明集合 $\{x^n \in \mathbb{Z}[x] \mid n \in \mathbb{N}\}$ 生成模 $\mathbb{Z}[x]$;

(ii) 举例说明 R 不是交换环;

(iii) 考虑 $\mathbb{Z}[x]$ 上的恒等同态, 证明 R 是一个秩为 1 的 R 上的自由模;

(iv) 考虑 $f_0, f_1 \in \mathrm{End}_{\mathbb{Z}}(\mathbb{Z}[x])$, 分别满足对任意 $n \in \mathbb{N}$, 有

$$f_0(x^n) = \begin{cases} x^k, & \exists k \in \mathbb{N}, n = 2k, \\ 0, & \exists k \in \mathbb{N}, n = 2k+1, \end{cases} \quad 和 \quad f_1(x^n) = \begin{cases} 0, & \exists k \in \mathbb{N}, n = 2k, \\ x^k, & \exists k \in \mathbb{N}, n = 2k+1. \end{cases}$$

证明 (f_0, f_1) 为 R 的一组基, 因此 R 是一个秩为 2 的 R 上的自由模;

(v) 证明对任意正整数 m 和 n, 有模同构 $R^m \cong R^n$.

11. 设 R 为交换环. 若任意自由 R-模的子模都是自由模, 证明 R 为主理想整环.

12. 设 R 为交换环, 且任意有限生成的 R-模都是自由模, 证明 R 为域.

2.4 自由模之间的同态及其矩阵表示

设 R 为环. 由上节的讨论, 任给 R 上秩为 n 的自由模 M, 通过选定一组基, 其对应的坐标映射给出 M 到 R^n 的模同构. 因此我们总可以将对 M 的讨论转化为对坐标构成的模 R^n 的讨论. 特别地, 通过选取基, 可以将一个秩为 m 的 R 上的自由模到一

个秩为 n 的 R 上自由模的同态转化为一个 R^m 到 R^n 的模同态. 环 R 上的矩阵将是一个重要的工具. 本节我们仅考虑环 R 交换的情形, 读者可以自行考虑如何将本节的讨论推广到对一般环上自由模的研究中.

设 R 为交换环. 对任意正整数 m 和 n,《代数学（三）》第四章中已经定义了环 R 上的 $m \times n$ 矩阵是由 R 中 mn 个元素 $a_{11}, a_{12}, \cdots, a_{mn}$ 排成的一个 m 行 n 列的表格:

$$(a_{ij})_{m \times n} = \begin{pmatrix} a_{11} & a_{12} & \cdots & a_{1n} \\ a_{21} & a_{22} & \cdots & a_{2n} \\ \vdots & \vdots & & \vdots \\ a_{m1} & a_{m2} & \cdots & a_{mn} \end{pmatrix},$$

并记 $R^{m \times n}$ 为所有 R 上的 $m \times n$ 矩阵构成的集合, 同时还定义了 $R^{m \times n}$ 上的加法运算以及 R 与 $R^{m \times n}$ 的数乘运算, 其中对任意 $A = (a_{ij})_{m \times n}, B = (b_{ij})_{m \times n} \in R^{m \times n}$ 以及 $a \in R$, 有

$$A + B := (a_{ij} + b_{ij})_{m \times n},$$

$$aA := (aa_{ij})_{m \times n}.$$

容易验证在这样的加法和数乘运算下 $R^{m \times n}$ 构成一个 R-模.

仍记 E_{ij} 为 $R^{m \times n}$ 中 (i, j) 位置元素为 1 且其余位置元素均为 0 的矩阵, 则 $E_{11}, E_{12}, \cdots, E_{mn}$ 生成 $R^{m \times n}$ 且 R-线性无关. 因此 $R^{m \times n}$ 是 R 上秩为 mn 的自由模.

注 2.4.1 尽管 $R^{m \times n}$ 与 R^{mn} 同构, 为方便讨论, 我们仍使用不同记号来区分矩阵空间和一般的自由模.

设 M 和 N 分别是 R 上秩为 m 和 n 的自由模, 记

$$\mathcal{B} = (u_1, u_2, \cdots, u_m) \quad \text{和} \quad \mathcal{C} = (v_1, v_2, \cdots, v_n)$$

分别为 M 和 N 的一组基. 对任意模同态

$$\varphi : M \to N,$$

将 $\varphi(u_1), \varphi(u_2), \cdots, \varphi(u_m)$ 表达为 $v_1, v_2, \cdots, v_n$ 的 R-线性组合:

$$\varphi(u_1) = a_{11}v_1 + a_{21}v_2 + \cdots + a_{n1}v_n,$$

$$\varphi(u_2) = a_{12}v_1 + a_{22}v_2 + \cdots + a_{n2}v_n,$$

$$\cdots$$

$$\varphi(u_m) = a_{1m}v_1 + a_{2m}v_2 + \cdots + a_{nm}v_n,$$

其中对任意 $1 \leqslant i \leqslant n, 1 \leqslant j \leqslant m$, 有 $a_{ij} \in R$.

定义 2.4.1　称矩阵

$$[\varphi]_{\mathcal{C},\mathcal{B}} = \begin{pmatrix} a_{11} & a_{12} & \cdots & a_{1m} \\ a_{21} & a_{22} & \cdots & a_{2m} \\ \vdots & \vdots & & \vdots \\ a_{n1} & a_{n2} & \cdots & a_{nm} \end{pmatrix} \in R^{n \times m}$$

为 φ 关于 $\mathcal{B}$ 和 $\mathcal{C}$ 的**矩阵表示**.

注 2.4.2　若 $M = N$ 且 $\mathcal{B} = \mathcal{C}$, 称以上矩阵 $[\varphi]_{\mathcal{C},\mathcal{B}}$ 为 φ 关于基 $\mathcal{B}$ 的矩阵表示, 简记为 $[\varphi]_{\mathcal{B}}$.

我们将使用 R 上列向量来记自由模的元素在其一组基下的坐标. 对于 $u \in M$, 记 $v = \varphi(u)$, 设 u, v 分别在 $\mathcal{B}$ 和 $\mathcal{C}$ 下的坐标为

$$[u]_{\mathcal{B}} = (x_1, x_2, \cdots, x_m)^{\mathrm{T}} \quad \text{和} \quad [\varphi(u)]_{\mathcal{C}} = (y_1, y_2, \cdots, y_n)^{\mathrm{T}},$$

则元素 u 在同态 φ 下的像 v 有以下表达:

$$v = \varphi(u) = x_1\varphi(u_1) + x_2\varphi(u_2) + \cdots + x_m\varphi(u_m) = \sum_{j=1}^{n}\left(\sum_{i=1}^{m} x_i a_{ji}\right) v_j.$$

因此

$$y_1 = a_{11}x_1 + a_{12}x_2 + \cdots + a_{1m}x_m,$$

$$y_2 = a_{21}x_1 + a_{22}x_2 + \cdots + a_{2m}x_m,$$

$$\cdots$$

$$y_n = a_{n1}x_1 + a_{n2}x_2 + \cdots + a_{nm}x_m.$$

利用环上矩阵乘法, 以上关系可以重写为

$$\begin{pmatrix} a_{11} & a_{12} & \cdots & a_{1m} \\ a_{21} & a_{22} & \cdots & a_{2m} \\ \vdots & \vdots & & \vdots \\ a_{n1} & a_{n2} & \cdots & a_{nm} \end{pmatrix}\begin{pmatrix} x_1 \\ x_2 \\ \vdots \\ x_m \end{pmatrix} = \begin{pmatrix} y_1 \\ y_2 \\ \vdots \\ y_n \end{pmatrix},$$

即 $[\varphi]_{\mathcal{C},\mathcal{B}}[u]_{\mathcal{B}} = [\varphi(u)]_{\mathcal{C}}$.

通过考虑 M 到 N 的模同态与其在 $\mathcal{B}$ 和 $\mathcal{C}$ 下的矩阵表示, 可以得到一个从 $\mathrm{Hom}_R(M, N)$ 到 $R^{n \times m}$ 的映射

$$\Phi : \mathrm{Hom}_R(M, N) \to R^{n \times m}$$

$$\varphi \mapsto [\varphi]_{\mathcal{C},\mathcal{B}}.$$

由于 R 交换, 命题 2.2.2 给出了 $\mathrm{Hom}_R(M,N)$ 上的 R-模结构.

命题 2.4.1   映射 Φ 为 R-模同构.

证明   由于 $\mathcal{B}$ 为 M 的一组基, 故任意从 M 出发的模同态都由 $u_1, u_2, \cdots, u_m$ 的像唯一确定. 由模同态矩阵表示的定义可知映射 Φ 为单射.

另一方面, 对任意矩阵 $A = (a_{ij})_{n \times m} \in R^{n \times m}$, 令

$$v_1' = a_{11}v_1 + a_{21}v_2 + \cdots + a_{n1}v_n,$$

$$v_2' = a_{12}v_1 + a_{22}v_2 + \cdots + a_{n2}v_n,$$

$$\cdots$$

$$v_m' = a_{1m}v_1 + a_{2m}v_2 + \cdots + a_{nm}v_n,$$

则 $v_1', v_2', \cdots, v_m' \in N$, 且利用自由模的泛性质, 存在唯一的模同态 $\varphi : M \to N$, 满足对任意 $1 \leqslant i \leqslant m$, 有 $\varphi(u_i) = v_i'$. 因此映射 Φ 是一个双射.

对任意 $\varphi, \psi \in \mathrm{Hom}_R(M,N)$, 以及 $a \in R$, 直接计算可得

$$[\varphi]_{\mathcal{C},\mathcal{B}} + [\psi]_{\mathcal{C},\mathcal{B}} = [\varphi + \psi]_{\mathcal{C},\mathcal{B}} \quad \text{和} \quad a[\varphi]_{\mathcal{C},\mathcal{B}} = [a\varphi]_{\mathcal{C},\mathcal{B}}.$$

因此 Φ 为 R-模同构. $\square$

推论 2.4.1   模 $\mathrm{Hom}_R(M,N)$ 是一个 R 上秩为 mn 的自由模.

设 k 为正整数, N' 是一个 R 上秩为 k 的自由模. 取 N' 的一组基

$$\mathcal{D} = (w_1, w_2, \cdots, w_k).$$

设 $\psi : N \to N'$ 为模同态, 因此 $\psi \circ \varphi$ 给出一个 M 到 N' 的模同态. 设 ψ 和 $\psi \circ \varphi$ 在对应基下的矩阵表示分别为

$$[\psi]_{\mathcal{D},\mathcal{C}} = (b_{ij})_{k \times n} \quad \text{和} \quad [\psi \circ \varphi]_{\mathcal{D},\mathcal{B}} = (c_{ij})_{k \times m}.$$

对任意 $1 \leqslant i \leqslant m$, 由

$$(\psi \circ \varphi)(u_i) = \psi\left(\sum_{j=1}^{n} a_{ji}v_j\right) = \sum_{j=1}^{n} a_{ji}\left(\sum_{l=1}^{k} b_{lj}w_l\right) = \sum_{l=1}^{k}\left(\sum_{j=1}^{n} b_{lj}a_{ji}\right)w_l$$

得到

$$[\psi \circ \varphi]_{\mathcal{D},\mathcal{B}} = \left(\sum_{j=1}^{n} b_{lj}a_{ji}\right)_{k \times m} = [\psi]_{\mathcal{D},\mathcal{C}}[\varphi]_{\mathcal{C},\mathcal{B}}.$$

另一方面, 对任意 $u \in M$, 有

$$([\psi]_{\mathcal{D},\mathcal{C}}[\varphi]_{\mathcal{C},\mathcal{B}})\,[u]_{\mathcal{B}} = [\psi]_{\mathcal{D},\mathcal{C}}[\varphi(u)]_{\mathcal{C}} = [(\psi \circ \varphi)(u)]_{\mathcal{D}}.$$

这便得到以上各矩阵之间的关系.

熟知任意有限维线性空间的所有基有相同的势, 但习题 2.3 第 10 题告诉我们这个结论对非交换环上的自由模是不成立的. 下面证明当环交换时, 其上自由模的秩唯一. 仍考虑交换环 R.

命题 2.4.2   设 M 为非零 R-自由模. 设 $\mathcal{B} = (u_1, u_2, \cdots, u_m)$ 和 $\mathcal{C} = (v_1, v_2, \cdots, v_n)$ 都是 M 的基, 则有 $m = n$.

证明   设 M 上的恒等变换 id_M 在 $\mathcal{B}$ 和 $\mathcal{C}$ 下的矩阵表示为

$$A = [\mathrm{id}_M]_{\mathcal{C},\mathcal{B}} \in R^{n \times m},$$

而 id_M 在 $\mathcal{C}$ 和 $\mathcal{B}$ 下的矩阵表示为

$$B = [\mathrm{id}_M]_{\mathcal{B},\mathcal{C}} \in R^{m \times n}.$$

因此有 $AB = I_n$ 以及 $BA = I_m$.

若 $m \neq n$. 不失一般性, 设 $m < n$. 通过添加 0 将矩阵 A 和 B 扩充为 n 阶方阵

$$\widetilde{A} = \begin{pmatrix} A & O \end{pmatrix} \quad 和 \quad \widetilde{B} = \begin{pmatrix} B \\ O \end{pmatrix},$$

容易验证 $\widetilde{A}\widetilde{B} = AB = I_n$. 但是 $\det \widetilde{A} = \det \widetilde{B} = 0$ 与 $\det I_n = 1$ 矛盾, 因此 $m = n$. $\square$

推论 2.4.2   对任意正整数 m, n, 有 $R^m \cong R^n$ 当且仅当 $m = n$.

注 2.4.3   对任意 R 上自由模 M, 它的秩唯一, 记其为 $\mathrm{rank}(M)$.

由定义 2.3.3 以及直和的性质, 容易得到以下结论.

命题 2.4.3   若 M 和 N 均为 R 上的自由模, 则 $M \oplus N$ 也是自由模, 并且有

$$\mathrm{rank}(M \oplus N) = \mathrm{rank}(M) + \mathrm{rank}(N).$$

设 M 为 R 上的自由模, $\mathrm{rank}(M) = m \in \mathbb{Z}^+$, 且 $\mathcal{B} = (u_1, u_2, \cdots, u_m)$ 为 M 的一组基. 我们用 $(M, \mathcal{B})$ 来记 M 中元素的 $\mathcal{B}$-坐标空间. 类似地, 设 N 为 R 上的自由模, $\mathrm{rank}(N) = n$, 并设 $\mathcal{C} = (v_1, v_2, \cdots, v_n)$ 为 N 的一组基. 用 $(N, \mathcal{C})$ 来记 N 中元素的 $\mathcal{C}$-坐标空间.

任意 M 到 N 的模同态 φ 在 $\mathcal{B}$ 和 $\mathcal{C}$ 下的矩阵给出两个坐标空间之间的映射

$$[\varphi]_{\mathcal{C},\mathcal{B}} : (M, \mathcal{B}) \to (N, \mathcal{C})$$

$$[u]_{\mathcal{B}} \mapsto [\varphi]_{\mathcal{C},\mathcal{B}}[u]_{\mathcal{B}} = [\varphi(u)]_{\mathcal{C}}.$$

注意到 φ 的矩阵表示依赖于基 $\mathcal{B}$ 和 $\mathcal{C}$ 的选取. 为了方便研究 φ 的性质, 自然希望寻找 M 的基和 N 的基使得 φ 在这些基下的矩阵表示相对简单一些. 这个寻找的过程就涉及在 M (以及 N) 中不断尝试改变基底, 因此涉及 M (以及 N) 中的坐标变换.

设 $\mathcal{B}$ 和 $\mathcal{B}'$ 为 M 的两组基. 考虑 M 到自身的恒等同态 id_M 在基 $\mathcal{B}$ 和 $\mathcal{B}'$ 下的矩阵表示, 并将其记为 $P_{\mathcal{B}',\mathcal{B}}$, 则对任意 $u \in M$, 有

$$P_{\mathcal{B}',\mathcal{B}}[u]_{\mathcal{B}} = [u]_{\mathcal{B}'}.$$

更详细地说, 令 $\mathcal{B} = (u_1, u_2, \cdots, u_m)$, $\mathcal{B}' = (u_1', u_2', \cdots, u_m')$. 由于 u_1 在 $\mathcal{B}$ 下的坐标为

$$[u_1]_{\mathcal{B}} = \begin{pmatrix} 1 \\ 0 \\ \vdots \\ 0 \end{pmatrix},$$

有

$$[u_1]_{\mathcal{B}'} = P_{\mathcal{B}',\mathcal{B}}[u_1]_{\mathcal{B}} = P_{\mathcal{B}',\mathcal{B}} \begin{pmatrix} 1 \\ 0 \\ \vdots \\ 0 \end{pmatrix},$$

即 $P_{\mathcal{B}',\mathcal{B}}$ 的第一列为 $[u_1]_{\mathcal{B}'}$. 依次对 $u_2, \cdots, u_m$ 作类似讨论, 有

$$P_{\mathcal{B}',\mathcal{B}} = ([u_1]_{\mathcal{B}'}, [u_2]_{\mathcal{B}'}, \cdots, [u_m]_{\mathcal{B}'}).$$

定义 2.4.2　称矩阵 $P_{\mathcal{B}',\mathcal{B}}$ 为 M 上从 $\mathcal{B}$ 到 $\mathcal{B}'$ 的**坐标变换矩阵**.

命题 2.4.4　设 M 为交换环 R 上秩为 m 的自由模, 则模 M 的基的集合与 $R^{m \times m}$ 中的可逆矩阵集合之间存在一个双射.

证明　首先选定 M 的一组基 $\mathcal{B}$, 定义映射

$$F : \{M \text{ 的基}\} \to R^{m \times m}$$

$$\mathcal{B}' \mapsto P_{\mathcal{B}',\mathcal{B}}.$$

为了验证这个映射是双射并且像集为可逆方阵的集合, 我们需要证明以下三点:

(i) 对 M 的任意基 $\mathcal{B}'$, 矩阵 $P_{\mathcal{B}',\mathcal{B}}$ 可逆.

(ii) 对 M 的基 $\mathcal{B}'$ 和 $\mathcal{B}''$, $F(\mathcal{B}') = F(\mathcal{B}'')$ 当且仅当 $\mathcal{B}' = \mathcal{B}''$.

(iii) 对任意可逆矩阵 $A \in R^{m \times m}$, 都有 M 的基 $\mathcal{B}'''$ 满足 $P_{\mathcal{B}''',\mathcal{B}} = A$.

(i) 记 $\mathcal{B} = (u_1, u_2, \cdots, u_m)$ 以及 $\mathcal{B}' = (u_1', u_2', \cdots, u_m')$, 则对任意 $u \in M$, 有

$$(P_{\mathcal{B}, \mathcal{B}'} P_{\mathcal{B}', \mathcal{B}})[u]_{\mathcal{B}} = P_{\mathcal{B}, \mathcal{B}'}[u]_{\mathcal{B}'} = [u]_{\mathcal{B}}.$$

取 $u = u_1$, 则有

$$(P_{\mathcal{B}, \mathcal{B}'} P_{\mathcal{B}', \mathcal{B}}) \begin{pmatrix} 1 \\ 0 \\ \vdots \\ 0 \end{pmatrix} = \begin{pmatrix} 1 \\ 0 \\ \vdots \\ 0 \end{pmatrix}.$$

继续对 $u_2, \cdots, u_m$ 做类似的讨论便可得到 $P_{\mathcal{B}, \mathcal{B}'} P_{\mathcal{B}', \mathcal{B}} = I_n$. 类似地, $P_{\mathcal{B}', \mathcal{B}} P_{\mathcal{B}, \mathcal{B}'} = I_n$. 因此 $P_{\mathcal{B}', \mathcal{B}}$ 可逆, 且 $P_{\mathcal{B}', \mathcal{B}}^{-1} = P_{\mathcal{B}, \mathcal{B}'}$.

(ii) 任取 M 的基 $\mathcal{B}'' = (u_1'', u_2'', \cdots, u_m'')$, 考虑 $P_{\mathcal{B}', \mathcal{B}}$ 和 $P_{\mathcal{B}'', \mathcal{B}}$ 的逆

$$P_{\mathcal{B}, \mathcal{B}'} = ([u_1']_{\mathcal{B}}, [u_2']_{\mathcal{B}}, \cdots, [u_m']_{\mathcal{B}}) \quad \text{和} \quad P_{\mathcal{B}, \mathcal{B}''} = ([u_1'']_{\mathcal{B}}, [u_2'']_{\mathcal{B}}, \cdots, [u_m'']_{\mathcal{B}}).$$

等式 $P_{\mathcal{B}, \mathcal{B}'} = P_{\mathcal{B}, \mathcal{B}''}$ 成立等价于对应列相等, 即对任意 $1 \leqslant i \leqslant m$ 有 $[u_i']_{\mathcal{B}} = [u_i'']_{\mathcal{B}}$. 这等价于对任意 $1 \leqslant i \leqslant m$, u_i' 和 u_i'' 有相同的 $\mathcal{B}$-坐标, 即 $u_i' = u_i''$, 因此等价于 $\mathcal{B}' = \mathcal{B}''$.

(iii) 对任意可逆矩阵 $A \in R^{m \times m}$, 记 A 和其逆分别为

$$A = (a_{ij})_{m \times m} \quad \text{和} \quad A^{-1} = (b_{ij})_{m \times m}.$$

令

$$v_1 = b_{11} u_1 + b_{21} u_2 + \cdots + b_{m1} u_m,$$

$$v_2 = b_{12} u_1 + b_{22} u_2 + \cdots + b_{m2} u_m,$$

$$\cdots$$

$$v_m = b_{1m} u_1 + b_{2m} u_2 + \cdots + b_{mm} u_m,$$

并记 $\mathcal{B}''' = (v_1, v_2, \cdots, v_m)$. 对任意 $1 \leqslant i \leqslant m$, 由于

$$\sum_{j=1}^{m} a_{ji} v_j = \sum_{j=1}^{m} a_{ji} \sum_{k=1}^{m} b_{kj} u_k = \sum_{k=1}^{m} \sum_{j=1}^{m} b_{kj} a_{ji} u_k = u_i,$$

其中最后一个等号是因为 $A^{-1} A = I_m$. 由此可得 $\mathcal{B}'''$ 为 M 的一个生成元集.

下证 $\mathcal{B}'''$ 中元素是 R-线性无关的. 设 $b_1, b_2, \cdots, b_m \in R$ 满足

$$b_1 v_1 + b_2 v_2 + \cdots + b_m v_m = 0,$$

则有

$$0 = \sum_{i=1}^{m} \left(\sum_{j=1}^{m} b_j b_{ij} \right) u_i.$$

由于 $u_1, u_2, \cdots, u_m$ 为 M 的基, 故对任意 $1 \leqslant i \leqslant m$, 有

$$\sum_{j=1}^{m} b_j b_{ij} = 0,$$

因此

$$A^{-1} \begin{pmatrix} b_1 \\ b_2 \\ \vdots \\ b_m \end{pmatrix} = \begin{pmatrix} 0 \\ 0 \\ \vdots \\ 0 \end{pmatrix}.$$

左、右两端同时乘 A 可得

$$\begin{pmatrix} b_1 \\ b_2 \\ \vdots \\ b_m \end{pmatrix} = \begin{pmatrix} 0 \\ 0 \\ \vdots \\ 0 \end{pmatrix}.$$

因此 $\mathcal{B}'''$ 中元素 R-线性无关. 综上所述 $\mathcal{B}'''$ 为 M 的一组基, 且进一步有 $P_{\mathcal{B},\mathcal{B}'''} = A^{-1}$, 因此 $P_{\mathcal{B}''',\mathcal{B}} = A$. □

设 M 和 N 分别是秩为 m 和 n 的自由模, $\varphi : M \to N$ 为模同态, $\mathcal{B}$ 和 $\mathcal{B}'$ 为 M 的两组基, $\mathcal{C}$ 和 $\mathcal{C}'$ 为 N 的两组基.

我们知道通过左乘同态 φ 在 $\mathcal{B}$ 和 $\mathcal{C}$ 下的矩阵表示 $[\varphi]_{\mathcal{C},\mathcal{B}} \in R^{n \times m}$, 可以给出两个坐标空间 $(M, \mathcal{B})$ 和 $(N, \mathcal{C})$ 之间的关系, 即 M 中任意元素 u 的 $\mathcal{B}$-坐标 $[u]_{\mathcal{B}}$ 和 $\varphi(u)$ 的 $\mathcal{C}$-坐标 $[\varphi(u)]_{\mathcal{C}}$ 满足 $[\varphi]_{\mathcal{C},\mathcal{B}}[u]_{\mathcal{B}} = [\varphi(u)]_{\mathcal{C}}$. 设模 M 上 $\mathcal{B}'$ 到 $\mathcal{B}$ 的坐标变换矩阵为 $P_{\mathcal{B},\mathcal{B}'}$, 且模 N 上 $\mathcal{C}$ 到 $\mathcal{C}'$ 的坐标变换矩阵为 $P_{\mathcal{C}',\mathcal{C}}$, 则对任意 $u \in M$, 有

$$(P_{\mathcal{C}',\mathcal{C}}[\varphi]_{\mathcal{C},\mathcal{B}}P_{\mathcal{B},\mathcal{B}'})[u]_{\mathcal{B}'} = (P_{\mathcal{C}',\mathcal{C}}[\varphi]_{\mathcal{C},\mathcal{B}})[u]_{\mathcal{B}} = P_{\mathcal{C}',\mathcal{C}}[\varphi(u)]_{\mathcal{C}} = [\varphi(u)]_{\mathcal{C}'}.$$

这表明

$$[\varphi]_{\mathcal{C}',\mathcal{B}'} = P_{\mathcal{C}',\mathcal{C}}[\varphi]_{\mathcal{C},\mathcal{B}}P_{\mathcal{B},\mathcal{B}'},$$

即矩阵 $[\varphi]_{\mathcal{C},\mathcal{B}}$ 和 $[\varphi]_{\mathcal{C}',\mathcal{B}'}$ 相抵且有下面的交换图:

$$(M, \mathcal{B}) \xrightarrow{[\varphi]_{\mathcal{C}, \mathcal{B}}} (N, \mathcal{C})$$

$$P_{\mathcal{B}, \mathcal{B}'} \uparrow \qquad \qquad \downarrow P_{\mathcal{C}', \mathcal{C}}$$

$$(M, \mathcal{B}') \xrightarrow{[\varphi]_{\mathcal{C}', \mathcal{B}'}} (N, \mathcal{C}')$$

注 2.4.4   以上讨论告诉我们, 自由模间的同态在不同基下的矩阵表示相抵; 反之, 考虑形如 R^m 的自由模, 相抵的矩阵也可以看作是自由模间的一个模同态在不同基下的矩阵表示.

习题 2.4

1. 证明命题 2.4.3.

2. 设 R 为交换环, M 为 R 上一个秩大于 1 的自由模. 又设 $\varphi \in \operatorname{End}_R(M)$ 满足在 M 的某组基下的矩阵表示为上三角形矩阵且主对角线上元素全为 0, 证明存在正整数 n 使得 φ^n 为零同态.

3. 考虑 $\mathbb{Z}$ 上自由模 $\mathbb{Z}^3$, 记 $\mathcal{B}$ 为由 $\underline{e}_1 = (1,0,0)$, $\underline{e}_2 = (0,1,0)$ 和 $\underline{e}_3 = (0,0,1)$ 构成的 $\mathbb{Z}^3$ 的一组基.

(i) 证明 $\mathcal{B}' = (u_1 = (0,1,0), u_2 = (1,2,0), u_3 = (1,0,1))$ 为 $\mathbb{Z}^3$ 的一组基, 并求坐标变换矩阵 $P_{\mathcal{B}', \mathcal{B}}$;

(ii) 设 φ 为 $\mathbb{Z}^3$ 的模自同态, 且满足

$$\varphi(\underline{e}_1) = (2,1,0), \quad \varphi(\underline{e}_2) = (0,0,2), \quad \varphi(\underline{e}_3) = (1,0,0),$$

求 $[\varphi]_{\mathcal{B}}$, $[\varphi]_{\mathcal{B}', \mathcal{B}}$ 和 $[\varphi]_{\mathcal{B}'}$.

4. 设 R 为交换环, 正整数 $m \geqslant 2$, 求全矩阵环 $R^{m \times m}$ 的中心 $Z(R^{m \times m})$.

第三章

主理想整环上的
有限生成模

由于主理想整环的特殊性质, 故主理想整环上的自由模和它的子模结构相较于一般环上的自由模更加清晰, 这使我们对主理想整环上有限生成模的结构有更好的把握.

3.1　主理想整环上的矩阵相抵标准形

我们在《代数学（一）》第六章中讨论了域上矩阵的相抵标准形, 在《代数学（二）》第八章中讨论了 λ-矩阵的相抵标准形, 而实际上一般主理想整环上的矩阵也具有此类标准形. 利用矩阵与自由模同态之间的关系, 我们将看到此类标准形在研究主理想整环上的有限生成模中发挥着重要作用.

本章中设 D 为主理想整环, 我们将通过一些基本变换将 D 上的矩阵变为其标准形. 在《代数学（三）》第四章中, 我们已经讨论了初等矩阵对矩阵进行初等行变换或初等列变换的影响. 由主理想整环的特殊性质, 还可以对一个矩阵进行另一种基本操作, 即下面引理 3.1.1 中的操作.

首先引入 D 中非零元素的**长度**这个概念. 对任意 $a \in D$, $a \neq 0$, 若 a 为可逆元, 则定义 a 的长度 $l(a) = 0$. 若 a 不可逆, 则 a 为 D 中有限个不可约元的乘积, 设 $a = p_1 p_2 \cdots p_r$, 其中每个 p_i 都是不可约元, 则定义 a 的长度 $l(a) = r$, 即 a 的长度是 a 的不可约因子分解中不可约因子的个数. 由定义易得相伴的两个非零元素有相同的长度且对任意 $a, b \in D \setminus \{0\}$ 有

$$l(ab) = l(a) + l(b).$$

进一步地, 对任意非零元素 $a, b \in D$ 且 $a \mid b$, 若 a, b 不相伴, 则存在不可逆元素 $c \in D$ 使得 $b = ac$, 由 c 不可逆得到 $l(c) > 0$, 所以

$$l(b) = l(ac) = l(a) + l(c) > l(a).$$

引理 3.1.1　设

$$A = \begin{pmatrix} a_{11} & a_{12} \\ a_{21} & a_{22} \end{pmatrix}$$

为 D 上的 2 阶矩阵, 其中 $a_{11} \neq 0$, 则 A 相抵于 D 上的矩阵

$$\begin{pmatrix} d & 0 \\ * & * \end{pmatrix},$$

这里 $d = \gcd(a_{11}, a_{12})$, 且当 $a_{11} \nmid a_{12}$ 时有 $l(d) < l(a_{11})$. 同样地, A 也相抵于 D 上的

矩阵

$$\begin{pmatrix} d' & * \\ 0 & * \end{pmatrix},$$

这里 $d' = \gcd(a_{11}, a_{21})$, 且当 $a_{11} \nmid a_{21}$ 时有 $l(d') < l(a_{11})$.

证明 由《代数学（三）》中命题 5.3.1 知 Bézout (贝祖) 等式对主理想整环也成立. 记 $d = \gcd(a_{11}, a_{12})$, 则存在 $u, v \in D$ 使得

$$ua_{11} + va_{12} = d.$$

记 $a_{11} = da'_{11}$, $a_{12} = da'_{12}$, 代入得到

$$uda'_{11} + vda'_{12} = d.$$

由于 $d \neq 0$, 两端消去 d 得到

$$ua'_{11} + va'_{12} = 1.$$

令

$$Q = \begin{pmatrix} u & -a'_{12} \\ v & a'_{11} \end{pmatrix},$$

则 $\det(Q) = 1$, 从而 Q 可逆. 又

$$\begin{pmatrix} a_{11} & a_{12} \\ a_{21} & a_{22} \end{pmatrix} \begin{pmatrix} u & -a'_{12} \\ v & a'_{11} \end{pmatrix} = \begin{pmatrix} d & 0 \\ * & * \end{pmatrix},$$

故 A 与矩阵

$$\begin{pmatrix} d & 0 \\ * & * \end{pmatrix}$$

相抵. 进一步, 若 $a_{11} \nmid a_{12}$, 则 d 与 a_{11} 不相伴, 所以 $l(d) < l(a_{11})$. 关于列的结论同理可证. □

定理 3.1.1 设 m, n 为正整数, D 是主理想整环, $A \in D^{m \times n}$, 则 A 相抵于矩阵

$$\begin{pmatrix} d_1 & & & & \\ & d_2 & & & \\ & & \ddots & & 0 \\ & & & d_r & \\ & 0 & & & 0 \end{pmatrix}, \tag{3.1}$$

其中 $d_i \neq 0$, $1 \leqslant i \leqslant r$, 且 $d_j \mid d_{j+1}$, $1 \leqslant j \leqslant r-1$.

证明   当 $A = 0$ 时, 结论显然成立. 下面设 $A = (a_{ij})_{m \times n} \neq 0$, 在 A 的非零元素中一定有一个元素的长度最短. 注意到交换矩阵的行或列相当于在矩阵的左边或右边乘相应的初等矩阵, 又初等矩阵都可逆, 所以交换矩阵的行或列得到的矩阵与原矩阵相抵. 通过交换矩阵的行和列, 我们不妨假设 a_{11} 为长度最短的非零元素, 即 $a_{11} \neq 0$ 且 $l(a_{11}) \leqslant l(a_{ij})$, 对所有 $a_{ij} \neq 0$.

若有某个 $k \geqslant 2$ 使得 $a_{11} \nmid a_{1k}$, 则必要时交换第 2 列和第 k 列, 可假设 $a_{11} \nmid a_{12}$. 由引理 3.1.1, 存在 2 阶可逆矩阵 Q_1 使得

$$\begin{pmatrix} a_{11} & a_{12} \\ a_{21} & a_{22} \end{pmatrix} Q_1 = \begin{pmatrix} d & 0 \\ * & * \end{pmatrix},$$

其中 $d = \gcd(a_{11}, a_{12})$ 且 $l(d) < l(a_{11})$. 令

$$Q = \begin{pmatrix} Q_1 & 0 \\ 0 & I_{n-2} \end{pmatrix},$$

则 AQ 的第 1 行为 $(d, 0, a_{13}, \cdots, a_{1n})$, 且 $l(d) < l(a_{11})$. 同样地, 对于某个 $k \geqslant 2$, 若有 $a_{11} \nmid a_{k1}$, 通过交换行可设 $a_{11} \nmid a_{21}$, 则仍由引理 3.1.1 知存在可逆矩阵使得它左乘 A 后得到的矩阵的 $(2,1)$ 位置元素为 0, 且 $(1,1)$ 位置元素的长度小于 $l(a_{11})$. 由于非零元素的长度有限, 上述步骤进行有限次可以得到一个与 A 相抵的矩阵 $B = (b_{ij})$, 其中 $b_{11} \neq 0$ 且对所有的 $2 \leqslant j \leqslant n$ 和 $2 \leqslant k \leqslant m$ 有 $b_{11} \mid b_{1j}$ 和 $b_{11} \mid b_{k1}$.

对每一个 $2 \leqslant j \leqslant n$, 设 $b_{1j} = b_{11} b'_{1j}$. 把矩阵 B 的第 1 列的 $-b'_{1j}$ 倍加到第 j 列后就把 $(1,j)$ 位置元素变为 0, 所以我们可以得到一个与 A 相抵的矩阵, 它的第 1 行元素除 $(1,1)$ 位置外均为 0. 类似地, 做对应的初等行变换也可以把第 1 列中除 $(1,1)$ 位置外均变为 0, 即 A 相抵于矩阵

$$\begin{pmatrix} b_{11} & 0 \\ 0 & B_1 \end{pmatrix},$$

其中 $b_{11} \neq 0$.

如果矩阵 B_1 中有元素不能被 b_{11} 整除, 那么将这个元素所在的行加到第 1 行, 这又回到前面的情况, 于是可以再一次降低 $(1,1)$ 位置元素的长度, 经过有限次后, 就可以得到一个与 A 相抵的矩阵

$$\begin{pmatrix} d_1 & 0 \\ 0 & A_1 \end{pmatrix},$$

其中 $d_1 \neq 0$, 且 d_1 整除 A_1 中的每一个元素.

A_1 是一个 $(m-1) \times (n-1)$ 矩阵, 我们对 A_1 做同样操作. 由于 d_1 整除 A_1 中的每一个元素, d_1 整除 A_1 中元素的最大公因子, 又对 A_1 做相抵变换也不影响 d_1 对矩阵中元素的整除条件. 利用数学归纳法, 最后得到一个与 A 相抵的矩阵 (3.1).   □

定理 3.1.1 中给出的矩阵 (3.1) 称为矩阵 A 的**相抵标准形**, $d_1, d_2, \cdots, d_r$ 称为 A 的**不变因子**. 显然对 D 的任意可逆元 $u_1, u_2, \cdots, u_r$, 主理想整环 D 中的元素 $u_1 d_1, u_2 d_2, \cdots,$ $u_r d_r$ 也是 A 的不变因子, 下面我们证明矩阵的不变因子在相伴意义下是唯一的.

对任意 $A \in D^{m \times n}$, A 的各阶子式是 D 中的元素, 由于 D 是主理想整环, 自然是唯一因子分解整环, 故 D 中的任意有限个元素存在最大公因子.

定义 3.1.1 对于 $A \in D^{m \times n}$, 设 A 的秩 $r(A) = r > 0$, 对任意 $1 \leqslant k \leqslant r$, 称 A 的 k **阶行列式因子**为其所有 k 阶子式的最大公因子, 记作 $\Delta_k(A)$.

定理 3.1.2 设 m, n 为正整数, D 为主理想整环, $A, B \in D^{m \times n}$. 若 A 和 B 相抵, 则 $r(A) = r(B)$, 且若 $r(A) > 0$, 则对任意 $1 \leqslant k \leqslant r(A)$, 有

$$\Delta_k(A) \sim \Delta_k(B).$$

证明 在《代数学（三）》第四章中, 我们利用 Binet-Cauchy (比内–柯西) 定理证明了若 A 与 B 相抵, 则 $r(A) = r(B)$. 下面证明 A 与 B 的各阶行列式因子相伴.

因为矩阵 A 与 B 相抵, 所以存在可逆矩阵 $P \in D^{m \times m}$ 和可逆矩阵 $Q \in D^{n \times n}$ 使得 $B = PAQ$. 若 A 为零矩阵, 则由矩阵乘法可得 B 为零矩阵. 由于 P 和 Q 可逆, 故有 $A = P^{-1}BQ^{-1}$, 因此若 B 为零矩阵, 则 A 为零矩阵. 从而结论显然成立.

下设 A 和 B 均非零. 记 $A_1 = PA$, 因此 A 与 A_1 相抵, 我们有 $r(A_1) = r(A)$. 再由 Binet-Cauchy 定理得到对任意 $1 \leqslant k \leqslant r(A_1)$, A_1 的任一 k 阶子式都是 A 的一些 k 阶子式的 D-系数的线性组合, 故 A_1 的任一 k 阶子式都可被 $\Delta_k(A)$ 整除, 所以 $\Delta_k(A) \mid \Delta_k(A_1)$. 另一方面, 由于 P 可逆, 我们有 $A = P^{-1}A_1$, 同理对任意 $1 \leqslant k \leqslant r(A)$, 有 $\Delta_k(A_1) \mid \Delta_k(A)$. 因此对任意 $1 \leqslant k \leqslant r(A)$, 有 $\Delta_k(A) \sim \Delta_k(A_1)$.

由于 $B = A_1 Q$, Q 为可逆矩阵, 对 A_1 和 B 做同样的讨论得到对任意 $1 \leqslant k \leqslant r(A_1)$, 有 $\Delta_k(A_1) \sim \Delta_k(B)$. 将以上所得结论放在一起, 就得到对任意 $1 \leqslant k \leqslant r(A)$, 有

$$\Delta_k(A) \sim \Delta_k(B).$$

$\square$

引理 3.1.2 设 m, n 为正整数, D 为主理想整环, $A \in D^{m \times n}$ 且 $r(A) \geqslant 2$, 则对任意 $1 \leqslant k \leqslant r(A) - 1$, 有

$$\Delta_k(A) \mid \Delta_{k+1}(A).$$

证明 利用行展开或列展开的方式计算行列式, 可以得到 $\Delta_k(A)$ 整除 A 的所有 $k+1$ 阶子式. 再由 $\Delta_{k+1}(A)$ 的极大性就得到

$$\Delta_k(A) \mid \Delta_{k+1}(A).$$

$\square$

定理 3.1.3   设 m, n 为正整数, D 是主理想整环, 则对任意 $A \in D^{m \times n}$, A 的相抵标准形在相伴的意义下唯一, 即若 A 相抵于标准形 (3.1)

$$\begin{pmatrix} d_1 & & & & & \\ & d_2 & & & & \\ & & \ddots & & & 0 \\ & & & d_r & & \\ & 0 & & & 0 & \end{pmatrix}$$

和

$$\begin{pmatrix} d_1' & & & & & \\ & d_2' & & & & \\ & & \ddots & & & 0 \\ & & & d_s' & & \\ & 0 & & & 0 & \end{pmatrix}, \tag{3.2}$$

其中 $d_i \neq 0, 1 \leqslant i \leqslant r$ 且 $d_j \mid d_{j+1}, 1 \leqslant j \leqslant r-1$, 以及 $d_k' \neq 0, 1 \leqslant k \leqslant s$ 且 $d_l \mid d_{l+1}$, $1 \leqslant l \leqslant s-1$, 则有 $r = s$, 且对任意 $1 \leqslant i \leqslant r, d_i \sim d_i'$.

证明   只需讨论 A 非空的情形, 由于矩阵 (3.1) 和 (3.2) 的秩分别为 r 和 s, 又相抵的矩阵有相同的秩, 故 r 和 s 都等于 $r(A)$, 所以 $r = s$.

对任意 $1 \leqslant i \leqslant r$, 显然矩阵 (3.1) 的 i 阶行列式因子为 $d_1 d_2 \cdots d_i$, 所以

$$\Delta_i(A) \sim d_1 d_2 \cdots d_i.$$

同理

$$\Delta_i(A) \sim d_1' d_2' \cdots d_i',$$

从而对任意 $1 \leqslant k \leqslant r-1$, 有

$$d_{k+1} \Delta_k(A) \sim \Delta_{k+1}(A) \sim d_{k+1}' \Delta_k(A). \tag{3.3}$$

显然

$$d_1 \sim \Delta_1(A) \sim d_1'.$$

而对任意 $1 \leqslant k \leqslant r-1$, 由式 (3.3) 便可得到 $d_{k+1} \sim d_{k+1}'$.   □

在主理想整环 D 中, 若 $a, b, c \in D \backslash \{0\}$ 满足 $b = ac$, 则也记 $c = \dfrac{b}{a}$.

推论 3.1.1   设 D 为主理想整环, $A \in D^{m \times n}, r(A) = r > 0$, 则在相伴的意义下, A 的不变因子为

$$d_1 = \Delta_1(A), \ d_2 = \frac{\Delta_2(A)}{\Delta_1(A)}, \ \cdots, \ d_r = \frac{\Delta_r(A)}{\Delta_{r-1}(A)}.$$

推论 3.1.2　设 D 为主理想整环, $A, B \in D^{m \times n}$, 则 A 与 B 相抵当且仅当

$$r(A) = r(B),$$

且它们对应的不变因子相伴.

设 $A \in D^{m \times n}$ 且 $r(A) = r$. 把 A 的 r 个不变因子 $d_1, d_2, \cdots, d_r$ 写成 D 中不可约元的乘积:

$$
\begin{aligned}
d_1 &= u_1 p_1^{e_{11}} p_2^{e_{21}} \cdots p_s^{e_{s1}}, \\
d_2 &= u_2 p_1^{e_{12}} p_2^{e_{22}} \cdots p_s^{e_{s2}}, \\
&\cdots \\
d_r &= u_r p_1^{e_{1r}} p_2^{e_{2r}} \cdots p_s^{e_{sr}},
\end{aligned}
\tag{3.4}
$$

其中 $u_1, u_2, \cdots, u_r \in U(D)$, $p_1, p_2, \cdots, p_s$ 是 D 中 s 个两两不相伴的不可约元, 且对任意 $1 \leqslant j \leqslant s$ 有 $e_{jr} > 0$. 由于对任意 $1 \leqslant i \leqslant r - 1$ 有 $d_i \mid d_{i+1}$, 故对任意 $1 \leqslant j \leqslant s$, 有

$$0 \leqslant e_{j1} \leqslant e_{j2} \leqslant \cdots \leqslant e_{jr}.$$

定义 3.1.2　设 $A \in D^{m \times n}$, 称出现在 A 的不变因子 $d_1, d_2, \cdots, d_r$ 的分解式 (3.4) 中 p_j 的非零次幂 $p_j^{e_{ji}}$ 为 A 的**初等因子**, 而多重集

$$\{ p_j^{e_{ji}} \mid 1 \leqslant j \leqslant s, 1 \leqslant i \leqslant r, e_{ji} > 0 \}$$

称为 A 的**初等因子集**.

推论 3.1.3　设 D 为主理想整环, $A, B \in D^{m \times n}$, 则 A 与 B 相抵当且仅当

$$r(A) = r(B),$$

且它们对应的初等因子相伴.

证明　由于矩阵的初等因子由不变因子唯一确定, 故必要性显然.

下面证明若知道矩阵的秩和初等因子集, 那么也就确定了矩阵的不变因子. 设 $r(A) = r$ 且 A 的所有初等因子为

$$p_1^{e_{11}}, p_1^{e_{12}}, \cdots, p_1^{e_{1r_1}}, p_2^{e_{21}}, p_2^{e_{22}}, \cdots, p_2^{e_{2r_2}}, \cdots, p_s^{e_{s1}}, p_s^{e_{s2}}, \cdots, p_s^{e_{sr_s}},$$

其中对任意 $1 \leqslant j \leqslant s$ 有

$$e_{j1} \geqslant e_{j2} \geqslant \cdots \geqslant e_{jr_j}.$$

显然 $\max\{r_1, r_2, \cdots, r_s\} \leqslant r$, 且对于 $r_j < i \leqslant r$, 令 $e_{ji} = 0$, 那么 A 的不变因子为

$$d_r = u_r p_1^{e_{11}} p_2^{e_{21}} \cdots p_s^{e_{s1}},$$

$$d_{r-1} = u_{r-1} p_1^{e_{12}} p_2^{e_{22}} \cdots p_s^{e_{s2}},$$

$$\cdots$$

$$d_1 = u_1 p_1^{e_{1r}} p_2^{e_{2r}} \cdots p_s^{e_{sr}},$$

其中 $u_1, u_2, \cdots, u_r \in U(D)$, 这样就得到充分性的证明. $\square$

习题 3.1

1. 计算下面矩阵的相抵标准形, 并给出每个矩阵的不变因子, 初等因子和行列式因子:

$$\begin{pmatrix} \lambda^2 - 3\lambda + 2 & 0 \\ 0 & \lambda^2 - 4 \end{pmatrix} \in \mathbb{R}[\lambda]^{2 \times 2}, \quad \begin{pmatrix} 4 & 0 & 0 \\ 0 & 6 & 0 \\ 0 & 0 & 9 \end{pmatrix} \in \mathbb{Z}^{3 \times 3},$$

$$\begin{pmatrix} 2 & 0 \\ 0 & 4 + 2\sqrt{3} \end{pmatrix} \in \mathbb{Z}[\sqrt{3}]^{2 \times 2}.$$

2. 设 D 为主理想整环, $a_1, a_2, \cdots, a_n$ 为 D 中非零元素, 且记 $d = \gcd(a_1, a_2, \cdots, a_n)$.

(i) 证明存在可逆矩阵 $A \in D^{n \times n}$ 使得

$$(a_1, a_2, \cdots, a_n)A = (d, 0, \cdots, 0);$$

(ii) 证明: 若 d 为单位, 则存在 $D^{n \times n}$ 中的可逆矩阵 B, 使得 B 的第一行为 $(a_1, a_2, \cdots, a_n)$.

3. 设 D 为主理想整环, n 为正整数, A, B 为 $D^{n \times n}$ 中可逆矩阵. 若 A, B 和 AB 的相抵标准形分别为

$$\begin{pmatrix} a_1 & & & \\ & a_2 & & 0 \\ & & \ddots & \\ & 0 & & a_n \end{pmatrix}, \quad \begin{pmatrix} b_1 & & & \\ & b_2 & & 0 \\ & & \ddots & \\ & 0 & & b_n \end{pmatrix}, \quad \begin{pmatrix} c_1 & & & \\ & c_2 & & 0 \\ & & \ddots & \\ & 0 & & c_n \end{pmatrix},$$

证明对任意 $1 \leqslant j \leqslant n$, 都有 $a_i \mid c_i$ 和 $b_i \mid c_i$.

3.2 主理想整环上的自由模

定理 3.2.1 设 D 为主理想整环, M 为 D 上秩为 m 的自由模, 则 M 的任意子模 N 也是自由模, 且 N 的秩 n 满足 $0 \leqslant n \leqslant m$.

证明 对 M 的秩 m 使用归纳法. 若 $m = 0$, 即 $M = \{0\}$, 从而 $N = \{0\}$, 结论显然成立.

设 $m > 0$, 且结论对秩为 $m - 1$ 的自由模成立. 设 $(u_1, u_2, \cdots, u_m)$ 为 M 的一组基, 由于 $N \subseteq M$, 对任意 $u \in N$, u 可以唯一地写成 $u_1, u_2, \cdots, u_m$ 的 D-线性组合, 即存在 $x_1, x_2, \cdots, x_m \in D$ 使得

$$u = x_1 u_1 + x_2 u_2 + \cdots + x_m u_m.$$

设 N 中所有元素的第一个坐标构成的 D 的子集为

$$I_1 := \{x \in D \mid \exists u \in N \text{ 使得 } u = x u_1 + x_2 u_2 + \cdots + x_m u_m\}.$$

由于 N 为 M 的子模, 容易验证 I_1 为 D 的理想, 故存在元素 $a_1 \in D$ 使得 $I_1 = (a_1)$, 选取元素 $v_1 \in N$ 使得其第一个坐标为 a_1. 记 M_1 为由 $u_2, \cdots, u_m$ 生成的子模, 即

$$M_1 = D u_2 + \cdots + D u_m,$$

则 M_1 是秩为 $m - 1$ 的自由模. 设 $N_1 = N \cap M_1$.

若 $a_1 = 0$, 则 $I_1 = \{0\}$, 从而 $N = N_1 \subseteq M_1$. 由于 M_1 的秩为 $m - 1$, 由归纳假设, 子模 N 是一个自由模, 且其秩 n 满足 $0 \leqslant n \leqslant m - 1 < m$.

若 $a_1 \neq 0$, 对任意 $b \in D$, $b v_1$ 被 $u_1, u_2, \cdots, u_m$ 表示中 u_1 的系数为 $b a_1$, 故由表示的唯一性得到 $b v_1 = 0$ 当且仅当 $b = 0$. 由此可得 $D v_1 \cong D$ 且 $N = D v_1 \oplus N_1$. 由于 $D v_1$ 和 N_1 均为自由模, 由命题 2.4.3 知 N 为自由模, 且满足

$$1 \leqslant r(N) = 1 + r(N_1) \leqslant 1 + (m - 1) = m,$$

故结论对 m 成立. 由归纳法原理, 定理得证. □

定理 3.2.2 设 M 和 N 分别为 D 上秩为 m 和 n 的非零自由模, 则对任意非零模同态

$$\varphi : M \to N,$$

都存在 M 的一组基 $\mathcal{B} = (u_1, u_2, \cdots, u_m)$ 和 N 的一组基 $\mathcal{C} = (v_1, v_2, \cdots, v_n)$, 以及 D 中的元素 $d_1, d_2, \cdots, d_r$, 满足

(i) 若 $r > 1$, 对任意 $1 \leqslant i \leqslant r - 1$, 有 $d_i \mid d_{i+1}$.

(ii) 对任意 $1 \leqslant i \leqslant r$, 有 $\varphi(u_i) = d_i v_i$.

(iii) 若 $r < m$, 对任意 $r < i \leqslant m$, 有 $\varphi(u_i) = 0$.

证明　取定 M 的一组基 $\mathcal{B}' = (u_1', u_2', \cdots, u_m')$ 和 N 的一组基 $\mathcal{C}' = (v_1', v_2', \cdots, v_n')$, 记 $A \in D^{n \times m}$ 为 φ 关于这两组基的矩阵, 则 $A \neq 0$. 由定理 3.1.1 知存在可逆矩阵 $P \in D^{m \times m}$ 以及 $Q \in D^{n \times n}$, 使得 QAP 为 A 的相抵标准形

$$
\begin{pmatrix}
d_1 & & & & \\
& d_2 & & & \\
& & \ddots & & 0 \\
& & & d_r & \\
& 0 & & & 0
\end{pmatrix},
$$

其中 0 代表相应大小的零矩阵, $d_1, d_2, \cdots, d_r$ 为 A 的不变因子, 且满足 $d_1 \mid d_2 \mid \cdots \mid d_r$.

设 M 的基 $\mathcal{B} = (u_1, u_2, \cdots, u_m)$ 和 N 的基 $\mathcal{C} = (v_1, v_2, \cdots, v_n)$ 分别满足

$$
P = ([u_1]_{\mathcal{B}'}, [u_2]_{\mathcal{B}'}, \cdots, [u_m]_{\mathcal{B}'}) \quad \text{和} \quad Q^{-1} = ([v_1]_{\mathcal{C}'}, [v_2]_{\mathcal{C}'}, \cdots, [v_n]_{\mathcal{C}'}),
$$

即对任意 $1 \leqslant i \leqslant m$ 和 $1 \leqslant j \leqslant n$, u_i 在基 $\mathcal{B}'$ 下的坐标为 P 的第 i 列, v_j 在基 $\mathcal{C}'$ 下的坐标为 Q^{-1} 的第 j 列, 则有交换图

$$
\begin{array}{ccc}
(M, \mathcal{B}') & \xrightarrow{\ A\ } & (N, \mathcal{C}') \\
{\scriptstyle P} \big\uparrow & & \big\downarrow {\scriptstyle Q} \\
(M, \mathcal{B}) & \xrightarrow[\ QAP\ ]{} & (N, \mathcal{C})
\end{array}
$$

因此所选 $\mathcal{B}$ 和 $\mathcal{C}$ 满足定理要求.　　　　　　□

注 3.2.1　沿用定理 3.2.2 中的记号, 则 $(d_1 v_1, d_2 v_2, \cdots, d_r v_r)$ 构成 $\varphi(M)$ 的一组基, 因此 $\varphi(M)$ 也可以写成如下循环模的直和:

$$
\varphi(M) = D(d_1 v_1) \oplus D(d_2 v_2) \oplus \cdots \oplus D(d_r v_r).
$$

将定理 3.2.2 用在 N 为 M 的子模情形可得以下结论.

推论 3.2.1　设 M 为 D 上秩为 m 的非零自由模, 则对 M 的任意秩为 r 的非零子模 N, 存在 M 的基 $(u_1, u_2, \cdots, u_m)$, 以及非零元素 $d_1, d_2, \cdots, d_r \in D$ 使得

$$
N = D(d_1 u_1) \oplus D(d_2 u_2) \oplus \cdots \oplus D(d_r u_r),
$$

且当 $r > 1$ 时, 对任意 $1 \leqslant i \leqslant r - 1$, 有 $d_i \mid d_{i+1}$.

证明　考虑 N 到 M 的嵌入映射, 这是 D 上自由模之间的同态. 由定理 3.2.2 可直接得到以上结论.　　　　　　□

相较于域, 一般环的理想可能是非平凡的. 例如, 考虑整数环 $\mathbb{Z}$, 任取正整数 $n \geqslant 2$, $n\mathbb{Z}$ 为 $\mathbb{Z}$ 的一个非平凡理想, 该理想对应的商环为 $\mathbb{Z}_n$. 环 $\mathbb{Z}$ 上的乘法诱导出了 $\mathbb{Z}$ 在 $\mathbb{Z}_n$

上的一个数乘

$$\mathbb{Z} \times \mathbb{Z}_n \to \mathbb{Z}_n$$

$$(k, \overline{m}) \mapsto \overline{km},$$

这给出了 $\mathbb{Z}_n$ 上的一个 $\mathbb{Z}$-模结构. 注意到对任意整数 $m \notin n\mathbb{Z}$, 有 $\overline{m} \neq \overline{0}$ 但是

$$n \cdot \overline{m} = \overline{nm} = \overline{0}.$$

而这种现象在线性空间中是不会发生的, 线性空间中任意非零向量乘某个系数得到零向量当且仅当这个系数为 0. 为此先介绍与这些讨论相关的概念.

定义 3.2.1 设 R 为交换环, M 为 R-模, $u \in M$. 定义元素 u 的**零化子** $\mathrm{ann}(u)$ 为如下 R 的子集:

$$\mathrm{ann}(u) := \{a \in R \mid au = 0\}.$$

注 3.2.2 元素 u 的零化子也可以看作是模同态

$$\varphi_u : R \to M$$

$$a \mapsto au$$

的核 $\mathrm{Ker}\, \varphi_u$. 因此从模的角度看, $\mathrm{ann}(u)$ 是 R 的子模, 且由模同态基本定理有模同构

$$R/\mathrm{ann}(u) \cong Ru.$$

而从环的角度看, $\mathrm{ann}(u)$ 是 R 的理想.

定义 3.2.2 设 M 为 R-模, $u \in M$, 若 $\mathrm{ann}(u) = \{0\}$, 则称 u 为 M 的**自由元**; 否则称 u 为 M 的**扭元**.

若 M 没有非零扭元, 则称 M 为**无扭模**. 若 M 的所有元素都是扭元, 则称 M 为**扭模**.

注 3.2.3 自由模不一定是无扭模, 例如 $\mathbb{Z}_4$ 作为 $\mathbb{Z}_4$-模是自由模, 但是有扭元 $\overline{2}$. 无扭模也不一定是自由模, 例如 $\mathbb{Q}$ 作为一个 $\mathbb{Z}$ 模为无扭模, 但它不是自由模.

下面继续考查主理想整环 D 上的模.

定理 3.2.3 设 D 为主理想整环, M 为 D 上的有限生成非零模, 则存在元素 $v_1, v_2, \cdots, v_s \in M$, 使得 M 可以写成如下循环模的直和:

$$M = Dv_1 \oplus Dv_2 \oplus \cdots \oplus Dv_s,$$

并且满足 $\mathrm{ann}(v_1) \supseteq \mathrm{ann}(v_2) \supseteq \cdots \supseteq \mathrm{ann}(v_s)$.

证明　设 M 为由 M 中 n 个非零元素 $u_1, u_2, \cdots, u_n$ 生成的模, 因此

$$M = Du_1 + Du_2 + \cdots + Du_n.$$

映射

$$\varphi : D^n \to M$$

$$(x_1, x_2, \cdots, x_n) \mapsto x_1 u_1 + x_2 u_2 + \cdots + x_n u_n$$

为模的满同态, 令 $K = \mathrm{Ker}\,\varphi$, 则 K 为 D^n 的子模. 由定理 3.2.1 知 K 也是自由模且其秩 $r = r(K)$ 满足 $0 \leqslant r \leqslant n$.

若 $K = \{0\}$, 则 φ 为模同构, 因此 M 是自由模, 且 $(u_1, u_2, \cdots, u_n)$ 为 M 的基. 特别地, 元素 $u_1, u_2, \cdots, u_n$ 都是 M 的自由元, 因此令

$$v_1 = u_1, v_2 = u_2, \cdots, v_n = u_n,$$

则有

$$\mathrm{ann}(v_1) = \mathrm{ann}(v_2) = \cdots = \mathrm{ann}(v_n) = \{0\},$$

定理在此情况下成立.

下面假设 $K \neq \{0\}$. 由推论 3.2.1, 存在 D^n 的基 $(\underline{x}_1, \underline{x}_2, \cdots, \underline{x}_n)$ 和 D 中非零元素 $d_1, d_2, \cdots, d_r$ 满足

$$K = D(d_1\underline{x}_1) \oplus D(d_2\underline{x}_2) \oplus \cdots \oplus D(d_r\underline{x}_r),$$

且当 $r > 1$ 时, 对任意 $1 \leqslant i \leqslant r-1$, 有 $d_i \mid d_{i+1}$.

由模同态基本定理, 模 M 与商模 D^n/K 同构, 下面来讨论 D^n/K 的结构. 由于

$$D^n = D\underline{x}_1 \oplus D\underline{x}_2 \oplus \cdots \oplus D\underline{x}_n,$$

且对任意 $1 \leqslant i \leqslant r$, $D(d_i\underline{x}_i) \subseteq D\underline{x}_i$, 所以当 $r < n$ 时有

$$D^n/K \cong D(\underline{x}_1 + Dd_1\underline{x}_1) \oplus \cdots \oplus D(\underline{x}_r + Dd_r\underline{x}_r) \oplus D\underline{x}_{r+1} \oplus \cdots \oplus D\underline{x}_n,$$

而当 $r = n$ 时有

$$D^n/K \cong D(\underline{x}_1 + Dd_1\underline{x}_1) \oplus \cdots \oplus D(\underline{x}_n + Dd_n\underline{x}_n).$$

对任意 $1 \leqslant i \leqslant r$ 和任意 $a_i \in D$, 若 $a_i \in \mathrm{ann}(\underline{x}_i + Dd_i\underline{x}_i)$, 则有

$$a_i(\underline{x}_i + Dd_i\underline{x}_i) = Dd_i\underline{x}_i,$$

即 $a_i\underline{x}_i \in Dd_i\underline{x}_i$, 故存在 $b_i \in D$ 使得

$$a_i\underline{x}_i = b_i d_i\underline{x}_i.$$

由于 $\underline{x}_i$ 为 D^n 基中的元素, 故有 $a_i = b_i d_i$, 即 $a_i \in (d_i)$. 另一方面, 对任意 $ad_i \in (d_i)$, 有

$$ad_i \underline{x}_i + Dd_i \underline{x}_i = Dd_i \underline{x}_i,$$

即 $ad_i \in \mathrm{ann}(\underline{x}_i + Dd_i \underline{x}_i)$, 因此 $\mathrm{ann}(\underline{x}_i + Dd_i \underline{x}_i) = (d_i)$. 特别地, 下面陈述等价:

(i) $D(\underline{x}_i + Dd_i \underline{x}_i) = Dd_i \underline{x}_i$;

(ii) $\underline{x}_i \in K$;

(iii) d_i 为 D 的单位.

首先设 $d_1, d_2, \cdots, d_r$ 都是 D 的单位. 若 $r = n$, 则 $K \cong D^n$, 因此 $M \cong \{0\}$ 为循环模, 选取 $v_1 = 0$ 即可. 若 $r < n$, 则

$$M \cong D\underline{x}_{r+1} \oplus D\underline{x}_{r+2} \oplus \cdots \oplus D\underline{x}_n$$

为自由模. 此时 M 的秩为 $s = n - r$, 选 $(v_1, v_2, \cdots, v_s)$ 为模 M 的一组基即可.

下设 $d_1, d_2, \cdots, d_r$ 不全为 D 的单位. 由 d_i 具有的整除关系, 设 k 满足 $1 \leqslant k \leqslant r$, 且 $d_1, d_2, \cdots, d_{k-1}$ 为 D 的单位但是 d_k 不是 D 的单位. 若 $r < n$, 则有

$$M \cong D(\underline{x}_k + Dd_k \underline{x}_k) \oplus \cdots \oplus D(\underline{x}_r + Dd_r \underline{x}_r) \oplus D\underline{x}_{r+1} \oplus \cdots \oplus D\underline{x}_n.$$

由上面 M 的这个同构关系, 存在 $s \in \mathbb{Z}^+$ 以及元素 $v_1, v_2, \cdots, v_s \in M$ 使得

$$\mathrm{ann}(v_1) = (d_k), \cdots, \mathrm{ann}(v_{r-k+1}) = (d_r), \mathrm{ann}(v_{r-k+2}) = \cdots = \mathrm{ann}(v_s) = \{0\}.$$

由于 $d_k \mid \cdots \mid d_r$, 故定理结论在该情况下成立. 若 $r = n$, 则有

$$M \cong D(\underline{x}_k + Dd_k \underline{x}_k) \oplus \cdots \oplus D(\underline{x}_n + Dd_n \underline{x}_n),$$

由此同构, 存在 $s \in \mathbb{Z}^+$ 以及元素 $v_1, v_2, \cdots, v_s \in M$ 使得

$$\mathrm{ann}(v_1) = (d_k), \cdots, \mathrm{ann}(v_{n-k+1}) = (d_r) \supsetneq \{0\}.$$

仍由 $d_k \mid \cdots \mid d_r$ 可得定理在该情况下成立. $\qquad\qquad\qquad\qquad\qquad$ □

推论 3.2.2　主理想整环上的有限生成无扭模必为自由模.

注 3.2.4　虽然 $\mathbb{Q}$ 作为 $\mathbb{Z}$-模是无扭模, 且不是自由模, 但这并不影响推论 3.2.2 的结论, 因为 $\mathbb{Q}$ 不是有限生成的 $\mathbb{Z}$-模.

设 M 为 D 上有限生成模并有定理 3.2.3 中的分解

$$M = Dv_1 \oplus Dv_2 \oplus \cdots \oplus Dv_s.$$

对任意 $1 \leqslant i \leqslant s$, 记 $\mathrm{ann}(v_i) = (d_i)$. 设存在 $1 \leqslant k < s$, 使得 $d_1, d_2, \cdots, d_k$ 为非零元素, $d_{k+1} = \cdots = d_s = 0$, 则 M 可以写成如下两个子模的直和:

$$M = \left(\bigoplus_{i=1}^{k} Dv_i \right) \oplus \left(\bigoplus_{i=k+1}^{s} Dv_i \right),$$

记

$$M^T = \left(\bigoplus_{i=1}^{k} Dv_i \right), \quad M^F = \left(\bigoplus_{i=k+1}^{s} Dv_i \right).$$

注 3.2.5　形式上看分解 $M = M^T \oplus M^F$ 依赖于生成元的选取.

命题 3.2.1　沿用以上记号, 子模 M^T 为由 k 个元素生成的扭模, 子模 M^F 是秩为 $s - k$ 的自由模.

证明　任取 $u \in M^T$, 存在 $x_1, x_2, \cdots, x_k \in D$ 使得

$$u = x_1 v_1 + x_2 v_2 + \cdots + x_k v_k.$$

注意到

$$\mathrm{ann}(v_1) \supseteq \mathrm{ann}(v_2) \supseteq \cdots \supseteq \mathrm{ann}(v_k) \supsetneq \{0\}.$$

对任意 $a \in \mathrm{ann}(v_k) \backslash \{0\}$, 显然有

$$au = x_1(av_1) + x_2(av_2) + \cdots + x_k(av_k) = 0.$$

因此 M^T 为扭模.

注意到 M^F 为 $s - k$ 个秩为 1 的自由模的直和, 因此是秩为 $s - k$ 的自由模.　□

记 M 中所有扭元的集合为

$$\mathrm{Tor}(M) := \{u \in M \mid \exists a \in D \backslash \{0\} \text{ 使得 } au = 0\}.$$

命题 3.2.2　沿用之前的记号. 子集 $\mathrm{Tor}(M)$ 为 M 的子模, 且满足

(i) $M^T = \mathrm{Tor}(M)$;

(ii) $M^F \cong M/\mathrm{Tor}(M)$.

证明　由 $0_M \in \mathrm{Tor}(M)$ 可知 $\mathrm{Tor}(M)$ 非空. 对任意 $u, v \in \mathrm{Tor}(M)$, 存在 $a, b \in D \backslash \{0\}$ 使得 $au = bv = 0$. 因此 $ab \in D \backslash \{0\}$ 且

$$ab(u + v) = b(au) + a(bv) = 0,$$

故 $u + v \in \mathrm{Tor}(M)$. 又对任意 $c \in D$, 有 $a(cu) = c(au) = 0$, 即 $cu \in \mathrm{Tor}(M)$. 因此 $\mathrm{Tor}(M)$ 对 M 的加法和数乘封闭, 从而 $\mathrm{Tor}(M)$ 为 M 的子模.

由命题 3.2.1 知 M^T 为扭模, 因此 $M^T \subseteq \mathrm{Tor}(M)$. 反之, 对任意 $u \in \mathrm{Tor}(M)$, 存在 $b \in D \backslash \{0\}$ 使得 $bu = 0$. 由直和分解 $M = M^T \oplus M^F$ 知存在 $u_1 \in M^T$, $u_2 \in M^F$ 使得 $u = u_1 + u_2$. 由命题 3.2.1 的证明, 对于 $a \in \mathrm{ann}(v_k) \backslash \{0\}$, 有

$$au = au_1 + au_2 = au_2.$$

若 $u_2 \neq 0$, 则 u_2 为自由元, 因此

$$0 = a(bu) = b(au_2) \neq 0,$$

矛盾. 因此 $u_2 = 0$, 从而 $u = u_1 \in M^T$, 由此可得 $\mathrm{Tor}(M) \subseteq M^T$. 故 $\mathrm{Tor}(M) = M^T$.

由模同态基本定理, 进一步有

$$M^F \cong M/M^T = M/\mathrm{Tor}(M).$$

$\square$

注 3.2.6 以上证明过程说明整环上的模中一个扭元和一个自由元的和是自由元.

注 3.2.7 由命题 3.2.2 知 M^T 不依赖于分解, 但是 M^F 的选取不唯一. 例如, 沿用以上记号, 考虑元素 $w_{k+1} = v_{k+1} + v_1, \cdots, w_s = v_s + v_1$, 则有

$$M = \left(\bigoplus_{i=1}^{k} Dv_i \right) \oplus \left(\bigoplus_{i=k+1}^{s} Dw_i \right).$$

另一方面, 任给 M 的如定理 3.2.3 中的分解, 其自由模的部分在同构意义下是相同的, 皆同构于 $M/\mathrm{Tor}(M)$, 因此有相同的秩.

定义 3.2.3 设 M 为 D 上的有限生成模, 定义自由模 $M/\mathrm{Tor}(M)$ 的秩为模 M 的**秩**, 记作 $\mathrm{rank}(M)$.

注 3.2.8 可以将模 M 的秩理解为其自由模部分的 "大小". 考虑定理 3.2.3 证明中的 D^n 到 M 的满同态 φ, 仍记 K 为 φ 的核, 则由定理的证明过程可知

$$\mathrm{rank}(M) = \mathrm{rank}(D^n) - \mathrm{rank}(K).$$

特别地, 若 M 为扭模, 则 M 的秩为 0.

习题 3.2

1. 设 R 为交换环, M 为 R 上的有限生成模.

(i) 若 R 为整环,

i) 证明 M 中扭元和自由元的和仍是自由元;

ii) 试回答 M 中所有自由元和 0 一起是否构成 M 的子模;

(ii) 若 R 为一般的交换环, 试回答 M 中所有扭元是否构成 M 的一个子模.

2. 已知 $\mathbb{Z}^4$ 的子模 N 有如下的生成元组：

$$h_1 = (1,2,1,0), \ h_2 = (2,1,-1,1), \ h_3 = (0,0,1,1).$$

(i) 求子模 N 作为 $\mathbb{Z}$ 上自由模的秩 r;

(ii) 求 $\mathbb{Z}^4$ 的基 (u_1, u_2, u_3, u_4), N 的基 $(v_1, v_2, \cdots, v_r)$ 以及非零整数 $d_1, d_2, \cdots, d_r$, 满足

i) $v_1 = d_1 u_1, v_2 = d_2 u_2, \cdots, v_r = d_r u_r$;

ii) $d_1 \mid d_2 \mid \cdots \mid d_r$.

3. 设 D 是主理想整环, M 是 D 上的扭模. 对任意 $a \in D$ 定义

$$M(a) := \{x \in M \mid ax = 0\}.$$

(i) 证明对任意 $a \in D$, $M(a)$ 是一个子模; 若 $a \in D$ 可逆, 则有 $M(a) = \{0\}$; 若 $a = 0$, 则有 $M(a) = M$;

(ii) 证明对任意 $a, b \in D \backslash \{0\}$, 若 $a \mid b$, 则有 $M(a) \subseteq M(b)$;

(iii) 证明对任意 $a, b \in D \backslash \{0\}$, 设 d 为 a 和 b 的一个最大公因子, 则有

$$M(d) = M(a) \cap M(b);$$

(iv) 证明对任意 $a, b \in D \backslash \{0\}$, 若 a 和 b 互素, 则有

$$M(ab) = M(a) \oplus M(b).$$

4. 设 D 是主理想整环, M 是 D 上的有限生成扭模.

(i) 证明存在 $a \in D \backslash \{0\}$ 使得 $M = M(a)$;

(ii) 证明在相伴意义下, 存在唯一的 $a_M \in D \backslash \{0\}$, 满足

i) $M = M(a_M)$;

ii) 对任意 $a \in D$, 若 $M = M(a)$, 则有 $a_M \mid a$.

5. 设 D 为主理想整环, M 为 D 上的有限生成模, N 为 M 的子模.

(i) 证明 N 为 D 上的有限生成模;

(ii) 证明 $\operatorname{rank}(M) = \operatorname{rank}(N) + \operatorname{rank}(M/N)$.

6. 设 D 为主理想整环, n 为正整数. 考虑以下有限生成 D-模及模同态序列：

$$\{0\} \xrightarrow{f_0} M_1 \xrightarrow{f_1} M_2 \xrightarrow{f_2} \cdots \xrightarrow{f_{n-1}} M_n \xrightarrow{f_n} \{0\}.$$

设该模同态序列在 $M_1, M_2, \cdots, M_n$ 处均正合, 证明 $M_1, M_2, \cdots, M_n$ 的秩 $\operatorname{rank}(M_1)$, $\operatorname{rank}(M_2), \cdots, \operatorname{rank}(M_n)$ 满足等式

$$\sum_{i=1}^{n} (-1)^i \operatorname{rank}(M_i) = 0.$$

3.3 主理想整环上的有限生成模结构定理

由定理 3.2.3 知主理想整环上的有限生成模总可以写成一个有限生成扭模与一个自由模的直和. 由于自由模的结构由秩决定, 故要了解主理想整环上的有限生成模的结构, 我们需要对其扭模部分进行研究.

设 D 为主理想整环, M 为 D 上的有限生成扭模. 由定理 3.2.3 可知有 M 的循环子模分解

$$M = Dv_1 \oplus Dv_2 \oplus \cdots \oplus Dv_s,$$

其中 s 为正整数, $v_1, v_2, \cdots, v_s$ 为 M 中非零元素且满足

$$\mathrm{ann}(v_1) \supseteq \mathrm{ann}(v_2) \supseteq \cdots \supseteq \mathrm{ann}(v_s) \supsetneq \{0\}.$$

对于 $1 \leqslant i \leqslant s$, 由于 $\mathrm{ann}(v_i)$ 为 D 的理想, 故为主理想. 令 $\mathrm{ann}(v_i) = (d_i)$, 又 v_i 为非零扭元, 故 $d_i \neq 0$ 且 d_i 不是单位. 由零化子的包含关系显然有 $d_1 \mid d_2 \mid \cdots \mid d_s$. 称 D 中非零非单位元素 $d_1, d_2, \cdots, d_s$ 为 M 的**不变因子**.

本节将讨论有限生成扭模 M 的如上分解在同构意义下的唯一性问题. 注意到在定理 3.2.3 的证明过程中, 模 M 同构于自由模 D^n 的某个商模 $M \cong D^n/K$, 这里的 n 和 D^n 的子模 K 依赖于 M 的生成元组的选取. 若另有 D^m 及其子模 L 满足 $M \cong D^m/L$, 一个自然的问题就是二者给出的分解有什么关系? 如果 $m = n$, 是否可以由 $D^n/K \cong D^n/L$ 得到 $K \cong L$?

注意到这个结论对一般环上的模不一定成立, 即若 M 为一个模, N_1 和 N_2 为 M 的两个子模且满足 $M/N_1 \cong M/N_2$, 则并不一定有 $N_1 \cong N_2$. 下面用两个例子来说明.

例 3.3.1 考虑 $\mathbb{Z}$ 模 $M = \mathbb{Z}_4 \times \mathbb{Z}_2$, 分别记子模

$$N_1 = \mathbb{Z}_4 \times \{\overline{0}\} \quad \text{和} \quad N_2 = (2\mathbb{Z}_4) \times \mathbb{Z}_2.$$

注意到 $M/N_1 \cong \mathbb{Z}_2 \cong M/N_2$, 但是 N_1 是循环群, 而 N_2 不是循环群, 二者作为 $\mathbb{Z}$-模是不同构的.

例 3.3.2 考虑可数个 D 作为 D 模的直和 $M = D \oplus D \oplus \cdots$, 分别记子模

$$N_1 = \{0\} \oplus \{0\} \oplus \cdots \quad \text{和} \quad N_2 = D \oplus \{0\} \oplus \cdots$$

则 $M \cong M/N_1 \cong M/N_2$.

注意到例 3.3.1 中的 M 不是自由模, 而例 3.3.2 中的 M 不是有限生成的, 都与我们考虑的情形有所不同. 另一方面, 回顾线性代数中的情形会发现, 若 V 是域 F 上维数为 n 的线性空间, W_1 和 W_2 为 V 的两个子空间, 且满足 $V/W_1 \cong V/W_2$, 则由维数关系可知 $W_1 \cong W_2$.

回到 D-模 M 中. 若 $u \in M$ 满足 $\mathrm{ann}(u) = (d)$, 则 Du 也可以看作是 $D/(d)$ 上的模. 由于交换环关于其极大理想的商环是域, 故若 d 不可约, 则 $D/(d)$ 为域, 而模 Du 便可以看作是域 $D/(d)$ 上的线性空间. 这给了我们研究 D 上有限生成模结构的一个启发.

沿着以上思路, 可以尝试将 M 分解为由 M 中的某些元素生成的循环子模的直和, 而这些元素的零化子是由 D 中不可约元 p 或者 p^k 生成的. 以下引理保证了这种操作的可行性.

引理 3.3.1   设 $u \in M$, 且存在 D 中两个非零元素 a 和 b, 满足 $\mathrm{ann}(u) = (ab)$. 若 a 与 b 互素, 则子模 Du 有如下分解:

$$Du = D(au) \oplus D(bu),$$

并且 $\mathrm{ann}(au) = (b)$, $\mathrm{ann}(bu) = (a)$.

证明   首先证明 $Du = D(au) + D(bu)$.

由 $D(au) \subseteq Du$ 以及 $D(bu) \subseteq Du$ 可知 $D(au) + D(bu) \subseteq Du$. 另一方面, 由于 a 与 b 互素, 存在 $x, y \in D$ 使得 $1 = xa + yb$. 因此

$$u = 1 \cdot u = (xa + yb)u = x(au) + y(bu) \in D(au) + D(bu),$$

由此可知 $Du \subseteq D(au) + D(bu)$. 综上便得 $Du = D(au) + D(bu)$.

下面证明 $D(au) + D(bu) = D(au) \oplus D(bu)$. 对任意 $v \in D(au) \cap D(bu)$, 存在 $z \in D$ 使得 $v = z(bu) = zbu$, 故

$$av = a(zbu) = z(abu) = 0.$$

同理 $bv = 0$. 因此

$$v = 1 \cdot v = x(av) + y(bv) = 0,$$

故 $D(au) \cap D(bu) = \{0\}$, 由此得到 $D(au) + D(bu) = D(au) \oplus D(bu)$.

最后证明 au 的零化子为 $\mathrm{ann}(au) = (b)$. 关于 bu 的零化子的结论 $\mathrm{ann}(bu) = (a)$ 的证明类似, 故略去.

对任意 $c \in (b)$, 存在 $d \in D$ 使得 $c = bd$, 故

$$c(au) = d(abu) = 0.$$

因此 $c \in \mathrm{ann}(au)$, 由此可得 $(b) \subseteq \mathrm{ann}(au)$. 另一方面, 对任意 $c \in \mathrm{ann}(au)$, 有 $c(au) = 0$. 因此 $ac \in \mathrm{ann}(u) = (ab)$, 故 $ab \,|\, ac$. 由于 $a \neq 0$, 由 D 中消去律可得 $b \,|\, c$, 因此 $\mathrm{ann}(au) \subseteq (b)$. 综合以上讨论便得到 $\mathrm{ann}(au) = (b)$. $\square$

利用主理想整环中非零非单位元素的不可约分解, 通过多次使用引理 3.3.1, 就可以得到以下推论.

推论 3.3.1 设 $u \in M$ 有零化子 $\mathrm{ann}(u) = (d)$, $d \in D$ 非零非单位且有不可约因子分解

$$d = \epsilon p_1^{k_1} p_2^{k_2} \cdots p_m^{k_m},$$

其中 ϵ 为单位, $p_1, p_2, \cdots, p_m$ 为 D 中两两不相伴的不可约元, $k_1, k_2, \cdots, k_m \in \mathbb{Z}^+$, 则 M 的子模 Du 有分解

$$Du = \bigoplus_{i=1}^{m} Du_i,$$

其中对任意 $1 \leqslant i \leqslant m$, 有 $u_i = \left(\prod_{\substack{j=1 \\ j \neq i}}^{m} p_j^{k_j} \right) u$, 且 $\mathrm{ann}(u_i) = (p_i^{k_i})$.

由定理 3.2.3, 设有限生成扭模 M 的一个分解为

$$M = Dv_1 \oplus Dv_2 \oplus \cdots \oplus Dv_s, \tag{3.5}$$

其中

$$D \supsetneq \mathrm{ann}(v_1) \supseteq \mathrm{ann}(v_2) \supseteq \cdots \supseteq \mathrm{ann}(v_s) \supsetneq \{0\}.$$

若 $s = 1$, 由推论 3.3.1 知 M 可以被分解为一些循环子模的直和, 并且这些循环子模的生成元的零化子的生成元都是 D 中不可约元的某次幂.

下设 $s > 1$. 对任意 $1 \leqslant i \leqslant s$, 记 $\mathrm{ann}(v_i) = (d_i)$. 设 d_s 有不可约分解

$$d_s = \epsilon_s p_1^{n_{s1}} p_2^{n_{s2}} \cdots p_k^{n_{sk}},$$

其中 ϵ_s 为 D 中单位, $p_1, p_2, \cdots, p_k$ 为 D 中两两不相伴的不可约元. 由 $d_1, d_2, \cdots, d_s$ 的整除关系 $d_1 \mid d_2 \mid \cdots \mid d_s$, 元素 $d_1, d_2, \cdots, d_{s-1}$ 有以下不可约元分解:

$$d_1 = \epsilon_1 p_1^{n_{11}} \cdots p_{k_1}^{n_{1k_1}},$$
$$d_2 = \epsilon_2 p_1^{n_{21}} \cdots p_{k_2}^{n_{2k_2}},$$
$$\cdots$$
$$d_{s-1} = \epsilon_{s-1} p_1^{n_{(s-1)1}} \cdots p_{k_{s-1}}^{n_{(s-1)k_{s-1}}},$$

其中 $\epsilon_1, \epsilon_2, \cdots, \epsilon_{s-1}$ 为 D 中单位, $k_1, k_2, \cdots, k_{s-1}$ 满足 $1 \leqslant k_1 \leqslant k_2 \leqslant \cdots \leqslant k_{s-1} \leqslant k$, 并且对任意 $1 \leqslant i \leqslant s$ 以及 $1 \leqslant j \leqslant k_i$, 正整数 n_{ij} 关于 i 递增. 对任意 $1 \leqslant i \leqslant s$, $1 \leqslant j \leqslant k_i$, 记

$$v_{ij} = \left(\prod_{\substack{l=1 \\ l \neq j}}^{k_i} p_l^{n_{il}} \right) v_i,$$

对分解 (3.5) 中的每个直和分支利用推论 3.3.1 可得

$$M = \bigoplus_{i=1}^{s} Dv_i = \bigoplus_{i=1}^{s} \left(\bigoplus_{j=1}^{k_i} Dv_{ij} \right),\tag{3.6}$$

其中对任意 v_{ij}, 有 $\mathrm{ann}(v_{ij}) = (p_j^{n_{ij}})$.

定义 3.3.1　对任意不可约元 $p \in D$, 称 M 的子集

$$M_p := \{u \in M \mid \exists k \in \mathbb{Z}^+ \text{ 使得 } p^k u = 0\}$$

为 M 的 **p-分支**. 若 $M = M_p$, 则称 M 为一个 **p-模**.

> **注 3.3.1**　对 D 的任意不可约元 p, 模 M 的 p-分支 M_p 都是定义良好的且不依赖于定理 3.2.3 给出的 M 的分解. 又容易验证 M_p 为 M 的子模. 同时, 在模 M 的直和分解 (3.6) 中, 对任意 $1 \leqslant i \leqslant s, 1 \leqslant j \leqslant k_i$, 子模 Dv_{ij} 包含在 M 的 p_j-分支中.

以下引理通过零化子对 M 的每个 p-分支中的元素进行了刻画.

引理 3.3.2　设 p 为 D 中不可约元, 则下面两个陈述等价:

(i) $u \in M_p \setminus \{0\}$;

(ii) 存在 $k \in \mathbb{Z}^+$ 使得 $\mathrm{ann}(u) = (p^k)$.

证明　(ii) $\Longrightarrow$ (i): 由零化子的定义立得.

(i) $\Longrightarrow$ (ii): 假设 $u \in M_p \setminus \{0\}$, 则存在 $l \in \mathbb{Z}^+$ 使得 $p^l u = 0$. 记 $d \in D \setminus \{0\}$ 满足 $\mathrm{ann}(u) = (d)$, 则有 $d \mid p^l$. 由于 $u \neq 0$, 故 d 不是单位, 其不可约因子都与 p 相伴. 因此存在 $0 < k \leqslant l$ 使得

$$\mathrm{ann}(u) = (p^k).$$

$\square$

下面来看 M 中不同 p-分支之间的关系.

引理 3.3.3　设 p 和 q 是 D 中两个不相伴的不可约元, 则有

$$M_p \cap M_q = \{0\}.$$

证明　若 M_p 或 M_q 是零子模, 则结论成立. 下设二者均非零.

对任意 $u \in M_p \cap M_q$, 若 $u \neq 0$, 由引理 3.3.2 知存在 $k, l \in \mathbb{Z}^+$ 使得

$$\mathrm{ann}(u) = (p^k) = (q^l).$$

因此 $q \mid q^l \mid p^k$. 由于 D 为主理想整环, 故不可约元 q 也为素元, 因此 $q \mid p$, 矛盾. 由此可得

$$M_p \cap M_q = \{0\}.$$

$\square$

由归纳法可知 M 的非零 p-分支的和为直和. 另一方面, 任取 M 的非零元素 u, 记 $d \in D$ 为其零化子 $\mathrm{ann}(u)$ 的生成元, 引理 3.3.1 及其推论 3.3.1 告诉我们 u 属于这个直和, 因此 M 的所有非零 p-分支给出 M 的一个直和分解. 注意到在这部分讨论中并没有用到 M 是有限生成的条件, 而仅仅用到 M 为扭模的条件. 因此这种直和分解对 D 上一般的扭模也是成立的. 该结论总结如下.

命题 3.3.1 主理想整环 D 上的扭模是它的所有 p-分支的直和.

仍考虑分解 (3.5). 沿用之前的记号, 对任意 $1 \leqslant i \leqslant s$, 设 $\mathrm{ann}(v_i) = (d_i)$. 利用 $d_1, d_2, \cdots, d_s$ 之间的整除关系, 对任意 $u \in M$, 有 $d_s u = 0$. 因此若 $\mathrm{ann}(u) = (d)$, 则有 $d \mid d_s$. 定义模 M 的零化子 $\mathrm{ann}(M)$ 为

$$\mathrm{ann}(M) = \{a \in D \mid \forall u \in M, au = 0\}.$$

容易验证 $\mathrm{ann}(M)$ 也是 D 的一个理想, 设它的一个生成元为 d_M. 由前面的讨论知 $(d_s) \subseteq (d_M)$.

另一方面, 对于 $v_s \in M$, 由 $d_M v_s = 0$ 得到 $d_s \mid d_M$, 因此 $(d_M) \subseteq (d_s)$. 由此可得 $(d_s) = (d_M)$, 故 $\mathrm{ann}(M) = (d_s)$.

设 p 为 D 的一个不可约元, 若分支 M_p 非零, 则存在 $u \in M_p$ 和正整数 $k \in \mathbb{Z}^+$ 使得 $\mathrm{ann}(u) = (p^k)$. 由以上讨论得到 $p^k \mid d_s$, 因此 p 为 d_s 的一个不可约因子. 综合以上讨论, 命题 3.3.1 可以被加强为以下结论.

命题 3.3.2 设 M 为 D 上的有限生成扭模, 则在相伴意义下存在唯一的一组两两不相伴的 D 中不可约元 $p_1, p_2, \cdots, p_s$ 使得

$$M = \bigoplus_{i=1}^s M_{p_i}.$$

注 3.3.2 至此已得到 D 上的有限生成扭模的 p-分支直和分解有限且唯一.

回到之前讨论中给出的分解 (3.6), 注意到对任意 $1 \leqslant i \leqslant s$ 以及 $1 \leqslant j \leqslant k_i$, 有

$$Dv_{ij} = Dv_i \cap M_{p_j}.$$

因此分解 (3.6) 实际上进一步给出了每个 p-分支的一个分解. 下面将说明这样的分解在同构意义下是唯一的, 作为推论就可以得到定理 3.2.3 中的分解在同构意义下唯一.

设 p 为 D 的一个不可约元. 考虑到 p-模中元素零化子的特殊性, 由定理 3.2.3 可给出 p-模 M 的如下分解.

命题 3.3.3 设 M 为 D 上的有限生成非零 p-模, 则存在 M 的元素 $v_1, v_2, \cdots, v_s$ 和正整数 $k_1, k_2, \cdots, k_s$, 使得

$$M = Dv_1 \oplus Dv_2 \oplus \cdots \oplus Dv_s,$$

满足对任意 $1 \leqslant i \leqslant s$ 有 $\mathrm{ann}(v_i) = (p^{k_i})$, 并且 $k_1 \leqslant k_2 \leqslant \cdots \leqslant k_s$.

以下定理说明这种分解是唯一的.

定理 3.3.1　设 M 为 D 上的有限生成非零 p-模. 若存在正整数 s 和 t, 模 M 的元素 $v_1, v_2, \cdots, v_s, w_1, w_2, \cdots, w_t$ 以及正整数 $k_1, k_2, \cdots, k_s, k_1', k_2', \cdots, k_t'$ 使得

$$Dv_1 \oplus Dv_2 \oplus \cdots \oplus Dv_s = M = Dw_1 \oplus Dw_2 \oplus \cdots \oplus Dw_t,$$

满足对任意 $1 \leqslant i \leqslant s$ 和 $1 \leqslant j \leqslant t$ 有 $\mathrm{ann}(v_i) = (p^{k_i})$ 和 $\mathrm{ann}(w_j) = (p^{k_j'})$, 并且 $k_1 \leqslant k_2 \leqslant \cdots \leqslant k_s$, $k_1' \leqslant k_2' \leqslant \cdots \leqslant k_t'$, 则 $s = t$ 且对任意 $1 \leqslant i \leqslant s$ 有 $k_i = k_i'$.

证明　对任意 $k \in \mathbb{N}$, 定义

$$p^k M := \{p^k u \mid u \in M\}.$$

由 M 的分解可得

$$D(p^k v_1) \oplus D(p^k v_2) \oplus \cdots \oplus D(p^k v_s) = p^k M = D(p^k w_1) \oplus D(p^k w_2) \oplus \cdots \oplus D(p^k w_t).$$

令 $n := \min\{l \in \mathbb{N} \mid p^l M = \{0\}\}$, 由条件可知 $n = k_s = k_t'$, 并且

$$M \supseteq pM \supseteq p^2 M \supseteq \cdots \supseteq p^{n-1} M \supsetneqq p^n M = \{0\}.$$

对任意 $0 \leqslant k \leqslant n-1$, 记

$$N_k := p^k M / p^{k+1} M.$$

注意到 N_k 可以看作为一个 $D/(p)$ 模, 由 p 不可约可得商环 $D/(p)$ 是域, 并且 N_k 是 $D/(p)$ 上的线性空间. 由于 M 是有限生成 D 模, 故 N_k 的维数有限, 并且有如下分解:

$$N_k \cong D(p^k v_1)/D(p^{k+1} v_1) \oplus D(p^k v_2)/D(p^{k+1} v_2) \oplus \cdots \oplus D(p^k v_s)/D(p^{k+1} v_s)$$

$$\cong D(p^k w_1)/D(p^{k+1} w_1) \oplus D(p^k w_2)/D(p^{k+1} w_2) \oplus \cdots \oplus D(p^k w_t)/D(p^{k+1} w_t).$$

注意到 $\dim N_k$ 不依赖于 M 的分解, 且在每个分解中 N_k 的维数为其中不为零空间的分支的数目, 因此

$$\dim N_k = \#\{i \mid k_i > k\} = \#\{j \mid k_j' > k\}.$$

由此可得 $s = t$, 且对任意 $1 \leqslant i \leqslant t$, 都有 $k_i = k_i'$.　　　　□

注 3.3.3　命题 3.3.3 中给出的 p-模 M 的分解中每个直和分支都是循环子模. 反过来, 任给 M 的循环子模的直和分解, 由 p-模的定义可知每个直和分支生成元的零化子都是由 p 的某次幂生成的. 由自然数的序关系, 就可以得到这些 p 的指数的一个排序, 因此得到命题 3.3.3 中所考虑的那种 M 的直和分解. 因此定理 3.3.1 说明当一个 p-模被分解为循环子模的直和时, 这种分解在同构意义下是唯一的.

最后考虑 D 上的有限生成扭模由定理 3.2.3 给出的分解的唯一性问题. 沿用之前的记号, 重新考虑分解 (3.6) 可得

$$M = \bigoplus_{i=1}^{s} Dv_i = \bigoplus_{i=1}^{s} \left(\bigoplus_{j=1}^{k_i} Dv_{ij} \right) = \bigoplus_{i=1}^{s} \left(\bigoplus_{j=1}^{k_i} (Dv_i \cap M_{p_j}) \right).$$

通过交换直和的求和顺序可得

$$M = \bigoplus_{i=1}^{s} Dv_i = \bigoplus_{j=1}^{k} \left(\bigoplus_{i=l_j}^{s} (Dv_i \cap M_{p_j}) \right),$$

其中对任意 $1 \leqslant j \leqslant k$, 下标 l_j 为从 d_1 开始第一个具有不可约因子 p_j 的 d_i 的下标. 模 M 的 p_j-分支的循环子模直和分解为

$$M_{p_j} = \bigoplus_{i=l_j}^{s} (Dv_i \cap M_{p_j}) = \bigoplus_{i=l_j}^{s} Dv_{ij}.$$

定理 3.3.1 告诉我们这个分解在同构意义下是唯一的.

对任意 $1 \leqslant i \leqslant s$ 和 $1 \leqslant j \leqslant k_i$, 记 $\mathrm{ann}(v_{ij}) = (p_j^{n_{ij}})$.

定义 3.3.2 对任意 $1 \leqslant i \leqslant s$ 和 $1 \leqslant j \leqslant k_i$, 称 $p_j^{n_{ij}}$ 为 M 的**初等因子**.

对任意有限生成 p-模, 初等因子来自该 p-模的循环子模直和分解. 每一个直和分支对应一个初等因子. 反过来, 知道一个直和分支对应的初等因子可以帮助我们在同构意义下确定这个分支. 由 p-模的循环子模直和分解的唯一性, 就得到了其对应的初等因子的唯一性. 需要强调的是, 不同分支可以对应同一个初等因子. 因此由 p-模出发, 我们不仅知道初等因子有哪些, 还知道每个初等因子出现了多少次. 反过来, 以上讨论也说明知道一个 p-模的初等因子有哪些以及出现了多少次, 则可以在同构意义下确定该 p-模的结构.

考虑一般的有限生成扭模 M. 由于 M 的 p-分支直和分解是唯一的, 利用以上对 p-模与其初等因子之间关系的讨论可知 M 的初等因子在相伴意义下是唯一的, 同时 M 的初等因子及其出现的次数可以在同构意义下确定 M 的结构.

定理 3.3.2 设 M 为 D 上的有限生成非零扭模. 若存在正整数 s 和 t, 模 M 的元素 $u_1, u_2, \cdots, u_s, v_1, v_2, \cdots, v_t$, 环 D 的不可约元 $p_1, p_2, \cdots, p_s, q_1, q_2, \cdots, q_t$, 以及正整数 $k_1, k_2, \cdots, k_s, k_1', k_2', \cdots, k_t'$ 使得

$$Du_1 \oplus Du_2 \oplus \cdots \oplus Du_s = M = Dv_1 \oplus Dv_2 \oplus \cdots \oplus Dv_t,$$

满足对任意 $1 \leqslant i \leqslant s$ 和 $1 \leqslant j \leqslant t$, 有 $\mathrm{ann}(u_i) = (p_i^{k_i})$ 和 $\mathrm{ann}(v_j) = (q_j^{k_j'})$, 则 $s = t$ 且经过一个重排, 对任意 $1 \leqslant i \leqslant s$ 有 $p_i^{k_i} \sim q_i^{k_i'}$.

> **注 3.3.4**   称定理 3.3.2 中的分解为 M 关于其初等因子的分解.

注意到在之前的讨论中 M 的初等因子是通过对 M 的不变因子进行不可约因子分解得到的. 利用这个关系以及整除关系 $d_1 \mid d_2 \mid \cdots \mid d_s$ 可知模 M 的初等因子及其出现次数也可以在相伴意义下决定 $d_1, d_2, \cdots, d_s$. 更详细地说, 假设 M 有如下初等因子:

$$p_1^{n_{11}}, p_1^{n_{12}}, \cdots, p_1^{n_{1k_1}},$$

$$p_2^{n_{21}}, p_2^{n_{22}}, \cdots, p_2^{n_{2k_2}},$$

$$\cdots$$

$$p_r^{n_{r1}}, p_r^{n_{r2}}, \cdots, p_r^{n_{rk_r}},$$

其中 $p_1, p_2, \cdots, p_r$ 为两两不相伴的不可约元, 且所有的次数满足

$$0 < n_{11} \leqslant n_{12} \leqslant \cdots \leqslant n_{1k_1},$$

$$0 < n_{21} \leqslant n_{22} \leqslant \cdots \leqslant n_{2k_2},$$

$$\cdots$$

$$0 < n_{r1} \leqslant n_{r2} \leqslant \cdots \leqslant n_{rk_r}.$$

令 $s = \max\{k_1, k_2, \cdots, k_r\}$, 则一共有 s 个不变因子, 从 d_s 开始构造. 令每行次数最大项相乘即得

$$d_s = p_1^{n_{1k_1}} p_2^{n_{2k_2}} \cdots p_r^{n_{rk_r}},$$

将出现在 d_s 中的初等因子删除, 考虑剩下的每行中次数最大项相乘即得

$$d_{s-1} = p_1^{n_{1(k_1-1)}} p_2^{n_{2(k_2-1)}} \cdots p_r^{n_{r(k_r-1)}},$$

这样进行下去可得所有不变因子. 这里需要注意的是一个初等因子可能在列表中出现多次, 在每一步中当需要去掉的初等因子在列表中还有多个时, 也只是去掉其中一个.

例 3.3.3   设 M 为 D 上的有限生成扭模, 其初等因子列表为

$$p_1: \ p_1^2, p_1^2, p_1^5,$$

$$p_2: \ p_2^3, p_2^3, p_2^3, p_2^4,$$

$$p_3: \ p_3, p_3, p_3^2,$$

$$p_4: \ p_4^3,$$

其中 p_1, p_2, p_3, p_4 为 D 的两两不相伴的不可约元. 通过之前介绍的方法, 可以得到 M 的不变因子为

$$d_4 \sim p_1^5 p_2^4 p_3^2 p_4^3,$$

$$d_3 \sim p_1^2 p_2^3 p_3,$$

$$d_2 \sim p_1^2 p_2^3 p_3,$$

$$d_1 \sim p_2^3.$$

利用模 M 的初等因子和不变因子在相伴意义下互相决定这个事实可知模 M 的不变因子及其出现次数也可以决定 M 的结构. 由此可得定理 3.2.3 中给出的 M 的分解在同构意义下的唯一性.

定理 3.3.3　设 M 为 D 上的有限生成非零扭模, 并且存在正整数 $s, t \in \mathbb{Z}^+$ 以及 M 的非零元素 $u_1, u_2, \cdots, u_s, v_1, v_2, \cdots, v_t$, 使得 M 具有两种分解

$$Du_1 \oplus Du_2 \oplus \cdots \oplus Du_s = M = Dv_1 \oplus Dv_2 \oplus \cdots \oplus Dv_t,$$

且满足

$$\mathrm{ann}(u_1) \supseteq \mathrm{ann}(u_2) \supseteq \cdots \supseteq \mathrm{ann}(u_s) \quad \text{和} \quad \mathrm{ann}(v_1) \supseteq \mathrm{ann}(v_2) \supseteq \cdots \supseteq \mathrm{ann}(v_t),$$

则 $s = t$, 且对任意 $1 \leqslant i \leqslant s$, 都有 $\mathrm{ann}(u_i) = \mathrm{ann}(v_i)$.

证明　分别记分解 $M = Du_1 \oplus Du_2 \oplus \cdots \oplus Du_s$ 和 $M = Dv_1 \oplus Dv_2 \oplus \cdots \oplus Dv_t$ 给出的不变因子为 $d_1, d_2, \cdots, d_s$ 和 $d_1', d_2', \cdots, d_t'$, 并满足整除关系 $d_1 \mid d_2 \mid \cdots \mid d_s$ 和 $d_1' \mid d_2' \mid \cdots \mid d_t'$.

由于 M 关于初等因子分解唯一, 故所得初等因子列表在相伴意义下唯一, 进而所构造出的不变因子列表在相伴意义下也是唯一的. 因此有 $s = t$, 且

$$d_1 \sim d_1', d_2 \sim d_2', \cdots, d_s \sim d_s'.$$

这等价于对任意 $1 \leqslant i \leqslant s$, 都有 $\mathrm{ann}(u_i) = \mathrm{ann}(v_i)$. $\qquad\square$

注 3.3.5　称定理 3.3.3 中的分解为 M 关于其不变因子的分解.

至此我们得到如下主理想整环上的有限生成模结构定理关于不变因子的版本.

定理 3.3.4　设 D 为主理想整环, 则 D 上的任意有限生成非零模 M 都可以写为非零循环子模的直和

$$M = Du_1 \oplus Du_2 \oplus \cdots \oplus Du_s,$$

其中 $s \in \mathbb{Z}^+$ 且满足 $\mathrm{ann}(u_1) \supseteq \mathrm{ann}(u_2) \supseteq \cdots \supseteq \mathrm{ann}(u_s)$.

若 M 有另一个非零循环子模的直和分解

$$M = Dv_1 \oplus Dv_2 \oplus \cdots \oplus Dv_t,$$

其中 $t \in \mathbb{Z}^+$ 且满足 $\mathrm{ann}(v_1) \supseteq \mathrm{ann}(v_2) \supseteq \cdots \supseteq \mathrm{ann}(v_t)$, 则 $s = t$, 且对任意 $1 \leqslant i \leqslant s$, 都有 $\mathrm{ann}(u_i) = \mathrm{ann}(v_i)$.

主理想整环上的有限生成模结构定理关于初等因子的版本陈述如下.

定理 3.3.5　设 D 为主理想整环, 则 D 上的任意有限生成非零模 M 都可以写为非零循环子模的直和

$$M = Du_1 \oplus Du_2 \oplus \cdots \oplus Du_s,$$

其中 $s \in \mathbb{Z}^+$ 且对任意 $1 \leqslant i \leqslant s$ 都有 $\mathrm{ann}(u_i) = \{0\}$ 或者 $\mathrm{ann}(u_i) = (p_i^{k_i})$, 这里 $p_i \in D$ 不可约, 且 $k_i \in \mathbb{Z}^+$.

若 M 有另一个非零循环子模的直和分解

$$M = Dv_1 \oplus Dv_2 \oplus \cdots \oplus Dv_t,$$

其中 $t \in \mathbb{Z}^+$ 且对任意 $1 \leqslant j \leqslant t$ 都有 $\mathrm{ann}(v_i) = \{0\}$ 或者 $\mathrm{ann}(v_j) = (q_j^{l_j})$, 这里 $q_j \in D$ 不可约, 且 $l_j \in \mathbb{Z}^+$, 则 $s = t$ 且在将 $v_1, v_2, \cdots, v_s$ 重排后, 对任意 $1 \leqslant i \leqslant s$, 都有 $p_i \sim q_i$ 且 $k_i = l_i$.

习题 3.3

1. 设 K 为 $\mathbb{Z}^3$ 中由 $(3,1,0)$, $(3,3,4)$ 生成的子模. 求 $\mathbb{Z}^3/K$ 的关于不变因子的直和分解以及关于初等因子的直和分解.

2. 设 R 为环, M 和 M' 为两个 R 上的单模, 证明: 若存在同态映射

$$\varphi: M \to M',$$

则或者 $\varphi(M) = \{0\}$, 或者 φ 为同构.

3. 设 R 为环, 称一个 R-模为**不可分解模**, 若其不能写成两个真子模的直和. 证明: 若 R 为整环, 则 R 作为 R-模不可分解.

4. 设 D 为主理想整环, M 为 D 上的有限生成非零扭模.

(i) 证明 M 为单模当且仅当存在 $z \in M$ 和 D 中的素元 p 使得 $M = Dz$ 且 $\mathrm{ann}(z) = (p)$;

(ii) 证明 M 为不可分解模当且仅当存在 $z \in M$ 和 D 中的素元 p 使得 $M = Dz$ 且 $\mathrm{ann}(z) = (p^k)$, 其中 k 为某个正整数.

5. 证明对任意有限生成 $\mathbb{Z}_6$-模 M, 存在 $r, s \in \mathbb{N}$, 使得有 $\mathbb{Z}_6$-模同构

$$M \cong (\mathbb{Z}_2)^r \oplus (\mathbb{Z}_3)^s.$$

(注: 约定 $(\mathbb{Z}_2)^0$ 和 $(\mathbb{Z}_3)^0$ 为零模.)

3.4 应用 I: 有限生成交换群的分类

在《代数学（三）》第三章中我们对有限交换群的结构进行了讨论, 所使用的方法本质上就是本章中使用的方法. 任意有限交换群 G 都可以写成其 Sylow 子群的直积. 之后通过对 Sylow 子群结构的讨论, 就可以得到对群 G 结构的描述. 若将 G 看成一个 $\mathbb{Z}$-模, 则以上讨论过程正是本章中所使用的先将 G 写为其 p-分支的直和, 然后对每个 p-分支的结构进行讨论, 最终得到 G 的结构.《代数学（三）》第三章所得的初等因子和不变因子也正是本章所定义的初等因子和不变因子.

由于上一节讨论的是主理想整环上有限生成模的结构, 所以自然地可以进一步将讨论对象扩大为有限生成交换群. 由定理 3.3.4 和注 3.2.2 可得到以下结论.

> **定理 3.4.1** 设 G 为有限生成的既有非零扭元又有自由元的交换群, 则有正整数 $r, k \in \mathbb{Z}^+$ 以及 $d_1, d_2, \cdots, d_k \in \mathbb{N} \setminus \{0, 1\}$ 使得
>
> $$G \cong \mathbb{Z}_{d_1} \times \mathbb{Z}_{d_2} \times \cdots \times \mathbb{Z}_{d_k} \times \mathbb{Z}^r,$$
>
> 且若 $k > 1$, 还满足对任意 $1 \leqslant i \leqslant k-1$, $d_i \mid d_{i+1}$.

类似地, 由定理 3.3.5 和注 3.2.2 有如下结论.

> **定理 3.4.2** 设 G 为有限生成的既有非零扭元又有自由元的交换群, 则存在正整数 $r, k \in \mathbb{Z}^+$, 正整数 $s_1, s_2, \cdots, s_k \in \mathbb{Z}^+$ 以及素数 $p_1 \leqslant p_2 \leqslant \cdots \leqslant p_k$ 使得
>
> $$G \cong \mathbb{Z}_{p_1^{s_1}} \times \mathbb{Z}_{p_2^{s_2}} \times \cdots \times \mathbb{Z}_{p_k^{s_k}} \times \mathbb{Z}^r.$$

> **注 3.4.1** 定理 3.4.1 和定理 3.4.2 中出现的正整数 r 称为有限生成交换群 G 的**秩**, 且约定有限交换群的秩为 0. 由分解的唯一性得到群 G 的秩的唯一性. 进一步地, 两个有限生成交换群同构当且仅当它们有相同的秩和相同的不变因子, 也当且仅当它们有相同的秩和相同的初等因子.

作为定理 3.4.2 的一个应用, 如下结论是显然的.

> **定理 3.4.3** 设 $n \geqslant 2$ 为正整数, 且 $n = p_1^{m_1} p_2^{m_2} \cdots p_k^{m_k}$ 为其素因子分解式, 其中 $p_1, p_2, \cdots, p_k$ 为互不相同的素数, $m_1, m_2, \cdots, m_k$ 为正整数. 则在同构意义下, 阶为 n 的有限交换群的个数为 $\displaystyle\prod_{i=1}^{k} p(m_i)$, 其中 $p(m_i)$ 是正整数 m_i 的分拆个数.

例 3.4.1 设 $n = 72$, 其素因子分解为 $n = 2^3 \times 3^2$. 由于 3 的分拆有如下三种:

$$3 = 1 + 2 = 1 + 1 + 1,$$

2 的分拆有如下两种:

$$2 = 1 + 1,$$

故在同构意义下阶为 72 的交换群有 6 个, 如下表所示:

	3 的划分	2 的划分
$\mathbb{Z}_8 \times \mathbb{Z}_9$	3	2
$\mathbb{Z}_2 \times \mathbb{Z}_4 \times \mathbb{Z}_9$	$1+2$	2
$\mathbb{Z}_2 \times \mathbb{Z}_2 \times \mathbb{Z}_2 \times \mathbb{Z}_9$	$1+1+1$	2
$\mathbb{Z}_8 \times \mathbb{Z}_3 \times \mathbb{Z}_3$	3	$1+1$
$\mathbb{Z}_2 \times \mathbb{Z}_4 \times \mathbb{Z}_3 \times \mathbb{Z}_3$	$1+2$	$1+1$
$\mathbb{Z}_2 \times \mathbb{Z}_2 \times \mathbb{Z}_2 \times \mathbb{Z}_3 \times \mathbb{Z}_3$	$1+1+1$	$1+1$

习题 3.4

1. 在同构意义下有多少个 60 阶交换群? 为什么?

2. 证明不存在正整数 n, 使得在同构意义下有且仅有 13 个不同的 n 阶交换群.

3. (i) 设 p 为素数, $k \in \mathbb{Z}^+$, $G = \mathbb{Z}_{p^k}$. 对任意 $g \in G$, 记其阶为 $o(g)$. 证明: 对任意 $l \in \mathbb{N}$, 若 $l \leqslant k$, 则

$$|\{g \in G \mid o(g) \text{ 整除 } p^l\}| = p^l;$$

若 $l > k$, 则

$$|\{g \in G \mid o(g) \text{ 整除 } p^l\}| = p^k;$$

(ii) 设 $H_1, H_2, \cdots, H_s$ 为有限交换群, $q \in \mathbb{Z}^+$. 对任意 $1 \leqslant j \leqslant s$, 记

$$m_j := |\{h \in H_j \mid o(h) \text{ 整除 } q\}|.$$

设 $G = H_1 \times H_2 \times \cdots \times H_s$ 为 $H_1, H_2, \cdots, H_s$ 的 (外) 直积, 证明

$$|\{g \in G \mid o(g) \text{ 整除 } q\}| = m_1 m_2 \cdots m_s;$$

(iii) 群 $\mathbb{Z}_4 \times \mathbb{Z}_8 \times \mathbb{Z}_{16}$ 中有多少个阶能被 4 整除的元素? 为什么?

3.5   应用 II: 线性空间上线性变换的标准形

设 F 为域, V 为 F 上的 n 维线性空间. 由《代数学 (一)》中的讨论, V 上的线性变换空间 $\mathrm{End}_F(V)$ 是 F 上的一个 n^2 维线性空间. 记 $F[\lambda]$ 为域 F 上的一元多项式环.

对任意 V 上的线性变换 φ 以及 $m \in \mathbb{Z}^+$, 记

$$\varphi^m = \underbrace{\varphi \circ \varphi \circ \cdots \circ \varphi}_{m \text{ 个}}.$$

由此对任意多项式 $f(\lambda) = a_0 + a_1\lambda + \cdots + a_m\lambda^m \in F[\lambda]$, 可以得到线性变换

$$f(\varphi) := a_0\mathrm{id}_V + a_1\varphi + \cdots + a_m\varphi^m \in \mathrm{End}_F(V).$$

考虑 V 上的向量加法群结构, 设 φ 为 V 上的线性变换, 则映射

$$\Phi_\varphi : F[\lambda] \times V \to V$$

$$(f(\lambda), u) \mapsto f(\varphi)(u)$$

给出 V 上的一个 $F[\lambda]$-模结构. 下面先讨论此 $F[\lambda]$-模结构的性质.

命题 3.5.1　模 V 是环 $F[\lambda]$ 上的扭模.

证明　由于线性空间 $\mathrm{End}_F(V)$ 的维数为 n^2, 故线性变换 $\mathrm{id}_V, \varphi, \varphi^2, \cdots, \varphi^{n^2}$ 在 F 上线性相关, 即存在不全为 0 的 F 中的元素 $a_0, a_1, \cdots, a_{n^2}$ 使得

$$a_0\mathrm{id}_V + a_1\varphi + \cdots + a_{n^2}\varphi^{n^2} = \mathbf{0},$$

其中 $\mathbf{0}$ 为零变换. 令

$$f(\lambda) = a_0 + a_1\lambda + \cdots + a_{n^2}\lambda^{n^2} \in F[\lambda],$$

则 $f(\lambda) \neq 0$ 且有 $f(\varphi) = \mathbf{0}$. 因此对所有 $u \in V$, 都有 $f(\lambda)u = 0$, 由此可知 V 为 $F[\lambda]$ 上的扭模. $\square$

命题 3.5.2　模 V 是有限生成的 $F[\lambda]$-模.

证明　由于 V 为 F 上的 n 维线性空间, 设 $(v_1, v_2, \cdots, v_n)$ 为 V 的一组 F-基, 则有

$$V = Fv_1 + Fv_2 + \cdots + Fv_n.$$

另一方面, 对任意 $v \in V$, 有 $Fv \subseteq F[\lambda]v$, 因此

$$V = F[\lambda]v_1 + F[\lambda]v_2 + \cdots + F[\lambda]v_n,$$

从而 V 为 $F[\lambda]$ 上的有限生成模. $\square$

对任意向量 $u \in V$, 考虑其生成的循环子模 $F[\lambda]u$, 由于该子模对 V 上的向量加法和 F-数乘封闭, 故构成 V 的子空间. 另一方面, 对任意 $f(\lambda) \in F[\lambda]$, 都有

$$\varphi(f(\lambda)u) = \lambda(f(\lambda)u) = (\lambda f(\lambda))u \in F[\lambda]u.$$

因此 $F[\lambda]u$ 为线性变换 φ 的不变子空间. 记 φ 在 $F[\lambda]u$ 上的限制为 φ_u.

进一步地, 设 $u \neq 0$, 且 u 的零化子 $\mathrm{ann}(u)$ 的首一生成元为多项式 $f(\lambda) \in F[\lambda]$, 并记

$$f(\lambda) = a_0 + a_1\lambda + \cdots + a_{m-1}\lambda^{m-1} + \lambda^m.$$

引理 3.5.1   向量组 $\mathcal{B} = (u, \lambda u, \cdots, \lambda^{m-1} u)$ 构成子空间 $F[\lambda]u$ 的一组基.

证明   对任意多项式 $g(\lambda) \in F[\lambda]$, 由带余除法, 存在 $p(\lambda), r(\lambda) \in F[\lambda]$ 使得

$$g(\lambda) = p(\lambda)f(\lambda) + r(\lambda),$$

且 $r(\lambda)$ 满足 $\deg r(\lambda) < m$, 因此 $g(\lambda)u = r(\lambda)u$, 由此可得

$$F[\lambda]u = Fu + F(\lambda u) + \cdots + F(\lambda^{m-1} u).$$

另一方面, 设存在 $b_0, b_1, \cdots, b_{m-1} \in F$ 使得

$$b_0 u + b_1 \lambda u + \cdots + b_{m-1} \lambda^{m-1} u = 0.$$

记

$$g(\lambda) = b_0 + b_1 \lambda + \cdots + b_{m-1} \lambda^{m-1},$$

则 $g(\lambda)u = 0$, 因此 $g(\lambda) \in \mathrm{ann}(u) = (f(\lambda))$. 由此可知 $f(\lambda) \mid g(\lambda)$. 若 $g(\lambda) \neq 0$, 则有 $\deg g(\lambda) \geqslant \deg f(\lambda)$, 这与 $\deg g(\lambda) < m = \deg f(\lambda)$ 矛盾. 因此 $g(\lambda) = 0$, 即有

$$b_0 = b_1 = \cdots = b_{m-1} = 0,$$

这说明 $\mathcal{B}$ 中向量 F-线性无关, 引理得证. $\square$

推论 3.5.1   对任意非零向量 $u \in V$, 子空间 $F[\lambda]u$ 的维数等于 u 的零化子生成元的次数.

考虑 $\mathcal{B}$ 中向量在 φ_u 下的像, 容易得到

$$\varphi_u(u) = \varphi(u) = \lambda u,$$

$$\varphi_u(\lambda u) = \varphi(\lambda u) = \lambda^2 u,$$

$$\cdots$$

$$\varphi_u(\lambda^{m-2} u) = \varphi(\lambda^{m-2} u) = \lambda^{m-1} u,$$

$$\varphi_u(\lambda^{m-1} u) = \varphi(\lambda^{m-1} u) = \lambda^m u = -a_0 - a_1 \lambda - \cdots - a_{m-1} \lambda^{m-1}.$$

因此 φ_u 在这组基下的矩阵表示为

$$[\varphi_u]_{\mathcal{B}} = \begin{pmatrix} 0 & 0 & 0 & \cdots & 0 & 0 & -a_0 \\ 1 & 0 & 0 & \cdots & 0 & 0 & -a_1 \\ 0 & 1 & 0 & \cdots & 0 & 0 & -a_2 \\ \vdots & \vdots & \vdots & & \vdots & \vdots & \vdots \\ 0 & 0 & 0 & \cdots & 0 & 0 & -a_{m-3} \\ 0 & 0 & 0 & \cdots & 1 & 0 & -a_{m-2} \\ 0 & 0 & 0 & \cdots & 0 & 1 & -a_{m-1} \end{pmatrix}, \tag{3.7}$$

称如上矩阵 $[\varphi_u]_\mathcal{B}$ 为多项式 $f(\lambda)$ 的**友矩阵**.

回到对 V 的 $F[\lambda]$-模结构的讨论, 由定理 3.2.3, 可以得到如下 V 作为 $F[\lambda]$-模的循环子模的直和分解.

命题 3.5.3   存在正整数 s, 使得线性空间 V 作为 $F[\lambda]$-模有如下直和分解:

$$V = F[\lambda]u_1 \oplus F[\lambda]u_2 \oplus \cdots \oplus F[\lambda]u_s,$$

其中 $\text{ann}(u_1) \supseteq \text{ann}(u_2) \supseteq \cdots \supseteq \text{ann}(u_s) \supsetneq \{0\}$.

设 V 的不变因子分别为 $d_1(\lambda), d_2(\lambda), \cdots, d_s(\lambda) \in F[\lambda]$, 且满足 $d_1(\lambda) \mid d_2(\lambda) \mid \cdots \mid d_s(\lambda)$, 不妨设所有不变因子都是首一的. 对任意 $1 \leqslant i \leqslant s$, 记 $\deg d_i(\lambda) = m_i$, 子空间 $F[\lambda]u_i$ 是 φ 的不变子空间, 由 $\text{ann}(u_i) = (d_i(\lambda))$ 知子空间 $F[\lambda]u_i$ 有基

$$\mathcal{B}_i = \{u_i, \lambda u_i, \cdots, \lambda^{m_i-1}u_i\}.$$

记 φ_i 为 φ 在 $F[\lambda]u_i$ 上的限制, 则 φ_i 在 $\mathcal{B}_i$ 下的矩阵表示为 $d_i(\lambda)$ 的友矩阵. 将所有 $\mathcal{B}_i$ 中的向量放在一起, 就得到 V 的一组基

$$(u_1, \lambda u_1, \cdots, \lambda^{m_1-1}u_1, \cdots, u_s, \lambda u_s, \cdots, \lambda^{m_s-1}u_s),$$

而 φ 在这组基下的矩阵表示为分块对角矩阵

$$\begin{pmatrix} B_1 & & & \\ & B_2 & & \\ & & \ddots & \\ & & & B_s \end{pmatrix}, \tag{3.8}$$

其对角线上的矩阵块依次为不变因子 $d_1(\lambda), d_2(\lambda), \cdots, d_s(\lambda)$ 的友矩阵. 称矩阵 (3.8) 为 φ 的**有理标准形**.

推论 3.5.2   线性空间 V 作为 $F[\lambda]$-模的不变因子的次数满足

$$\deg d_1(\lambda) + \deg d_2(\lambda) + \cdots + \deg d_s(\lambda) = \dim_F V.$$

利用 V 上由线性变换 φ 诱导出的 $F[\lambda]$-模结构的不变因子, 我们得到了 φ 的有理标准形. 另一方面, 不变因子的唯一性也说明 φ 的有理标准形是唯一的, 这给出如下定理.

定理 3.5.1   设 V 为 F 上的有限维线性空间, φ 为 V 上的线性变换, 则存在 V 的基 $\mathcal{B}$, 使得 φ 在 $\mathcal{B}$ 下的矩阵表示为分块对角矩阵

$$\begin{pmatrix} C_1 & & & \\ & C_2 & & \\ & & \ddots & \\ & & & C_s \end{pmatrix},$$

其中 $s \in \mathbb{Z}^+$, $C_1, C_2, \cdots, C_s$ 分别为 F 上的首一多项式 $f_1(\lambda), f_2(\lambda), \cdots, f_s(\lambda)$ 的友矩阵, 且当 $s > 1$ 时这些多项式满足整除关系 $f_1(\lambda) \mid f_2(\lambda) \mid \cdots \mid f_s(\lambda)$. 进一步地, 这样的首一多项式序列 $f_1(\lambda), f_2(\lambda), \cdots, f_s(\lambda)$ 还是唯一的, 即若存在另一组基 $\mathcal{B}'$, 使得 φ 在 $\mathcal{B}'$ 下的矩阵表示为分块对角矩阵

$$\begin{pmatrix} C_1' & & & \\ & C_2' & & \\ & & \ddots & \\ & & & C_t' \end{pmatrix},$$

其中 $C_1', C_2', \cdots, C_t'$ 分别为 F 上的首一多项式 $g_1(\lambda), g_2(\lambda), \cdots, g_t(\lambda)$ 的友矩阵, 且若 $t > 1$ 时这些多项式满足整除关系 $g_1(\lambda) \mid g_2(\lambda) \mid \cdots \mid g_t(\lambda)$, 则 $s = t$, 且对任意 $1 \leqslant i \leqslant s$ 有 $f_i(\lambda) = g_i(\lambda)$.

仍考虑 V 上的由线性变换 φ 诱导的 $F[\lambda]$-模结构, 下面考查 V 作为 $F[\lambda]$-模关于初等因子的直和分解. 由于此种分解涉及 $F[\lambda]$ 中的不可约多项式, 为方便讨论, 设 F 为代数闭域, 则 $F[\lambda]$ 中的首一不可约多项式都形如 $\lambda - a$, 其中 $a \in F$. 由定理 3.3.5 可得以下结论.

命题 3.5.4   线性空间 V 作为 $F[\lambda]$-模有如下分解:

$$V = F[\lambda]w_1 \oplus F[\lambda]w_2 \oplus \cdots \oplus F[\lambda]w_t,$$

满足 $\mathrm{ann}(w_1) = ((\lambda - b_1)^{n_1}), \mathrm{ann}(w_2) = ((\lambda - b_2)^{n_2}), \cdots, \mathrm{ann}(w_t) = ((\lambda - b_t)^{n_t})$, 其中 $b_1, b_2, \cdots, b_t \in F$, $n_1, n_2, \cdots, n_t \in \mathbb{Z}^+$.

由之前的讨论知, 对任意 $1 \leqslant i \leqslant t$, 子模 $F[\lambda]w_i$ 都是 φ 的不变子空间.

引理 3.5.2   向量组

$$\mathcal{C}_i = (w_i, (\lambda - b_i)w_i, \cdots, (\lambda - b_i)^{n_i-1}w_i)$$

构成子空间 $F[\lambda]w_i$ 的一组基.

证明   由引理 3.5.1 可知 $\mathcal{B}_i = (w_i, \lambda w_i, \cdots, \lambda^{n_i-1}w_i)$ 为子空间 $F[\lambda]w_i$ 的一组基. 注意到 $\mathcal{C}_i$ 中有 n_i 个向量, 故只需要证明 $\mathcal{B}_i$ 中每个向量都可以表示为 $\mathcal{C}_i$ 中向量的 F-线性组合即可.

$\mathcal{B}_i$ 中的向量形如 $\lambda^k w_i$, 其中 $0 \leqslant k \leqslant n_i - 1$, 下面对 k 做归纳. 当 $k = 0$ 时, 由于 $w_i \in \mathcal{C}_i$, 结论显然成立. 下面假设 $n_i \geqslant 2$, 且结论对任意 $0 \leqslant k \leqslant n_i - 2$ 成立. 注意到

$$\lambda^{k+1}w_i = (\lambda - b_i)^{k+1}w_i - \sum_{j=0}^{k}\binom{k+1}{j}(-b_j)^{k+1-j}\lambda^j w_i,$$

又等式右端的求和项是 $w_i, \lambda w_i, \cdots, \lambda^k w_i$ 的 F-线性组合, 由归纳假设知 $\lambda^{k+1} w_i$ 也可以表示为 $\mathcal{C}_i$ 中元素的 F-线性组合. 由归纳法原理可得所有 $\mathcal{B}_i$ 中向量都可以表示为 $\mathcal{C}_i$ 中向量的 F-线性组合. 因此 $\mathcal{C}_i$ 为 $F[\lambda]w_i$ 的一组基. $\qquad\square$

记 φ 在 $F[\lambda]w_i$ 上的限制为 φ_i', 简单计算得到

$$\varphi_i'(w_i) = \varphi(w_i) = \lambda w_i = (\lambda - b_i)w_i + b_i w_i,$$

$$\varphi_i'((\lambda - b_i)w_i) = \varphi((\lambda - b_i)w_i) = \lambda(\lambda - b_i)w_i = (\lambda - b_i)^2 w_i + b_i(\lambda - b_i)w_i,$$

$$\cdots$$

$$\varphi_i'((\lambda - b_i)^{n_i-2}w_i) = \varphi((\lambda - b_i)^{n_i-2}w_i) = \lambda(\lambda - b_i)^{n_i-2}w_i$$
$$= (\lambda - b_i)^{n_i-1}w_i + b_i(\lambda - b_i)^{n_i-2}w_i,$$

$$\varphi_i'((\lambda - b_i)^{n_i-1}w_i) = \varphi((\lambda - b_i)^{n_i-1}w_i) = \lambda(\lambda - b_i)^{n_i-1}w_i$$
$$= (\lambda - b_i)^{n_i}w_i + b_i(\lambda - b_i)^{n_i-1}w_i = b_i(\lambda - b_i)^{n_i-1}w_i,$$

因此 φ_i' 在 $\mathcal{C}_i$ 下的矩阵表示为

$$J_i = \begin{pmatrix} b_i & 0 & 0 & \cdots & 0 & 0 \\ 1 & b_i & 0 & \cdots & 0 & 0 \\ 0 & 1 & b_i & \cdots & 0 & 0 \\ \vdots & \vdots & \vdots & & \vdots & \vdots \\ 0 & 0 & 0 & \cdots & b_i & 0 \\ 0 & 0 & 0 & \cdots & 1 & b_i \end{pmatrix}_{n_i \times n_i}.$$

称矩阵 J_i 为 $(\lambda - b_i)^{n_i}$ 给出的一个 **Jordan (若尔当) 块**. 将 $\mathcal{C}_1, \mathcal{C}_2, \cdots, \mathcal{C}_t$ 并在一起可以得到 V 的一组基

$$(w_1, (\lambda - b_1)w_1, \cdots, (\lambda - b_1)^{n_1-1}w_1, \cdots, w_t, (\lambda - b_t)w_t, \cdots, (\lambda - b_t)^{n_t-1}w_t),$$

且线性变换 φ 在这组基下的矩阵为分块对角矩阵

$$\begin{pmatrix} J_1 & & & \\ & J_2 & & \\ & & \ddots & \\ & & & J_t \end{pmatrix}, \tag{3.9}$$

其中对任意 $1 \leqslant i \leqslant t$, 方阵 J_i 为 $(\lambda - b_i)^{n_i}$ 给出的 Jordan 块. 称矩阵 (3.9) 为 φ 的 **Jordan 标准形**, 《代数学 (二)》第九章中对其做过详细的讨论. 作为一个直接的观察, 显然有以下推论.

推论 3.5.3 线性空间 V 作为 $F[\lambda]$-模的初等因子的次数满足等式

$$n_1 + n_2 + \cdots + n_t = \dim_F V.$$

利用初等因子可以构造线性变换的 Jordan 标准形. 另一方面, 线性变换初等因子的唯一性表明线性变换的 Jordan 标准形在 Jordan 块相差一个重排意义下是唯一的.

定理 3.5.2 设 V 为代数封闭域 F 上的有限维线性空间, φ 为 V 上的线性变换, 则存在 V 的基 $\mathcal{C}$, 使得 φ 在 $\mathcal{C}$ 下的矩阵表示为分块对角矩阵

$$\begin{pmatrix} J_1 & & & \\ & J_2 & & \\ & & \ddots & \\ & & & J_t \end{pmatrix},$$

其中 $J_1, J_2, \cdots, J_t$ 分别为多项式 $(\lambda - b_1)^{n_1}, (\lambda - b_2)^{n_2}, \cdots, (\lambda - b_t)^{n_t}$ 给出的 Jordan 块. 进一步地, 多项式序列 $(\lambda - b_1)^{n_1}, (\lambda - b_2)^{n_2}, \cdots, (\lambda - b_t)^{n_t}$ 在相差一个重排意义下是唯一的, 即若存在 V 的基 $\mathcal{C}'$, 使得 φ 在 $\mathcal{C}'$ 下的矩阵表示为分块对角矩阵

$$\begin{pmatrix} J_1' & & & \\ & J_2' & & \\ & & \ddots & \\ & & & J_r' \end{pmatrix},$$

其中 $J_1', J_2', \cdots, J_r'$ 分别为多项式 $(\lambda - b_1')^{n_1'}, (\lambda - b_2')^{n_2'}, \cdots, (\lambda - b_r')^{n_r'}$ 给出的 Jordan 块, 则 $t = r$, 且在对 $J_1', J_2', \cdots, J_r'$ 重排后, 对任意 $1 \leqslant i \leqslant t$ 都有 $b_i = b_i'$ 和 $n_i = n_i'$.

若域 F 不是代数封闭的, 则存在次数大于 1 的不可约多项式. 设

$$p(\lambda) = a_0 + a_1\lambda + \cdots + a_{m-1}\lambda^{m-1} + \lambda^m \in F[\lambda]$$

为不可约多项式, 且 V 中非零向量 u 的零化子为 $\mathrm{ann}(u) = (p(\lambda)^k)$, 其中 $k \in \mathbb{Z}^+$. 容易验证 $F[\lambda]u$ 中的元素

$$(u, \lambda u, \cdots, \lambda^{m-1}u, p(\lambda)u, \lambda p(\lambda)u, \cdots, \lambda^{m-1}p(\lambda)u, \cdots,$$

$$p(\lambda)^{k-1}u, \lambda p(\lambda)^{k-1}u, \cdots, \lambda^{m-1}p(\lambda)^{k-1}u)$$

构成 $F[\lambda]u$ 的一组 F-基, 且 V 上的线性变换 φ 限制在 $F[\lambda]u$ 上得到的线性变换在该基下的矩阵表示为

$$
\begin{pmatrix}
B & & & & & \\
E_{1m} & B & & & & \\
& E_{1m} & B & & & \\
& & \ddots & \ddots & & \\
& & & E_{1m} & B & \\
& & & & E_{1m} & B
\end{pmatrix}_{mk \times mk}, \tag{3.10}
$$

其中

$$
B = \begin{pmatrix}
0 & 0 & \cdots & 0 & -a_0 \\
1 & 0 & \cdots & 0 & -a_1 \\
\vdots & \vdots & & \vdots & \vdots \\
0 & 0 & \cdots & 0 & -a_{m-2} \\
0 & 0 & \cdots & 1 & -a_{m-1}
\end{pmatrix}_{m \times m}, \quad
E_{1m} = \begin{pmatrix}
0 & \cdots & 0 & 1 \\
0 & \cdots & 0 & 0 \\
\vdots & & \vdots & \vdots \\
0 & \cdots & 0 & 0
\end{pmatrix}_{m \times m},
$$

称矩阵 (3.10) 为 $p(\lambda)^k$ 给出的 **Jordan 块**, 并用之将 Jordan 标准形的讨论推广到一般域的情形. 具体细节由读者自行补全, 下面仅给出一个例子来帮助理解.

例 3.5.1　设 F 为实数域 $\mathbb{R}$, 熟知实数域上一元多项式环 $\mathbb{R}[\lambda]$ 中不可约多项式的次数为 1 或者为 2. 设 $V = \mathbb{R}^7$, 其上由线性变换 φ 诱导的 $\mathbb{R}[\lambda]$-模结构的初等因子为

$$
(\lambda^2 + \lambda + 2)^2, (\lambda - 3)^3,
$$

则其推广的 Jordan 标准形为

$$
\begin{pmatrix}
0 & -2 & & & & & \\
1 & -1 & & & & & \\
& 1 & 0 & -2 & & & \\
& & 1 & -1 & & & \\
& & & & 3 & & \\
& & & & 1 & 3 & \\
& & & & & 1 & 3
\end{pmatrix}.
$$

　　以上讨论告诉我们通过考虑线性变换 φ 诱导的 V 上的 $F[\lambda]$-模结构, 并利用其不变因子或初等因子, 可以得到 V 关于 φ 的不变子空间的分解. 再通过选取合适的基, 就可以得到 φ 的相对简单的矩阵表示 (有理标准形或 Jordan 标准形). 下面来讨论如何得到这些不变因子或初等因子.

　　设 V 的维数为 n, $\mathcal{B} = (v_1, v_2, \cdots, v_n)$ 是 V 作为 F-线性空间的一组基. 设 φ 为 V 上的线性变换, 且 $A = (a_{ij})_{n \times n}$ 为 φ 在 $\mathcal{B}$ 下的矩阵表示.

设 $(\underline{f}_1, \underline{f}_2, \cdots, \underline{f}_n)$ 为 $F[\lambda]^n$ 作为 $F[\lambda]$-模的一组基, 由于

$$V = F[\lambda]v_1 + F[\lambda]v_2 + \cdots + F[\lambda]v_n,$$

可得 $F[\lambda]$-模的满同态

$$\eta : F[\lambda]^n \to V,$$

满足对任意 $1 \leqslant i \leqslant n$, 有 $\eta(\underline{f}_i) = v_i$. 记 $K = \mathrm{Ker}\,\eta$, 由模同态基本定理得到 $F[\lambda]$-模同构

$$F[\lambda]^n/K \cong V.$$

对任意 $1 \leqslant i \leqslant n$, 定义

$$\underline{g}_i = \lambda \underline{f}_i - \sum_{j=1}^{n} a_{ji} \underline{f}_j,$$

易知 $\underline{g}_1, \underline{g}_2, \cdots, \underline{g}_n$ 在 $\underline{f}_1, \underline{f}_2, \cdots, \underline{f}_n$ 下的矩阵表示为 $\lambda I_n - A$.

定理 3.5.3   元素组 $(\underline{g}_1, \underline{g}_2, \cdots, \underline{g}_n)$ 构成 K 作为 $F[\lambda]$-自由模的一组基.

证明   只需要证明如下三个陈述:

(i) $\underline{g}_1, \underline{g}_2, \cdots, \underline{g}_n$ 都属于 K;

(ii) $\underline{g}_1, \underline{g}_2, \cdots, \underline{g}_n$ 生成 K;

(iii) $\underline{g}_1, \underline{g}_2, \cdots, \underline{g}_n$ 是 $F[\lambda]$-线性无关的.

对任意 $1 \leqslant i \leqslant n$, 直接计算得到

$$\eta(\underline{g}_i) = \lambda \eta(\underline{f}_i) - \sum_{j=1}^{n} a_{ji} \eta(\underline{f}_j) = \lambda v_i - \sum_{j=1}^{n} a_{ji} v_j = \varphi(v_i) - \sum_{j=1}^{n} a_{ji} v_j = 0,$$

因此 $\underline{g}_i \in K$.

为了证明 $\underline{g}_1, \underline{g}_2, \cdots, \underline{g}_n$ 是 K 的一组生成元, 只需证明对任意 $\underline{f} \in K$, 存在 $s_1(\lambda), s_2(\lambda), \cdots, s_n(\lambda) \in F[\lambda]$ 使得

$$\underline{f} = s_1(\lambda)\underline{g}_1 + s_2(\lambda)\underline{g}_2 + \cdots + s_n(\lambda)\underline{g}_n.$$

事实上, 由于 $\underline{f}_1, \underline{f}_2, \cdots, \underline{f}_n$ 为 $F[\lambda]^n$ 的一组基, 故存在 $t_1(\lambda), t_2(\lambda), \cdots, t_n(\lambda) \in F[\lambda]$ 使得

$$\underline{f} = t_1(\lambda)\underline{f}_1 + t_2(\lambda)\underline{f}_2 + \cdots + t_n(\lambda)\underline{f}_n.$$

若对任意 $1 \leqslant i \leqslant n$, 均有 $t_i(\lambda) = b_i \in F$, 则有

$$0 = \eta(\underline{f}) = b_1 v_1 + b_2 v_2 + \cdots + b_n v_n.$$

由于 $(v_1, v_2, \cdots, v_n)$ 为 V 的一组 F-基, 故 $b_1 = b_2 = \cdots = b_n = 0$, 从而有 $\underline{f} = 0$. 此时令

$$s_1(\lambda) = s_2(\lambda) = \cdots = s_n(\lambda) = 0$$

即满足要求.

下面假设存在某个 $1 \leqslant i \leqslant n$ 使得 $\deg t_i(\lambda) > 0$. 我们将在 $\underline{f}$ 关于 $\underline{f}_1, \underline{f}_2, \cdots, \underline{f}_n$ 的表达式中逐渐尝试加入 $\underline{g}_1, \underline{g}_2, \cdots, \underline{g}_n$, 并使得 $\underline{f}_1, \underline{f}_2, \cdots, \underline{f}_n$ 的系数多项式的次数最大值下降.

不妨设 $\deg t_1(\lambda) > 0$, 将 $t_1(\lambda)$ 的零次项和其他项分开得到

$$t_1(\lambda) = b_{01} + r_1(\lambda)\lambda.$$

因此

$$t_1(\lambda)\underline{f}_1 = (b_{01} + r_1(\lambda)\lambda)\underline{f}_1 = b_{01}\underline{f}_1 + r_1(\lambda)\left(\underline{g}_1 + \sum_{j=1}^{n} a_{j1}\underline{f}_j\right)$$

$$= (b_{01} + a_{11}r_1(\lambda))\underline{f}_1 + \sum_{j=2}^{n}(a_{j1}r_1(\lambda))\underline{f}_j + r_1(\lambda)\underline{g}_1.$$

对所有这样的 $t_i(\lambda)$ 做如上操作, 可以得到

$$\underline{f} = (r_1(\lambda)\underline{g}_1 + r_2(\lambda)\underline{g}_2 + \cdots + r_n(\lambda)\underline{g}_n) + \sum_{j=1}^{n}\left(b_{0j} + \sum_{i=1}^{n} a_{ji}r_i(\lambda)\right)\underline{f}_j.$$

观察以上表达式中 $\underline{f}_1, \underline{f}_2, \cdots, \underline{f}_n$ 的系数多项式的次数的最大值有

$$\max\left\{\deg\left(b_{01} + \sum_{i=1}^{n} a_{1i}r_i(\lambda)\right), \deg\left(b_{02} + \sum_{i=1}^{n} a_{2i}r_i(\lambda)\right), \cdots,\right.$$

$$\left.\deg\left(b_{0n} + \sum_{i=1}^{n} a_{ni}r_i(\lambda)\right)\right\}$$

$$\leqslant \max\{\deg r_1(\lambda), \deg r_2(\lambda), \cdots, \deg r_n(\lambda)\}$$

$$\leqslant \max\{\deg t_1(\lambda), \deg t_2(\lambda), \cdots, \deg t_n(\lambda)\} - 1.$$

令

$$\underline{f}' = \underline{f} - (r_1(\lambda)\underline{g}_1 + r_2(\lambda)\underline{g}_2 + \cdots + r_n(\lambda)\underline{g}_n),$$

则有 $f' \in K$ 且

$$\underline{f}' = \sum_{j=1}^{n}\left(b_{0j} + \sum_{i=1}^{n} a_{ji}r_i(\lambda)\right)\underline{f}_j.$$

如果 f' 的所有系数都在 F 中, 那么由前述证明知 $\underline{f}' = 0$, 因此

$$\underline{f} = r_1(\lambda)\underline{g}_1 + r_2(\lambda)\underline{g}_2 + \cdots + r_n(\lambda)\underline{g}_n.$$

否则对 $\underline{f}'$ 重复以上过程, 使得所得元素写为 $\underline{f}_1, \underline{f}_2, \cdots, \underline{f}_n$ 的线性组合的系数多项式的次数最大值继续严格下降.

不断重复以上过程, 注意到非零多项式的次数是自然数, 因此经过有限次之后, 以上过程终止. 此时系数多项式为 F 中元素, 因此任意 $\underline{f} \in K$ 都可以写成 $\underline{g}_1, \underline{g}_2, \cdots, \underline{g}_n$ 的 $F[\lambda]$-线性组合, 即 K 可由 $\underline{g}_1, \underline{g}_2, \cdots, \underline{g}_n$ 生成.

最后证明 $\underline{g}_1, \underline{g}_2, \cdots, \underline{g}_n$ 是 $F[\lambda]$-线性无关的. 设 $l_1(\lambda), l_2(\lambda), \cdots, l_n(\lambda) \in F[\lambda]$ 满足

$$l_1(\lambda)\underline{g}_1 + l_2(\lambda)\underline{g}_2 + \cdots + l_n(\lambda)\underline{g}_n = 0.$$

将上式左端写为 $\underline{f}_1, \underline{f}_2, \cdots, \underline{f}_n$ 的线性组合, 则有

$$
\begin{cases}
l_1(\lambda)\lambda = a_{11}l_1(\lambda) + a_{12}l_2(\lambda) + \cdots + a_{1n}l_n(\lambda), \\
l_2(\lambda)\lambda = a_{21}l_1(\lambda) + a_{22}l_2(\lambda) + \cdots + a_{2n}l_n(\lambda), \\
\qquad\qquad \cdots\cdots\cdots\cdots \\
l_n(\lambda)\lambda = a_{n1}l_1(\lambda) + a_{n2}l_2(\lambda) + \cdots + a_{nn}l_n(\lambda).
\end{cases}
$$

注意到若 $l_1(\lambda), l_2(\lambda), \cdots, l_n(\lambda)$ 是不全为零的多项式, 则等号左端各多项式次数的最大值比等号右端各多项式次数的最大值至少大 1, 矛盾. 因此

$$l_1(\lambda) = l_2(\lambda) = \cdots = l_n(\lambda) = 0,$$

即 $\underline{g}_1, \underline{g}_2, \cdots, \underline{g}_n$ 是 $F[\lambda]$-线性无关的.

综上所述 $(\underline{g}_1, \underline{g}_2, \cdots, \underline{g}_n)$ 为自由模 K 的一组基. $\qquad\square$

考虑 K 的基 $\mathcal{C}_K = (\underline{g}_1, \underline{g}_2, \cdots, \underline{g}_n)$ 和 $F[\lambda]^n$ 的基 $\mathcal{C} = (\underline{f}_1, \underline{f}_2, \cdots, \underline{f}_n)$, 注意到 K 到 $F[\lambda]^n$ 的嵌入同态 $\iota : K \to F[\lambda]^n$ 在这两组基下的矩阵表示为

$$[\iota]_{\mathcal{C}, \mathcal{C}_K} = \lambda I_n - A.$$

因此 V 作为 $F[\lambda]$-模的不变因子就是 $\lambda I_n - A$ 的非单位的不变因子. 具体来说, 由于 V 是一个扭模, 由秩的关系

$$\operatorname{rank}(F[\lambda]^n) - \operatorname{rank}(K) = \operatorname{rank}(V) = 0$$

可得 $\operatorname{rank}(K) = n$, 即 K 是一个秩为 n 的 $F[\lambda]$-自由模. 当然这个结论也可由定理 3.5.3 得到 (已经找到 K 的由 n 个元素构成的基). 因此 $\lambda I_n - A$ 有 n 个不变因子. 考虑命题 3.5.3 中给出的 V 的直和分解, 仍记 s 为直和分支数目. 矩阵 $\lambda I_n - A$ 的相抵标准形 Λ 当 $s < n$ 时为

$$\Lambda = \begin{pmatrix} 1 & & & & & & & & \\ & 1 & & & & & & & \\ & & \ddots & & & & & & \\ & & & 1 & & & & & \\ & & & & d_1(\lambda) & & & & \\ & & & & & d_2(\lambda) & & & \\ & & & & & & \ddots & & \\ & & & & & & & d_s(\lambda) \end{pmatrix}_{n \times n},$$

而当 $s = n$ 时为

$$\Lambda = \begin{pmatrix} d_1(\lambda) & & & \\ & d_2(\lambda) & & \\ & & \ddots & \\ & & & d_n(\lambda) \end{pmatrix}_{n \times n},$$

其中 $d_1(\lambda), d_2(\lambda), \cdots, d_s(\lambda) \in F[\lambda]$ 均为次数大于 0 的首一多项式, 且满足整除关系

$$d_1(\lambda) \mid d_2(\lambda) \mid \cdots \mid d_s(\lambda).$$

另一方面, 由于 $\lambda I_n - A$ 与 Λ 相抵, 即存在 $F[\lambda]$ 上的 n 阶可逆方阵 P 和 Q 使得

$$\lambda I_n - A = P\Lambda Q,$$

故

$$\det(\lambda I_n - A) = \det P \det \Lambda \det Q.$$

因此 $\det(\lambda I_n - A)$ 与 $\det \Lambda = d_1(\lambda)d_2(\lambda) \cdots d_s(\lambda)$ 相伴. 又二者均为首一多项式, 因此有

$$\det(\lambda I_n - A) = d_1(\lambda)d_2(\lambda) \cdots d_s(\lambda).$$

综上所述, 可以按照如下步骤寻找由 φ 给出的 V 上的 $F[\lambda]$-模结构的不变因子:

(i) 任取 V 的一组基, 找到 φ 在这组基下的矩阵表示 A.

(ii) 计算矩阵 $\lambda I_n - A$ 的不变因子. 这一步可以通过直接求矩阵 $\lambda I_n - A$ 的相抵标准形得到, 也可以考虑计算其行列式因子, 然后通过行列式因子与不变因子的关系得到.

(iii) 找出其中非单位的不变因子即为所求.

考虑线性变换 φ 诱导出的 V 上的 $F[\lambda]$-模结构, 仍记首一多项式 $d_1(\lambda), d_2(\lambda), \cdots, d_s(\lambda)$ 为 V 作为 $F[\lambda]$-模的不变因子, 并满足整除关系 $d_1(\lambda) \mid d_2(\lambda) \mid \cdots \mid d_s(\lambda)$. 任取 V 的一组基 $\mathcal{B}$, 并记 φ 在其下的矩阵表示为 A. 由前面的讨论知道

$$\det(\lambda I_n - A) = d_1(\lambda)d_2(\lambda) \cdots d_s(\lambda).$$

记 $p(\lambda) = \det(\lambda I_n - A)$. 由不变因子的性质, 有 $\mathrm{ann}(V) = (d_s(\lambda))$. 特别地, $p(\varphi)$ 和 $d_s(\varphi)$ 均为零变换.

另一方面, 对任意多项式

$$f(\lambda) = a_0 + a_1\lambda + \cdots + a_m\lambda^m \in F[\lambda],$$

线性变换 $f(\varphi)$ 在 $\mathcal{B}$ 下的矩阵表示为

$$f(A) = a_0 I_n + a_1 A + \cdots + a_m A^m.$$

由于零变换在任何基下的矩阵表示都是零矩阵, 故

$$p(A) = d_s(A) = O_{n\times n}.$$

这便得到了下面的 Hamilton-Cayley (哈密顿–凯莱) 定理.

定理 3.5.4 (Hamilton-Cayley 定理)　设 F 为域, 对 F 上任意 n 阶方阵 A, 令 $p(\lambda) = \det(\lambda I_n - A) \in F[\lambda]$, 则有 $p(A) = O_{n\times n}$.

对 F 上的 n 阶方阵 A, 考虑多项式环 $F[\lambda]$ 上的矩阵 $\lambda I_n - A$, 称其行列式 $p_A(\lambda) = \det(\lambda I_n - A)$ 为 A 的**特征多项式**. 另一方面, 容易验证

$$\{f(\lambda) \in F[\lambda] \mid f(A) = O_{n\times n}\}$$

为环 $F[\lambda]$ 的理想, 称该理想的首一生成元 $m_A(\lambda)$ 为 A 的**极小多项式**.

设 V 为 F 上的 n 维线性空间, φ 为 V 上的线性变换. 任取 V 的一组基, 并记 φ 在这组基下的矩阵为 A, 则称 A 的特征多项式 $p_A(\lambda)$ 为线性变换 φ 的**特征多项式**, 称 A 的极小多项式 $m_A(\lambda)$ 为线性变换 φ 的**极小多项式**. 实际上线性变换 φ 的特征多项式和极小多项式并不依赖于其矩阵表示 A 的选取. 考虑 φ 诱导的 V 上的 $F[\lambda]$-模结构, 记其不变因子为首一多项式 $d_1(\lambda), d_2(\lambda), \cdots, d_s(\lambda)$ 且满足整除关系

$$d_1(\lambda) \mid d_2(\lambda) \mid \cdots \mid d_s(\lambda),$$

则 $p_A(\lambda) = d_1(\lambda)d_2(\lambda)\cdots d_s(\lambda), m_A(\lambda) = d_s(\lambda)$.

习题 3.5

1. 考虑 $\mathbb{R}$ 上的线性空间 $\mathbb{R}^3$, 记其中的向量为列向量 $\underline{x} = (x_1, x_2, x_3)^{\mathrm{T}}$. 设 φ 为 $\mathbb{R}^3$ 上通过左乘矩阵

$$A = \begin{pmatrix} 1 & 1 & 0 \\ 1 & 0 & -1 \\ 1 & 0 & 0 \end{pmatrix}$$

给出的线性变换, φ 也诱导出 $\mathbb{R}^3$ 上的 $\mathbb{R}[\lambda]$-模结构.

(i) 求向量 $\underline{x} = (1, 0, 0)^{\mathrm{T}}$ 的零化子 $\mathrm{ann}(\underline{x})$;

(ii) 求 $\mathbb{R}^3$ 作为 $\mathbb{R}[\lambda]$-模的不变因子;

(iii) 将 $\mathbb{R}^3$ 写成 $\mathbb{R}[\lambda]$-循环模的直和.

2. 设 φ 为 3 维复线性空间 V 上的线性变换, 且 φ 在 V 的某组基下的矩阵为

$$\begin{pmatrix} 1 & 3 & 5 \\ 0 & 1 & 3 \\ 0 & 0 & 3 \end{pmatrix},$$

那么 V 作为 $\mathbb{C}[\lambda]$-模是否为循环子模? 为什么?

3. 设 φ 为 n 维复线性空间 V 上的线性变换, 且存在某个正整数 k 使得 $\varphi^k = 0$ (即 φ 为幂零变换). 证明存在 V 的一组基, 使得 φ 在这组基下的矩阵为分块对角矩阵

$$\mathrm{diag}(N_1, N_2, \cdots, N_s),$$

其中对任意 $1 \leqslant i \leqslant s$, N_i 为对角线上元素为 0 的 Jordan 块.

4. 设 F 是特征为 0 的代数闭域, n 为正整数.

(i) 证明 F 上任一 Jordan 块都可以写为两个对称矩阵的乘积;

(ii) 证明 F 上任一 n 阶方阵都可以写为两个对称矩阵的乘积.

5. 设 $\mathbb{F}_2$ 为 2 元域.

(i) 给出 $\mathbb{F}_2$ 上所有次数小于等于 3 的不可约多项式, 并说明理由;

(ii) 设 $\mathrm{GL}(3, \mathbb{F}_2)$ 为 $\mathbb{F}_2$ 上所有 3×3 可逆矩阵构成的群, 给出群 $\mathrm{GL}(3, \mathbb{F}_2)$ 的共轭类数目, 并为每个共轭类找一个代表元.

第四章

模的张量积

4.1 模的系数环的扩张

设 S 为环, R 为 S 的子环, 且交换群 M 上存在由映射

$$\Phi : S \times M \to M$$

给出的左 S-模结构. 映射 Φ 在 $R \times M$ 上的限制自然给出了 M 上的一个左 R-模结构. 类似地, 通过对系数进行限制, 任意 M 上的右 S-模结构也给出 M 上的一个右 R-模结构.

反过来, 任意 M 上的左 R-模结构是否都可以被扩展为 M 上的一个左 S-模结构呢? 如果 M 上的左 R-模结构本身就是通过对某个左 S-模结构的系数进行限制得到的, 那么这种扩展自然存在. 不过一般情况下, 直接扩展这个操作并不总是可行的. 例如 $\mathbb{Z}$ 是一个 $\mathbb{Z}$-模, 但是 $\mathbb{Z}$ 上没有 $\mathbb{Q}$-模结构, 这表明 $\mathbb{Z}$ 上的 $\mathbb{Z}$-模结构不能扩展为 $\mathbb{Z}$ 上的 $\mathbb{Q}$-模结构. 同时我们也观察到 $\mathbb{Q}$ 包含 $\mathbb{Z}$ 且有 $\mathbb{Q}$-模结构, 并且在 $\mathbb{Q}$ 中, 有理数可以和整数做数乘. 因此, 如果希望环 S 的元素可以和 M 的元素做数乘, 就需要考虑在 M 的基础上构造一个新的交换群.

这样的交换群如果存在, 记其为 N. 由 N 为左 S-模知 N 上有以 S 中元素为系数的数乘. 特别地, 对任意 $s \in S$ 以及 $u \in M$, 记数乘的结果为 $su \in N$, 则对任意 $s, t \in S$ 以及 $u, v \in M$ 都有

$$(s+t)u = su + tu,$$

$$s(u+v) = su + sv,$$

$$(st)u = s(tu),$$

$$1u = u,$$

其中 1 为 S 的单位元. 注意到 M 为左 R 模, 对任意 $r \in R$ 以及 $u \in M$ 都有 $ru \in M$. 因此系数为 S 的数乘还需要满足对任意 $s \in S, r \in R$ 以及 $u \in M$, 有 $(sr)u = s(ru)$.

下面我们将利用自由交换群从 S 和 M 出发尝试构造满足以上条件的代数结构. 具体来说, 考虑 $S \times M$ 生成的自由交换群 $\mathbb{Z}^{\oplus(S \times M)}$, 即

$$\mathbb{Z}^{\oplus(S \times M)} := \{f : S \times M \to \mathbb{Z} \mid f \text{ 在至多有限个 } S \times M \text{ 的元素上取值非零}\}.$$

显然 $\mathbb{Z}^{\oplus(S \times M)}$ 中的元素也可以写为

$$\sum_{i=1}^{n} m_i(s_i, u_i),$$

其中 $n \in \mathbb{Z}^+$, 且对任意 $1 \leqslant i \leqslant n$ 有 $(s_i, u_i) \in S \times M$ 以及 $m_i \in \mathbb{Z}$.

通过将 $(s,u) \in S \times M$ 等同于 $1(s,u) \in \mathbb{Z}^{\oplus(S \times M)}$, 可以将 $S \times M$ 看作 $\mathbb{Z}^{\oplus(S \times M)}$ 的子集. 特别地, 集合 $S \times M$ 是 $\mathbb{Z}^{\oplus(S \times M)}$ 的一个自由生成元集. 由自由交换群的泛性质可知, 对任意交换群 G, 任意映射 $f : S \times M \to G$ 都可以延拓为 $\mathbb{Z}^{\oplus(S \times M)}$ 到 G 的群同态.

记 H 为 $\mathbb{Z}^{\oplus(S \times M)}$ 的由所有形如

$$(s+t, u) - (s, u) - (t, u),$$

$$(s, u+v) - (s, u) - (s, v),$$

$$(sr, u) - (s, ru)$$

的元素生成的子群, 其中 $s, t \in S$, $r \in R$, $u, v \in M$.

定义 4.1.1　*称商群*

$$S \otimes_R M := \mathbb{Z}^{\oplus(S \times M)} / H$$

为环 S 和左 R-模 M 过环 R 的**张量积**, 其中的元素称为**张量**.

记 $\mathbb{Z}^{\oplus(S \times M)}$ 到 $S \otimes_R M$ 的自然同态为 π, 对任意 $(s, u) \in S \times M$, 记它在商群中对应的元素 $\pi(s, u)$ 为 $s \otimes_R u$, 并称此类元素为**简单张量**.

> **注 4.1.1**　所有简单张量构成张量积 $S \otimes_R M$ 作为加法群的一个生成元集. 任意张量都可以写为有限多个简单张量的和. 但并不能总可以将任一张量表达为一个简单张量 (见习题 4.1 第 1 题).

直接验证可知在 $S \otimes_R M$ 中对任意 $s, t \in S$, $r \in R$ 以及 $u, v \in M$, 有

$$(s+t) \otimes_R u = s \otimes_R u + t \otimes_R u,$$

$$s \otimes_R (u+v) = s \otimes_R u + s \otimes_R v,$$

$$sr \otimes_R u = s \otimes_R ru,$$

$$0_S \otimes_R u = s \otimes_R 0_M = 0_S \otimes_R 0_M,$$

其中 0_S 为 S 的零元, 0_M 为 M 的零元.

命题 4.1.1　*映射*

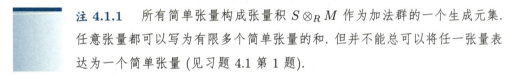

$$\Phi : S \times (S \otimes_R M) \to S \otimes_R M$$

$$\left(s, \sum_{i=1}^{n} s_i \otimes_R u_i \right) \mapsto \sum_{i=1}^{n} (ss_i) \otimes_R u_i$$

给出 $S \otimes_R M$ 上的一个左 S-模结构.

证明 首先证明 Φ 为一个映射, 即 Φ 的定义不依赖于 $S \otimes_R M$ 中元素的代表元的选取.

对任意 $s \in S$, 定义映射 $S \times M \to S \otimes_R M$ 为 $(t, u) \mapsto st \otimes_R u$. 由自由交换群的泛性质, 该映射可以延拓为以下群同态:

$$\widetilde{\varphi}_s : \mathbb{Z}^{\oplus(S \times M)} \to S \otimes_R M$$

$$\sum_{i=1}^n m_i(s_i, u_i) \mapsto \sum_{i=1}^n m_i(ss_i \otimes_R u_i).$$

考虑 H 的生成元在 $\widetilde{\varphi}_s$ 下的像, 对任意 $t, t_1, t_2 \in S$, $r \in R$ 以及 $u, u_1, u_2 \in M$, 都有

$$s(t_1 + t_2) \otimes_R u = (st_1 + st_2) \otimes_R u = st_1 \otimes_R u + st_2 \otimes_R u,$$

$$st \otimes_R (u_1 + u_2) = st \otimes_R u_1 + st \otimes_R u_2,$$

$$s(tr) \otimes_R u = st \otimes_R ru.$$

因此 $\widetilde{\varphi}_s(H) = \{0\} \leqslant S \otimes_R M$, 进而有 $H \leqslant \operatorname{Ker} \widetilde{\varphi}_s$. 由此可知存在群同态 φ_s 满足以下交换图:

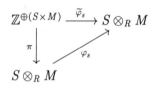

对任意 $s \in S$ 和 $\alpha \in S \otimes_R M$, 有

$$\Phi(s, \alpha) = \varphi_s(\alpha).$$

由此可知 Φ 定义良好.

下面验证 Φ 给出了 $S \otimes_R M$ 上的一个左 S-模结构. 之前的讨论中已经证明了对任意 $s \in S$, 映射 φ_s 是一个群同态. 另一方面, 简单张量生成 $S \otimes_R M$, 因此以下讨论中只需考虑简单张量.

对任意 $s, s_1, s_2 \in S$ 以及 $t \otimes_R u, t_1 \otimes_R v_1, t_2 \otimes_R v_2 \in S \otimes_R M$, 有

$$(s_1 + s_2)(t \otimes_R u) = ((s_1 + s_2)t) \otimes_R u = (s_1 t + s_2 t) \otimes_R u = s_1 t \otimes_R u + s_2 t \otimes_R u,$$

$$(s_1 s_2)(t \otimes_R u) = (s_1 s_2)t \otimes_R u = s_1(s_2 t) \otimes_R u = s_1((s_2 t) \otimes_R u),$$

$$s(t_1 \otimes_R v_1 + t_2 \otimes_R v_2) = st_1 \otimes_R v_1 + st_2 \otimes_R v_2,$$

$$1(t \otimes_R u) = t \otimes_R u.$$

所以 Φ 给出了 $S \otimes_R M$ 上的一个左 S-模结构. □

注 4.1.2 称左 S-模 $S \otimes_R M$ 是由左 R-模 M 通过扩张系数得到的. 由于 R 为 S 的子环, 故 $S \otimes_R M$ 也是一个左 R-模.

考虑左 R-模 R 及张量积 $S \otimes_R R$. 对任意 $(s, r) \in S \otimes_R R$, 有

$$s \otimes_R r = sr \otimes_R 1.$$

因此对任意张量 $\displaystyle\sum_{i=1}^{n} s_i \otimes_R r_i$, 有

$$\sum_{i=1}^{n} s_i \otimes_R r_i = \sum_{i=1}^{n} s_i r_i \otimes_R 1 = \left(\sum_{i=1}^{n} s_i r_i\right) \otimes_R 1.$$

到这里我们似乎看到 S 和 $S \otimes_R R$ 之间有一个同构. 但是要说明这点就需要说明对任意 $s \in S \setminus \{0\}$, 有

$$s \otimes_R 1 \neq 0 \in S \otimes_R R.$$

类似地, 考虑 M 到 $S \otimes_R M$ 的自然映射

$$\iota_M : M \to S \otimes_R M$$

$$u \mapsto 1 \otimes_R u,$$

直接验证可知这个映射是一个 R-模同态. 那么这个同态是一个单同态么? 或者从 R-模的角度来看, 是不是总可以把 M 看作是 $S \otimes_R M$ 的一个子模?

在回答这个问题之前, 先看两个例子. 在张量积 $\mathbb{Q} \otimes_{\mathbb{Z}} \mathbb{Z}_3$ 中, 对任意 $m \in \mathbb{Z}$, 都有

$$1 \otimes_{\mathbb{Z}} \overline{m} = \frac{1}{3} \otimes_{\mathbb{Z}} \overline{3m} = \frac{1}{3} \otimes_{\mathbb{Z}} \overline{0} = 0.$$

另一方面, 若 $M = R$, 则模同态

$$\iota_R : R \to S \otimes_R R$$

$$r \mapsto 1 \otimes_R r$$

似乎是一个单射. 综合这些观察, 之前所提问题的答案似乎是不一定.

下面介绍一个有助于讨论该问题的工具, 同时也是张量积非常重要的性质——张量积的泛性质.

定理 4.1.1 设 R 为环 S 的子环, M 为左 R-模, N 为左 S-模, 则有

(i) 对任意左 R-模同态 $\varphi : M \to N$, 存在唯一的左 S-模同态

$$\Phi : S \otimes_R M \to N$$

使得 $\varphi = \Phi \circ \iota_M$, 其中 $\iota_M : u \mapsto 1 \otimes_R u$ 为 M 到 $S \otimes_R M$ 的自然左 R-模同态.

(ii) 对任意左 S-模同态 $\Phi : S \otimes_R M \to N$, 复合映射 $\varphi = \Phi \circ \iota_M$ 为 M 到 N 的左 R-模同态.

注 4.1.3   这里给出的是张量积的泛性质在系数扩张这个特殊情况下的陈述. 定理结论 (i) 中的陈述称为张量积 $S \otimes_R M$ 的泛性质. 我们可以进一步证明满足该泛性质的 S-模在同构意义下唯一, 因此该性质也可以被用来以抽象的方式给出 S 和 M 过 R 的张量积的定义.

证明   (i) 设 $\varphi : M \to N$ 为左 R-模同态, 定义映射 $S \times M \to N$ 为 $(s, u) \mapsto s\varphi(u)$. 由自由交换群的泛性质, 该映射可以延拓为以下群同态:

$$\widetilde{\varphi} : \mathbb{Z}^{\oplus(S \times M)} \to N$$

$$\sum_{i=1}^{n} m_i(s_i, u_i) \mapsto \sum_{i=1}^{n} m_i s_i \varphi(u_i).$$

对任意 $s, s_1, s_2 \in S$, $r \in R$, $u, u_1, u_2 \in M$ 以及 $v, v_1, v_2 \in N$, 直接计算可得

$$\widetilde{\varphi}(s_1 + s_2, u) = (s_1 + s_2)\varphi(u) = s_1\varphi(u) + s_2\varphi(u) = \widetilde{\varphi}(s_1, u) + \widetilde{\varphi}(s_2, u),$$

$$\widetilde{\varphi}(s, u_1 + u_2) = s\varphi(u_1 + u_2) = s\varphi(u_1) + s\varphi(u_2) = \widetilde{\varphi}(s, u_1) + \widetilde{\varphi}(s, u_2),$$

$$\widetilde{\varphi}(sr, u) = sr\varphi(u) = s\varphi(ru) = \widetilde{\varphi}(s, ru).$$

由群同态基本定理可得群同态

$$\Phi : S \otimes_R M \to N$$

$$\sum_{i=1}^{n} s_i \otimes_R u_i \mapsto \sum_{i=1}^{n} s_i \varphi(u_i).$$

对任意 $s \in S$ 和 $\displaystyle\sum_{i=1}^{n} s_i \otimes_R u_i \in S \otimes_R M$, 有

$$\Phi\left(s\sum_{i=1}^{n} s_i \otimes_R u_i \right) = \Phi\left(\sum_{i=1}^{n} ss_i \otimes_R u_i \right) = \sum_{i=1}^{n} ss_i \varphi(u_i)$$

$$= s\left(\sum_{i=1}^{n} s_i \varphi(u_i) \right) = s\Phi\left(\sum_{i=1}^{n} s_i \otimes_R u_i \right).$$

因此 Φ 是左 S-模同态.

对任意 $u \in M$, 由

$$(\Phi \circ \iota_M)(u) = \Phi(1 \otimes_R u) = 1\varphi(u) = \varphi(u)$$

可知 $\varphi = \Phi \circ \iota_M$ 成立.

最后证明 Φ 的唯一性. 注意到 $\iota_M(M)$ 构成左 S-模 $S \otimes_R M$ 的生成元集, 因此任意从 $S \otimes_R M$ 出发的模同态都由 $\iota_M(M)$ 中元素的像决定. 又任意满足条件的 Φ 都满足 $\Phi \circ \iota_M = \varphi$, 因此这样的 Φ 唯一. 这便证明了结论 (i).

(ii) 设 $\Phi : S \otimes_R M \to N$ 为左 S-模同态. 由于 R 为 S 的子环, 通过限制系数, 任意左 S-模也是左 R-模, 同时任意左 S-模同态也是左 R-模同态. 又同态映射的复合仍是同态, 由 ι_M 为左 R-模同态可得复合

$$\varphi = \Phi \circ \iota_M : M \to N,$$

为左 R-模同态. $\square$

推论 4.1.1 左 S-模 S 和 $S \otimes_R R$ 同构.

证明 从 R 到 S 的嵌入映射

$$\varphi : R \to S$$

$$r \mapsto r$$

是左 R-模同态, 定理 4.1.1 证明中的构造给出如下的左 S-模同态:

$$\Phi : S \otimes_R R \to S$$

$$\sum_{i=1}^{n} s_i \otimes_R r_i \mapsto \sum_{i=1}^{n} s_i r_i,$$

且满足 $\varphi = \Phi \circ \iota_R$, 其中 ι_R 为如下左 R-模同态:

$$\iota_R : R \to S \otimes_R R$$

$$r \mapsto 1 \otimes_R r.$$

对任意张量 $\sum_{i=1}^{n} s_i \otimes_R r_i$, 由

$$\sum_{i=1}^{n} s_i \otimes_R r_i = \left(\sum_{i=1}^{n} s_i r_i \right) \otimes_R 1$$

可得 $S \otimes_R R = \{ s \otimes_R 1 \mid s \in S \}$.

由 Φ 的定义, 对任意 $s \in S$, 有 $\Phi(s \otimes_R 1) = s$. 另一方面, 存在左 S-模同态

$$\iota_S : S \to S \otimes_R R$$

$$s \mapsto s \otimes_R 1.$$

由 Φ 和 ι_S 的定义可知复合映射 $\Phi \circ \iota_S$ 和 $\iota_S \circ \Phi$ 分别为 S 和 $S \otimes_R R$ 上的恒等映射. 因此 Φ 和 ι_S 均为左 S-模同构. 由此可得左 S-模同构 $S \cong S \otimes_R R$. $\square$

由此可以进一步得到如下 $S \otimes_R R$ 中判断一个元素是否为 0 的等价条件.

推论 4.1.2   对任意 $s \in S$, 元素 $s \otimes_R 1$ 为零张量当且仅当 $s = 0$.

考虑 S 和 R 上自由模的张量积, 由定理 4.1.1 也可以得到如下结论.

推论 4.1.3   对任意 $n \in \mathbb{Z}^+$, 左 S-模 S^n 与 $S \otimes_R R^n$ 同构.

证明   该推论的证明与推论 4.1.1 的证明类似. 记 R^n 中的元素为 $\underline{r} = (r_1, r_2, \cdots, r_n)$, S^n 中的元素为 $\underline{s} = (s_1, s_2, \cdots, s_n)$.

从 R^n 到 S^n 的自然嵌入

$$\varphi : R^n \to S^n$$

$$\underline{r} \mapsto \underline{r}$$

是左 R-模同态. 由定理 4.1.1 证明中的构造可得以下左 S-模同态:

$$\Phi : S \otimes_R R^n \to S^n$$

$$\sum_{i=1}^{m} s_i \otimes_R \underline{r}_i \mapsto \sum_{i=1}^{m} s_i \underline{r}_i,$$

满足 $\varphi = \Phi \circ \iota_{R^n}$, 其中 ι_{R^n} 为如下左 R-模同态:

$$\iota_{R^n} : R^n \to S \otimes_R R^n$$

$$\underline{r} \mapsto 1 \otimes_R \underline{r}.$$

对任意 $1 \leqslant i \leqslant n$, 记 $\underline{e}_i$ 为 R^n 中第 i 个位置为 1, 其余位置为 0 的元素. 因此对任意 $s \in S$ 以及 $\underline{r} = (r_1, r_2, \cdots, r_n) \in R^n$, 有

$$s \otimes_R \underline{r} = \sum_{i=1}^{n} s \otimes_R r_i \underline{e}_i = \sum_{i=1}^{n} s r_i \otimes_R \underline{e}_i.$$

由 Φ 的定义, 对任意 $s_1, s_2, \cdots, s_n \in S$ 有

$$\Phi \left(\sum_{i=1}^{n} s_i \otimes_R \underline{e}_i \right) = (s_1, s_2, \cdots, s_n) \in S^n.$$

另一方面, 定义映射

$$\Psi : S^n \to S \otimes_R R^n$$

$$(s_1, s_2, \cdots, s_n) \mapsto \sum_{i=1}^{n} s_i \otimes_R \underline{e}_i.$$

直接计算可以验证 Ψ 是左 S-模同态. 由 Φ 和 Ψ 的定义可知 $\Phi \circ \Psi$ 和 $\Psi \circ \Phi$ 分别为 S^n 和 $S \otimes_R R^n$ 上的恒等映射. 因此 Φ 和 Ψ 均为 S-模同构, 从而有左 S-模同构 $S^n \cong S \otimes_R R^n$. $\square$

下面考察 M 和 $S \otimes_R M$ 之间的关系, 仍记 $\iota_M : u \mapsto 1 \otimes_R u$ 为 M 到 $S \otimes_R M$ 的自然左 R-模同态.

推论 4.1.4　对任意 M 到 $S \otimes_R M$ 的左 R-模同态 φ, 都存在左 S-模同态

$$\psi : M/\mathrm{Ker}\,\iota_M \to \mathrm{Im}\,\varphi,$$

即 $\mathrm{Im}\,\varphi$ 可以看作是 $M/\mathrm{Ker}\,\iota_M$ 的商模.

注 4.1.4　换言之, 在同构意义下 $\mathrm{Im}\,\iota_M$ 是通过模同态将 M 映到 $S \otimes_R M$ 可以得到的 $S \otimes_R M$ 的 "最大" 子模.

证明　设 φ 为从 M 到 $S \otimes_R M$ 的左 R-模同态. 由定理 4.1.1 知存在左 S-模同态 $\varPhi$, 使得以下交换图成立:

$$
\begin{array}{ccc}
M & \xrightarrow{\ \varphi\ } & S \otimes_R M \\
 & \searrow{\scriptstyle \iota_M} & \big\uparrow{\scriptstyle \varPhi} \\
 & & S \otimes_R M
\end{array}
$$

另一方面, 对 ι_M 使用模同态基本定理, 则以上交换图可以扩展为

$$
\begin{array}{ccc}
M & \xrightarrow{\ \varphi\ } & S \otimes_R M \\
{\scriptstyle \mathrm{pr}}\big\downarrow & \searrow{\scriptstyle \iota_M} & \big\uparrow{\scriptstyle \varPhi} \\
M/\mathrm{Ker}\,\iota_M & \xrightarrow[\ \overline{\iota_M}\ ]{} & S \otimes_R M
\end{array}
$$

其中 pr 为自然同态, 取 $\psi = \varPhi \circ \overline{\iota_M}$ 即可.　□

注 4.1.5　在做张量积 $S \otimes_R M$ 时, 有可能会有 "塌缩". 一个典型的例子就是 $\mathbb{Q} \otimes_{\mathbb{Z}} \mathbb{Z}_n = \{0\}$. 以上推论说明若不存在 $\mathrm{Im}\,\iota_M$ 到 M 的左 R-模满同态, 则不存在任何 M 到 $S \otimes_R M$ 的左 R-模单同态. 等价地, 也可以说此时 $S \otimes_R M$ 没有与 M 同构的左 R-子模.

下面给出两个系数扩张的例子.

例 4.1.1(有限生成的交换群)　利用主理想整环上有限生成模的结构定理, 任意同时含有无穷阶元素和非单位有限阶元素的有限生成交换群都同构于某个形如

$$\mathbb{Z}^r \oplus \left(\bigoplus_{i=1}^{k} \mathbb{Z}_{d_i} \right)$$

的交换群, 这里 $k, r \in \mathbb{Z}^+$, $d_1, d_2, \cdots, d_k$ 均为大于等于 2 的自然数, 且满足 $d_1 \mid d_2 \mid \cdots \mid d_k$. 考虑它与 $\mathbb{Q}$ 的张量积, 我们有

$$\mathbb{Q} \otimes_{\mathbb{Z}} \left(\mathbb{Z}^r \oplus \left(\bigoplus_{i=1}^{k} \mathbb{Z}_{d_i} \right) \right) = \mathbb{Q} \otimes_{\mathbb{Z}} \mathbb{Z}^r + \mathbb{Q} \otimes_{\mathbb{Z}} \left(\bigoplus_{i=1}^{k} \mathbb{Z}_{d_i} \right) = \mathbb{Q} \otimes_{\mathbb{Z}} \mathbb{Z}^r + \{0\} \cong \mathbb{Q}^r.$$

中间的等号来自以下观察:

$$\mathbb{Q} \otimes_{\mathbb{Z}} \left(\bigoplus_{i=1}^{k} \mathbb{Z}_{d_i} \right) = \mathbb{Q} \otimes_{\mathbb{Z}} d_k \left(\bigoplus_{i=1}^{k} \mathbb{Z}_{d_i} \right) = \{0\}.$$

例 4.1.2(实线性空间的复化) 考虑实线性空间 $\mathbb{R}^n$, 其中 $n \in \mathbb{Z}^+$. 由推论 4.1.3 得复线性空间同构

$$\mathbb{C} \otimes_{\mathbb{R}} \mathbb{R}^n \cong \mathbb{C}^n.$$

因此 $\mathbb{C} \otimes_{\mathbb{R}} \mathbb{R}^n$ 作为复线性空间的维数为 n, 作为实线性空间的维数为 $2n$. 若 $\underline{e}_1, \underline{e}_2, \cdots, \underline{e}_n$ 为实线性空间 $\mathbb{R}^n$ 的一组基, 则

$$1 \otimes_{\mathbb{R}} \underline{e}_1, 1 \otimes_{\mathbb{R}} \underline{e}_2, \cdots, 1 \otimes_{\mathbb{R}} \underline{e}_n$$

为 $\mathbb{C} \otimes_{\mathbb{R}} \mathbb{R}^n$ 作为复线性空间的一组基. 同时

$$1 \otimes_{\mathbb{R}} \underline{e}_1, \mathrm{i} \otimes_{\mathbb{R}} \underline{e}_1, 1 \otimes_{\mathbb{R}} \underline{e}_2, \mathrm{i} \otimes_{\mathbb{R}} \underline{e}_2, \cdots, 1 \otimes_{\mathbb{R}} \underline{e}_n, \mathrm{i} \otimes_{\mathbb{R}} \underline{e}_n$$

构成 $\mathbb{C} \otimes_{\mathbb{R}} \mathbb{R}^n$ 作为实线性空间的一组基.

习题 4.1

1. 证明在 $\mathbb{C} \otimes_{\mathbb{R}} \mathbb{C}$ 中, $1 \otimes_{\mathbb{R}} \mathrm{i} + \mathrm{i} \otimes_{\mathbb{R}} 1$ 不是简单张量.
2. 证明 $\mathbb{C} \otimes_{\mathbb{C}} \mathbb{C}$ 和 $\mathbb{C} \otimes_{\mathbb{R}} \mathbb{C}$ 作为 $\mathbb{C}$-模不同构, 且作为 $\mathbb{R}$-模也不同构.
3. 证明 $\mathbb{Q} \otimes_{\mathbb{Q}} \mathbb{Q}$ 和 $\mathbb{Q} \otimes_{\mathbb{Z}} \mathbb{Q}$ 作为 $\mathbb{Q}$-模同构.
4. 设 R 为环, 对任意左 R-模 M, 证明存在 R-模同构 $R \otimes_R M \cong M$.
5. 设 D 为整环, F 为其分式域, 考虑 D-模 F/D, 证明 $F/D \otimes_D F/D = \{0\}$.

4.2   模的张量积

本节考虑一般模之间的张量积.

设 R 为环. 对任意右 R-模 M 和左 R-模 N, 考虑笛卡儿积 $M \times N$ 生成的自由交换群

$$\mathbb{Z}^{\oplus(M \times N)} := \{ f : M \times N \to \mathbb{Z} \mid f \text{ 在至多有限个 } M \times N \text{ 的元素上取值非零} \}.$$

记其中元素为

$$\sum_{i=1}^{n} m_i(u_i, v_i),$$

其中 $n \in \mathbb{Z}^+$, 且对任意 $1 \leqslant i \leqslant n$ 有 $(u_i, v_i) \in M \times N$ 以及 $m_i \in \mathbb{Z}$.

通过将 $(u, v) \in M \times N$ 等同于 $1(u, v) \in \mathbb{Z}^{\oplus(M \times N)}$, 可以将 $M \times N$ 看作 $\mathbb{Z}^{\oplus(M \times N)}$ 的子集. 特别地, 集合 $M \times N$ 是 $\mathbb{Z}^{\oplus(M \times N)}$ 的一个自由生成元集. 由自由交换群的泛性质可知, 对任意交换群 G, 任意映射 $f : M \times N \to G$ 都可以延拓为 $\mathbb{Z}^{\oplus(M \times N)}$ 到 G 的群同态.

记 H 为由所有形如

$$(u_1 + u_2, v) - (u_1, v) - (u_2, v),$$

$$(u, v_1 + v_2) - (u, v_1) - (u, v_2),$$

$$(ur, v) - (u, rv)$$

的元素生成的 $\mathbb{Z}^{\oplus(M \times N)}$ 的子群, 其中 $u, u_1, u_2 \in M, v, v_1, v_2 \in N, r \in R$.

<u>**定义 4.2.1**</u> 定义右 R-模 M 和左 R-模 N 过 R 的**张量积**为商群

$$M \otimes_R N := \mathbb{Z}^{\oplus(M \times N)} / H,$$

其中的元素称为**张量**.

记 $\mathbb{Z}^{\oplus(M \times N)}$ 到 $M \otimes_R N$ 的自然同态为 π. 对任意 $(u, v) \in M \times N$, 记其对应的商群的元素 $\pi(u, v)$ 为 $u \otimes_R v$, 并称此类元素为**简单张量**.

注 4.2.1 与前一节讨论的张量积类似, 张量积 $M \otimes_R N$ 由简单张量生成, 即所有张量都可以写成有限多个简单张量的和. 但并不一定能将任意张量表达为一个简单张量.

由 $M \otimes_R N$ 的定义可知对任意 $u, u_1, u_2 \in M, r \in R$ 以及 $v, v_1, v_2 \in N$, 都有

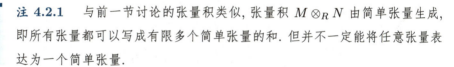

$$(u_1 + u_2) \otimes_R v = u_1 \otimes_R v + u_2 \otimes_R v,$$

$$u \otimes_R (v_1 + v_2) = u \otimes_R v_1 + u \otimes_R v_2,$$

$$ur \otimes_R v = u \otimes_R rv,$$

$$0_M \otimes_R v = u \otimes_R 0_N = 0_M \otimes_R 0_N.$$

在刚见到这个定义时我们可能会有两个疑问. 第一个是右模和左模的组合是否可以被换成其他组合? 假设 M 和 N 都是左 R-模, 并将 H 的生成元最后一类元素改为 $(ru, v) - (u, rv)$, 则对任意 $u \in M, v \in N$ 以及 $s, r \in R$, 都有

$$(rs)u \otimes_R v = su \otimes_R rv = u \otimes_R (sr)v = (sr)u \otimes_R v,$$

进而有 $(rs - sr)u \otimes_R v = 0$.

如果 R 交换, 那么以上关系自然满足. 在一般情况下, 这样的张量积如果可以定义出来, 就可以将其看作是商环 $R/[R,R]$ 上的模, 其中 $[R,R]$ 为 R 中由所有形如 $rs - sr$ 的元素生成的理想. 而 R 中与非交换有关的信息都丢失了.

第二个疑问是关于 R-模结构. 考虑到 M 和 N 都是 R-模, 那么张量积 $M \otimes_R N$ 上是否有 R-模结构? 先只看简单张量, 对任意 $r \in R$ 和 $(u,v) \in M \times N$, 可以尝试定义

$$r(u \otimes_R v) := ur \otimes_R v = u \otimes_R rv,$$

则对任意元素 $s \in R$, 有

$$u(sr) \otimes_R v = r(us \otimes_R v) = r(u \otimes_R sv) = ur \otimes_R sv = urs \otimes_R v.$$

因此对任意 $s,r \in R, u \in M$ 以及 $v \in N$, 都有 $(sr - rs)(u \otimes_R v) = 0$. 这与之前遇到的与 R 的交换性相关的问题类似.

以上讨论告诉我们这些构造在 R 为一般的环时有可能是不成立的, 同时也说明当 R 交换时, 我们的构造会有更多的选择. 本节首先考虑 R 为一般环的情形, 下节则对 R 交换的情形做单独讨论.

下面介绍模的张量积所具有的泛性质.

定义 4.2.2   设 M 为右 R-模, N 为左 R-模, G 为加法交换群. 对任意映射

$$\varphi : M \times N \to G,$$

若其满足对任意 $u, u_1, u_2 \in M, v, v_1, v_2 \in N$ 以及 $r \in R$ 都有

$$\varphi(u, v_1 + v_2) = \varphi(u, v_1) + \varphi(u, v_2),$$

$$\varphi(u_1 + u_2, v) = \varphi(u_1, v) + \varphi(u_2, v),$$

$$\varphi(ur, v) = \varphi(u, rv),$$

则称 φ 是 R-平衡的或者中间 R-线性的.

例 4.2.1   映射

$$\iota : M \times N \to M \otimes_R N$$

$$(u, v) \mapsto u \otimes_R v$$

是 R-平衡的.

定理 4.2.1   设 M 为右 R-模, N 为左 R-模, ι 为例 4.2.1 中的 R-平衡映射. 设 G 为加法交换群, 则

(i) 对任意 R-平衡映射 $\varphi : M \times N \to G$, 存在唯一的群同态

$$\Phi : M \otimes_R N \to G$$

满足 $\varphi = \Phi \circ \iota$.

(ii) 对任意群同态 $\Phi : M \otimes_R N \to G$, 复合映射 $\varphi = \Phi \circ \iota$ 是 $M \times N$ 到 G 的 R-平衡映射.

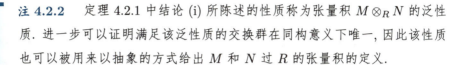

注 4.2.2   定理 4.2.1 中结论 (i) 所陈述的性质称为张量积 $M \otimes_R N$ 的泛性质. 进一步可以证明满足该泛性质的交换群在同构意义下唯一, 因此该性质也可以被用来以抽象的方式给出 M 和 N 过 R 的张量积的定义.

证明   设 $\varphi : M \times N \to G$ 为一个 R-平衡映射. 由自由交换群的泛性质, 该映射可以延拓为群同态

$$\widetilde{\varphi} : \mathbb{Z}^{\oplus(M \times N)} \to G$$

$$\sum_{i=1}^{n} m_i(u_i, v_i) \mapsto \sum_{i=1}^{n} m_i \varphi(u_i, v_i).$$

对任意 $u, u_1, u_2 \in M$, $v, v_1, v_2 \in N$ 以及 $r \in R$, 直接计算可得

$$\widetilde{\varphi}((u_1 + u_2, v) - (u_1, v) - (u_2, v)) = \varphi(u_1 + u_2, v) - \varphi(u_1, v) - \varphi(u_2, v) = 0_G,$$

$$\widetilde{\varphi}((u, v_1 + v_2) - (u, v_1) - (u, v_2)) = \varphi(u, v_1 + v_2) - \varphi(u, v_1) - \varphi(u, v_2) = 0_G,$$

$$\widetilde{\varphi}((u, rv) - (ur, v)) = \varphi(u, rv) - \varphi(ur, v) = 0_G.$$

由群同态基本定理, 我们有以下交换图:

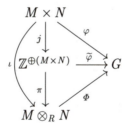

其中群同态 $\Phi : M \otimes_R N \to G$ 为 $\Phi : \sum_{i=1}^{n} u_i \otimes_R v_i \mapsto \sum_{i=1}^{n} \varphi(u_i, v_i)$, 因此 $\varphi = \Phi \circ \iota$.

最后证明 Φ 的唯一性. 注意到简单张量构成 $M \otimes_R N$ 的一组生成元, 因此 Φ 由 $\mathrm{Im}\, \iota$ 中元素的像决定. 又 Φ 满足条件 $\Phi \circ \iota = \varphi$, 故这样的 Φ 唯一.

反过来, 由于 ι 为 R-平衡映射, 对任意群同态 $\Phi : M \otimes_R N \to G$, 复合映射 $\varphi = \Phi \circ \iota$ 也是 R-平衡映射. $\square$

注 4.2.3   定理 4.2.1 告诉我们 $M \times N$ 到 G 的 R-平衡映射与 $M \otimes_R N$ 到 G 的同态映射有一一对应的关系.

注 **4.2.4**   对任意加法交换群 G 以及 R-平衡映射 $\varphi : M \times N \to G$, 有 G 的子群 $L = \langle \operatorname{Im} \varphi \rangle$. 张量积的泛性质告诉我们 $M \otimes_R N$ 是同构意义下通过这种办法所能得到的群中"最大"的那个. 这里"最大"的意思是指其他用此办法得到的群都可以看作是张量积 $M \otimes_R N$ 的商群.

注 **4.2.5**   张量积泛性质的一个用途是用来判断某些张量是否为零张量. 例如仍考虑张量积 $M \otimes_R N$, 对任意简单张量 $u \otimes_R v$, 若存在交换群 G 以及一个 R-平衡映射 $\varphi : M \times N \to G$ 使得 $\varphi(u, v) \neq 0_G$, 则 $u \otimes_R v$ 不是零张量.

对任意右 R-模 M 和左 R-模 N, 如果 M 和 N 有更多的结构, 那么二者的张量积 $M \otimes_R N$ 也可能会有更多的结构.

设 R, S 和 T 均为环.

<u>定义 **4.2.3**</u>   设 M 为交换群, 若存在映射

$$\Phi : S \times M \times R \to M$$

$$(s, u, r) \mapsto v$$

满足对任意 $s \in S$ 和 $r \in R$, 映射

$$\Phi_s : M \times R \to M$$

$$(u, r') \mapsto \Phi(s, u, r')$$

和

$$\Phi_r : S \times M \to M$$

$$(s', u) \mapsto \Phi(s', u, r)$$

分别给出 M 上的右 R-模结构和左 S-模结构, 则称 Φ 给出 M 上一个 (S, R)-**双模结构**.

注 **4.2.6**   若交换群 M 上有一个 (S, R)-双模结构, 则 M 上有一个左 S-数乘和一个右 R-数乘, 且二者满足对任意 $s \in S, u \in M$ 以及 $r \in R$, 都有 $(su)r = s(ur)$.

命题 4.2.1   (i) 设 M 为 (S, R)-双模, N 为左 R-模, 则映射

$$S \times (M \otimes_R N) \to M \otimes_R N$$

$$(s, u \otimes_R v) \mapsto su \otimes_R v$$

给出张量积 $M \otimes_R N$ 上一个左 S-模结构.

(ii) 设 M 为右 R-模, N 为 (R, T)-双模, 则映射

$$(M \otimes_R N) \times T \to M \otimes_R N$$

$$(u \otimes_R v, t) \mapsto u \otimes_R vt$$

给出张量积 $M \otimes_R N$ 上一个右 T-模结构.

(iii) 设 M 为 (S, R)-双模, N 为 (R, T)-双模, 则映射

$$S \times (M \otimes_R N) \times T \to M \otimes_R N$$

$$(s, u \otimes_R v, t) \mapsto su \otimes_R vt$$

给出张量积 $M \otimes_R N$ 上一个 (S, T)-双模结构.

该命题证明与命题 4.1.1 的证明类似, 留作习题 (见习题 4.2 第 1 题).

在一个张量积有模结构之后, 就可以构造其与其他模的张量积. 设 K, M 和 N 分别为右 S-模, (S, R)-双模和左 R-模, 则可以构造 $K \otimes_S (M \otimes_R N)$ 和 $(K \otimes_S M) \otimes_R N$ 这两个张量积, 二者关系如下.

命题 4.2.2 存在唯一的从 $K \otimes_S (M \otimes_R N)$ 到 $(K \otimes_S M) \otimes_R N$ 的群同构

$$\Phi : K \otimes_S (M \otimes_R N) \to (K \otimes_S M) \otimes_R N$$

满足对任意 $w \otimes_S (u \otimes_R v) \in K \otimes_S (M \otimes_R N)$, 都有 $\Phi(w \otimes_S (u \otimes_R v)) = (w \otimes_S u) \otimes_R v$.

注 4.2.7 考虑到两个张量积的构造, 将 $w \otimes_S (u \otimes_R v)$ 和 $(w \otimes_S u) \otimes_R v$ 对应起来是一个很自然的想法. 命题 4.2.2 说明这样的对应确实给出了两个张量积之间的群同构, 称其为 $K \otimes_S (M \otimes_R N)$ 到 $(K \otimes_S M) \otimes_R N$ 的**自然同构**. 当然命题 4.2.2 并没有排除二者之间其他群同构存在的可能性.

证明 考虑映射

$$\psi : K \times M \times N \to (K \otimes_S M) \otimes_R N$$

$$(w, u, v) \mapsto (w \otimes_S u) \otimes_R v.$$

对任意 $w \in K$, 定义映射

$$\psi_w : M \times N \to (K \otimes_S M) \otimes_R N$$

$$(u, v) \mapsto (w \otimes_S u) \otimes_R v.$$

直接验证可知 ψ_w 是 R-平衡映射, 由张量积的泛性质, 即定理 4.2.1, 可知存在唯一的群同态

$$\Psi_w : M \otimes_R N \to (K \otimes_S M) \otimes_R N,$$

满足对任意 $(u,v) \in M \times N$ 都有 $\Psi_w(u \otimes_R v) = \psi_w(u,v)$. 由此可得映射

$$\varphi : K \times (M \otimes_R N) \to (K \otimes_S M) \otimes_R N$$

$$(w, u \otimes_R v) \mapsto \Psi_w(u \otimes_R v) = (w \otimes_S u) \otimes_R v.$$

容易验证 φ 是一个 S-平衡映射, 继续由张量积的泛性质可知存在唯一的群同态

$$\Phi : K \otimes_S (M \otimes_R N) \to (K \otimes_S M) \otimes_R N,$$

满足对任意 $(w, u \otimes_R v) \in K \times (M \otimes_R N)$ 都有 $\Phi(w \otimes_S (u \otimes_R v)) = \varphi(w, u \otimes_R v)$.
类似地, 可以证明存在唯一的群同态

$$\Theta : (K \otimes_S M) \otimes_R N \to K \otimes_S (M \otimes_R N),$$

满足对任意 $(w \otimes_S u) \otimes_R v \in (K \otimes_S M) \otimes_R N$ 都有 $\Theta((w \otimes_S u) \otimes_R v) = w \otimes_S (u \otimes_R v)$.
由 Φ 和 Θ 的定义可知复合同态 $\Phi \circ \Theta$ 和 $\Theta \circ \Phi$ 分别为 $K \otimes_S (M \otimes_R N)$ 和 $(K \otimes_S M) \otimes_R N$ 上的恒等映射. 因此 Φ 和 Θ 都是群同构. 由于简单张量生成 $K \otimes_S (M \otimes_R N)$, 故满足条件的 Φ 是唯一的.   □

如果 K 或 N 上有双模结构, 那么以上群同构也是模同构.

推论 4.2.1   沿用以上记号.

(i) 若 K 为 (T,S)-双模, 则以上群同构 Φ 也是左 T-模同构.

(ii) 若 N 为 (R,T)-双模, 则以上群同构 Φ 也是右 T-模同构.

直接验证即可得到证明, 因此略去.

注 4.2.8   以上结论也可以推广到对多个模的张量积的讨论.

命题 4.2.3   设 M 和 M' 为右 R-模, N 和 N' 为左 R-模, 又设

$$f : M \to M'$$

为右 R-模同态,

$$g : N \to N'$$

为左 R-模同态, 则存在唯一的群同态

$$f \otimes g : M \otimes_R N \to M' \otimes_R N',$$

满足对任意 $u \otimes_R v \in M \otimes_R N$, 都有 $(f \otimes g)(u \otimes_R v) = f(u) \otimes_R g(v)$.

证明   考虑映射

$$\Phi : M \times N \to M' \otimes_R N'$$

$$(u,v) \mapsto f(u) \otimes_R g(v),$$

由 f 和 g 为模同态, 直接验证可知 Φ 为 R-平衡映射. 由张量积的泛性质可知存在唯一的群同态

$$f \otimes g : M \otimes_R N \to M' \otimes_R N',$$

满足对任意 $(u, v) \in M \times N$, 都有 $(f \otimes g)(u \otimes_R v) = \Phi(u, v) = f(u) \otimes_R g(v)$. □

定义 4.2.4 称命题 4.2.3 中的群同态 $f \otimes g$ 为右模同态 f 与左模同态 g 的**张量积**.

推论 4.2.2 沿用以上记号.

(i) 若 M 和 M' 均为 (T, R)-双模, 且 f 同时也为左 T-模同态, 则 $f \otimes g$ 是左 T-模同态.

(ii) 若 N 和 N' 均为 (R, T)-双模, 且 g 同时也为右 T-模同态, 则 $f \otimes g$ 是右 T-模同态.

直接验证即得证明, 此处略去.

沿用之前的记号, 并设 M'' 为右 R-模, N'' 为左 R-模,

$$f' : M' \to M''$$

为右 R-模同态,

$$g' : N' \to N''$$

为左 R-模同态.

命题 4.2.4 沿用以上记号, 则有

$$(f' \otimes g') \circ (f \otimes g) = (f' \circ f) \otimes (g' \circ g).$$

证明 二者均为相同的群之间的同态, 且在简单张量上的取值相同. 由于简单张量生成张量积, 因此二者相等. □

推论 4.2.3 若 f 和 g 都为模同构, 则 $f \otimes g$ 为群同构.

下面考虑张量积与直和之间的关系. 我们有以下结论

命题 4.2.5 设 M 和 K 均为右 R-模, L 和 N 均为左 R-模, 则存在以下群同构

$$M \otimes_R (L \oplus N) \cong (M \otimes_R L) \oplus (M \otimes_R N),$$

$$(M \oplus K) \otimes_R N \cong (M \otimes_R N) \oplus (K \otimes_R N).$$

证明 下面只证明第一个同构, 第二个同构的证明类似, 留作习题 (见习题 4.2 第 2 题).

考虑映射

$$\varphi : M \times (L \oplus N) \to (M \otimes_R L) \oplus (M \otimes_R N)$$

$$(u,(w,v)) \mapsto (u \otimes_R w, u \otimes_R v),$$

直接验证可知该映射为 R-平衡的. 由张量积的泛性质可知存在唯一的群同态

$$\Phi : M \otimes_R (L \oplus N) \to (M \otimes_R L) \oplus (M \otimes_R N)$$

满足对任意 $(u,(w,v)) \in M \times (L \oplus N)$, 都有 $\Phi(u \otimes_R (w,v)) = \varphi(u,(w,v))$. 由于 $M \otimes_R L$ 和 $M \otimes_R N$ 分别由其中的简单张量生成, 进一步地有 Φ 为满同态. 若要证 Φ 为群同构, 则只需证明 Φ 为单同态即可.

若 $\omega = \sum_{i=1}^n u_i \otimes_R (w_i, v_i) \in M \otimes_R (L \oplus N)$ 满足

$$\Phi(\omega) = (0_{M \otimes_R L}, 0_{M \otimes_R N}),$$

则有

$$\sum_{i=1}^n u_i \otimes_R w_i = 0_{M \otimes_R L}$$

和

$$\sum_{i=1}^n u_i \otimes_R v_i = 0_{M \otimes_R N}.$$

由推论 4.2.3 可得群同构

$$M \otimes_R L \cong M \otimes_R (L \oplus \{0_N\}) \quad \text{和} \quad M \otimes_R N \cong M \otimes_R (\{0_L\} \oplus N).$$

因此

$$\sum_{i=1}^n u_i \otimes_R (w_i, v_i) = \sum_{i=1}^n u_i \otimes_R (w_i, 0_N) + \sum_{i=1}^n u_i \otimes_R (0_L, v_i) = 0_{M \otimes_R (L \oplus N)}.$$

由此可知 $\mathrm{Ker}\,\Phi = \{0_{M \otimes_R (L \oplus N)}\}$, 故同态 Φ 为单射. 综上所述, 同态 Φ 为群同构. □

直接验证可得如下推论.

推论 4.2.4　沿用以上记号.

(i) 若 M, K 均为 (T, R)-双模, 则以上群同构也是左 T-模同构.

(ii) 若 L, N 均为 (R, T)-双模, 则以上群同构也是右 T-模同构.

作为一个例子, 我们有如下关于 R 上自由模之间的张量积的结论.

推论 4.2.5　对任意 $m, n \in \mathbb{Z}^+$, 有以下 R-模同构:

$$R^m \otimes_R R^n \cong R^{mn}.$$

证明　由推论 4.1.1 可得 R-模同构 $R \otimes_R R \cong R$. 对任意 $m, n \in \mathbb{Z}^+$, 由推论 4.2.4 可得以下 R-模同构:

$$R^m \otimes_R R^n \cong (R \otimes_R R^n)^m \cong (R \otimes_R R)^{mn} \cong R^{mn}.$$

□

习题 4.2

1. 证明命题 4.2.1.

2. 证明命题 4.2.5 中的第二个同构.

3. 设 R 为环. 对任意正整数 k, l, m, n, 计算 R 上自由模 $(R^k \oplus R^l) \otimes_R (R^m \oplus R^n)$ 的秩.

4. 设 R 为环. 对任意左 R-模 M 以及正整数 n, 证明存在左 R-模同构

$$R^n \otimes_R M \cong M^n,$$

这里 M^n 为 n 个 M 的直和.

5. 设 R 为环, M 和 N 分别为右 R-模和左 R-模, 那么 $M \otimes_R N$ 和 $M \otimes_{\mathbb{Z}} N$ 作为交换群同构么? 若是, 请给出证明; 若否, 请举出反例.

6. 设 R 为环, M_1 和 M_2 为右 R-模, N 为左 R-模. 设 $\varphi : M_1 \to M_2$ 为模单同态, 那么群同态

$$\varphi \otimes_R \mathrm{id}_N : M_1 \otimes_R N \to M_2 \otimes_R N$$

是单同态么? 若是, 请给出证明; 若否, 请举出反例.

4.3　交换环上模的张量积

本节将讨论交换环上模的张量积. 交换环理论和非交换环理论在其发展过程中有相同的地方也有各自的特点, 所涉及的张量积理论发展的动机也有一定的区别. 在某种意义上本节内容也可以独立于前一节来学习.

研究交换环上模的张量积的一个契机是对多重线性映射的研究, 由于线性代数广泛的应用, 多重线性映射出现在众多领域中. 本节将在介绍完一般理论后着重讨论一些与线性空间相关的结论. 因为交换环上的左模也是右模, 所以在后面的讨论中, 我们将不再区分左右模, 形式上数乘运算中的系数都记在左边.

设 R 为交换环. 交换环上模的张量积有一个自然的模结构.

命题 4.3.1　设 M 和 N 为 R-模, 则映射

$$\Phi : R \times (M \otimes_R N) \to M \otimes_R N$$

$$\left(r, \sum_{i=1}^n u_i \otimes_R v_i\right) \mapsto \sum_{i=1}^n ru_i \otimes_R v_i$$

给出张量积 $M \otimes_R N$ 上的一个 R-模结构.

该命题的证明与命题 4.1.1 的证明类似, 此处略去.

下面给出交换环上模的张量积的泛性质, 为此首先引入双线性映射的概念.

定义 4.3.1　设 K, M 和 N 为 R-模, 称映射

$$\varphi : M \times N \to K$$

为 **R-双线性**的, 若对任意 $u, u_1, u_2 \in M, v, v_1, v_2 \in N$ 以及 $r \in R$, 都有

$$\varphi(u, v_1 + v_2) = \varphi(u, v_1) + \varphi(u, v_2),$$

$$\varphi(u_1 + u_2, v) = \varphi(u_1, v) + \varphi(u_2, v),$$

$$\varphi(ru, v) = \varphi(u, rv) = r\varphi(u, v).$$

例 4.3.1　设 M 和 N 为 R-模, 则

$$\iota : M \times N \to M \otimes_R N$$

$$(u, v) \mapsto u \otimes_R v$$

是一个 R-双线性映射.

定理 4.3.1　设 K, M 和 N 为 R-模, ι 为例 4.3.1 中的 R-双线性映射, 则有

(i) 对任意 R-双线性映射 $\varphi : M \times N \to K$, 存在唯一的 R-模同态

$$\Phi : M \otimes_R N \to K$$

满足 $\varphi = \Phi \circ \iota$.

(ii) 对任意 R-模同态 $\Phi : M \otimes_R N \to K$, 复合映射 $\varphi = \Phi \circ \iota$ 为 $M \times N$ 到 K 的 R-双线性映射.

> **注 4.3.1**　定理 4.3.1 结论 (i) 中所陈述的性质称为张量积 $M \otimes_R N$ 的泛性质. 进一步地还可以证明满足该泛性质的 R-模在同构意义下唯一, 因此该性质也可以用来以抽象的方式给出 M 和 N 过 R 的张量积的定义.

该定理的证明与之前各种版本的张量积的泛性质的证明类似, 留作习题 (见习题 4.3 第 3 题).

> **注 4.3.2**　定理 4.3.1 告诉我们 $M \times N$ 到 K 的 R-双线性映射与 $M \otimes_R N$ 到 K 的 R-模同态 (或 R-线性映射) 有一一对应的关系.

> **注 4.3.3**　双线性性在数学中是一个常见的性质. 例如, 考虑 $\mathbb{R}$ 上的函数空间 $\mathcal{F}(\mathbb{R})$, 由任意一对 $\mathbb{R}$ 上的函数 f 和 g, 可以得到 $\mathbb{R}^2$ 上的函数 fg: $(x, y) \mapsto f(x)g(y)$.
>
> 　　函数空间 $\mathcal{F}(\mathbb{R})$ 和 $\mathcal{F}(\mathbb{R}^2)$ 均为 $\mathbb{R}$-线性空间, 且对任意 $r \in \mathbb{R}$ 以及 $f, g \in$

$\mathcal{F}(\mathbb{R})$, 有

$$(rf)g = f(rg) = r(fg).$$

因此以上构造给出了一个 $\mathbb{R}$-双线映射

$$\varphi : \mathcal{F}(\mathbb{R}) \times \mathcal{F}(\mathbb{R}) \to \mathcal{F}(\mathbb{R}^2)$$

$$(f,g) \mapsto fg.$$

利用张量积的泛性质, 可以得到唯一的 $\mathbb{R}$-线性映射

$$\Phi : \mathcal{F}(\mathbb{R}) \otimes_{\mathbb{R}} \mathcal{F}(\mathbb{R}) \to \mathcal{F}(\mathbb{R}^2)$$

$$f \otimes_R g \mapsto fg,$$

满足对任意 $f, g \in \mathcal{F}(\mathbb{R})$, 都有 $\Phi(f \otimes_R g) = \varphi(f,g) = fg$. 这类构造的一个应用是通过取乘积测度的方式利用 $\mathbb{R}$ 上的测度来构造 $\mathbb{R}^2$ 上的测度.

由于 R 交换, 故可以同时定义 $M \otimes_R N$ 和 $N \otimes_R M$. 利用定理 4.3.1 可以得到这两个张量积实际上是同构的.

命题 4.3.2　　*存在唯一的 R-模同构*

$$\Phi : M \otimes_R N \to N \otimes_R M,$$

满足对任意 $u \otimes_R v \in M \otimes_R N$, 都有 $\Phi(u \otimes_R v) = v \otimes_R u$.

注 4.3.4　　考虑到这两个张量积的构造, 将 $u \otimes_R v$ 和 $v \otimes_R u$ 对应起来是一个很自然的想法. 命题 4.3.2 说明这样的对应确实给出了 R-模同构, 称这个模同构为 $M \otimes_R N$ 到 $N \otimes_R M$ 的**自然同构**. 当然命题 4.3.2 也并没有排除二者之间存在其他 R-模同构的可能性.

证明　　考虑映射

$$\varphi : M \times N \to N \otimes_R M$$

$$(u,v) \mapsto v \otimes_R u,$$

直接验证可得 φ 为一个 R-双线性映射. 由张量积的泛性质, 即定理 4.3.1, 知存在唯一的 R-模同态

$$\Phi : M \otimes_R N \to N \otimes_R M,$$

满足对任意 $u \otimes_R v \in M \otimes_R N$, 都有 $\Phi(u \otimes_R v) = v \otimes_R u$.

类似地, 存在唯一的 R-模同态

$$\Psi : N \otimes_R M \to M \otimes_R N,$$

满足对任意 $v \otimes_R u \in N \otimes_R M$, 都有 $\Psi(v \otimes_R u) = u \otimes_R v$.

由 Φ 和 Ψ 的定义可知复合映射 $\Phi \circ \Psi$ 和 $\Psi \circ \Phi$ 分别为 $N \otimes_R M$ 和 $M \otimes_R N$ 上的恒等映射, 因此 Φ 和 Ψ 均为 R-模同构. 而 Φ 的唯一性由简单张量可以生成张量积立得. □

类似地, 可以将两个 R-模的张量积推广为 R-模的多重张量积. 设正整数 $k \geqslant 2$, 对任意 k 个 R-模 $M_1, M_2, \cdots, M_k$, 不同的取张量积的顺序给出不同的 R-模, 由命题 4.2.2 及其推论 4.2.1 和命题 4.3.2, 所得的这些 R-模之间存在自然的模同构. 因此在模同构意义下, 可以将其记作 $M_1 \otimes_R M_2 \otimes_R \cdots \otimes_R M_k$.

定义 4.3.2　称 $M_1 \otimes_R M_2 \otimes_R \cdots \otimes_R M_k$ 为 R-模 $M_1, M_2, \cdots, M_k$ 的 k-**重张量积**.

交换环上模的张量积的泛性质也可以推广到 k-重张量积的情形.

定义 4.3.3　设正整数 $k \geqslant 2$, $M_1, M_2, \cdots, M_k$ 和 N 为 $k+1$ 个 R-模. 称映射

$$\varphi : M_1 \times M_2 \times \cdots \times M_k \to N$$

为一个 R-k-**重线性映射**, 若任取 $u_1, v_1 \in M_1, \cdots, u_i, v_i \in M_i, \cdots, u_k, v_k \in M_k$, 对任意 $1 \leqslant i \leqslant k$, 以及 $r \in R$, 都有

$$\varphi(u_1, \cdots, u_i + v_i, \cdots, u_k) = \varphi(u_1, \cdots, u_i, \cdots, u_k) + \varphi(u_1, \cdots, v_i, \cdots, u_k),$$

$$\varphi(u_1, \cdots, r u_i, \cdots, u_k) = r \varphi(u_1, \cdots, u_i, \cdots, u_k).$$

命题 4.3.3　设正整数 $k \geqslant 2$, $M_1, M_2, \cdots, M_k$ 和 N 均为 R-模, 则有

(i) 对任意 R-k-重线性映射 $\varphi : M_1 \times M_2 \times \cdots \times M_k \to N$, 存在唯一的 R-模同态

$$\Phi : M_1 \otimes_R M_2 \otimes_R \cdots \otimes_R M_k \to N,$$

满足 $\varphi = \Phi \circ \iota$, 其中 ι 为映射

$$\iota : M_1 \times M_2 \times \cdots \times M_k \to M_1 \otimes_R M_2 \otimes_R \cdots \otimes_R M_k$$

$$(u_1, u_2, \cdots, u_k) \mapsto u_1 \otimes_R u_2 \otimes_R \cdots \otimes_R u_k.$$

(ii) 对任意 R-模同态 $\Phi : M_1 \otimes_R M_2 \otimes_R \cdots \otimes_R M_k \to N$, 复合映射 $\varphi = \Phi \circ \iota$ 是 $M_1 \times M_2 \times \cdots \times M_k$ 到 N 的 R-k-重线性映射.

注 4.3.5 命题 4.3.3 告诉我们 $M_1 \times M_2 \times \cdots \times M_k$ 到 N 的 R-k-重线性映射与 $M_1 \otimes_R M_2 \otimes_R \cdots \otimes_R M_k$ 到 N 的 R-模同态 (或 R-线性映射) 有一一对应关系. 类似于对两个 R-模的张量积的讨论, 我们也可以用这个泛性质来给出 k 个 R-模的张量积的抽象定义.

在本节的最后, 我们对线性空间的张量积做一个讨论. 为了方便表述, 下面仅考虑实数域 $\mathbb{R}$ 上的线性空间以及过 $\mathbb{R}$ 的张量积, 并将记号 $\otimes_{\mathbb{R}}$ 简记为 $\otimes$.

设 $m, n \in \mathbb{Z}^+$, 考虑线性空间 $\mathbb{R}^m$ 和 $\mathbb{R}^n$, 并记其中的元素为列向量. 对任意 $u \in \mathbb{R}^m$ 以及 $v \in \mathbb{R}^n$, 矩阵乘积 uv^{T} 是一个大小为 $m \times n$ 的实矩阵. 映射 $(u, v) \mapsto uv^{\mathrm{T}}$ 为 $\mathbb{R}^m \times \mathbb{R}^n$ 到 $\mathbb{R}^{m \times n}$ 的双线性映射, 由定理 4.3.1, 可以得到一个线性映射

$$\Phi : \mathbb{R}^m \otimes \mathbb{R}^n \to \mathbb{R}^{m \times n}.$$

直接验证可知 Φ 为双射, 因此为线性同构.

设 V 为有限维实线性空间. 对任意 V 上的双线性映射 $\varphi : V \times V \to \mathbb{R}$, 即 V 上的一个双线性型, 由定理 4.3.1 可知存在线性映射

$$\Phi : V \otimes V \to \mathbb{R},$$

满足对任意 $u, v \in V$, 有

$$\Phi(u \otimes v) = \varphi(u, v).$$

另一方面, 任意 $V \otimes V$ 到 $\mathbb{R}$ 的线性映射 Φ 都诱导出 V 上的一个双线性型 $(u, v) \mapsto \Phi(u \otimes v)$. 故 V 上的双线性型和 $V \otimes V$ 上的线性函数之间存在一一对应.

设 V 和 W 为两个非零的有限维实线性空间, 维数分别为 m 和 n. 记 $\mathrm{Hom}(V, W)$ 为所有 V 到 W 的线性映射的集合, 这是一个维数为 mn 的实线性空间, 我们曾在《代数学 (一)》第八章中对其进行过介绍. 对任意 $f \in \mathrm{Hom}(V, W)$, $v \in V$ 以及 $r \in \mathbb{R}$, 都有

$$(rf)(v) = f(rv) = rf(v).$$

取 V 的一组基 $(v_1, v_2, \cdots, v_m)$, 以及 W 的一组基 $(w_1, w_2, \cdots, w_n)$, 有 $\mathrm{Hom}(V, W)$ 的一组基

$$(f_{ij} \mid 1 \leqslant i \leqslant m, 1 \leqslant j \leqslant n),$$

其中对任意 $1 \leqslant i \leqslant m$ 以及 $1 \leqslant j \leqslant n$, 都有

$$f_{ij}(v_k) = \begin{cases} w_j, & k = i, \\ 0_W, & k \neq i. \end{cases}$$

考虑 V 的对偶空间 V^* 以及 $(v_1, v_2, \cdots, v_m)$ 对应的 V^* 的对偶基 $(v_1^*, v_2^*, \cdots, v_m^*)$, 以上定义可以写为

$$f_{ij}(v_k) = v_i^*(v_k)w_j.$$

设 $f = \sum_{i=1}^{m}\sum_{j=1}^{n} r_{ij}f_{ij}$, 其中 $r_{ij} \in \mathbb{R}$, 对任意 $v \in V$, 有

$$f(v) = \sum_{i=1}^{m}\sum_{j=1}^{n} r_{ij}f_{ij}(v) = \sum_{i=1}^{m}\sum_{j=1}^{n} r_{ij}v_i^*(v)w_j.$$

反之, 对任意 $v^* \in V^*$ 和 $w \in W$, 构造映射

$$g_{(v^*,w)} : V \to W$$

$$u \mapsto v^*(u)w,$$

则 $g_{(v^*,w)}$ 为线性映射. 由此可得映射

$$\varphi : V^* \times W \to \mathrm{Hom}(V,W)$$

$$(v^*,w) \mapsto g_{(v^*,w)},$$

直接验证可知 φ 为双线性映射. 由定理 4.3.1 可知存在唯一的线性映射

$$\Phi : V^* \otimes W \to \mathrm{Hom}(V,W),$$

满足对任意 $(v^*,w) \in V^* \times W$, 都有 $\Phi(v^* \otimes w) = \varphi(v^*,w)$.

之前关于 $\mathrm{Hom}(V,W)$ 中映射的讨论说明 Φ 是满射. 简单张量集 $\{v_i^* \otimes w_j \mid 1 \leqslant i \leqslant m, 1 \leqslant j \leqslant n\}$ 构成线性空间 $V^* \otimes W$ 的一个生成元集, 再利用维数可得 $(v_i^* \otimes w_j \mid 1 \leqslant i \leqslant m, 1 \leqslant j \leqslant n)$ 为 $V^* \otimes W$ 的一组基, 故 Φ 为同构. 称其为 $\mathrm{Hom}(V,W)$ 和 $V^* \otimes W$ 之间的**自然同构**.

对任意有限维线性空间 U 和 V, 由张量积的泛性质, 即定理 4.3.1, 可以证明线性空间的同构

$$U^* \otimes V^* \cong (U \otimes V)^*.$$

结合命题 4.2.2, 则对任意有限维线性空间 U, V 和 W, 存在以下一系列自然的线性同构:

$$\mathrm{Hom}(U \otimes V, W) \cong (U \otimes V)^* \otimes W \cong U^* \otimes V^* \otimes W$$

$$\cong U^* \otimes \mathrm{Hom}(V,W) \cong \mathrm{Hom}(U, \mathrm{Hom}(V,W)).$$

上面的讨论中涉及两种从线性空间 V 和 W 出发构造新线性空间的办法:

(i) 取张量积 $W \otimes V$;

(ii) 考虑线性映射空间 $\mathrm{Hom}(V,W)$.

而同构

$$\mathrm{Hom}(U \otimes V, W) \cong \mathrm{Hom}(U, \mathrm{Hom}(V,W))$$

告诉我们这两种构造新线性空间的方法之间有一种自然的关系, 通常称作张量积与 Hom 的**伴随性**. 实际上这个结论对一般的模也成立.

定理 4.3.2   设 R 和 S 为环, 则对任意右 R-模 K, (R,S)-双模 M 和右 S-模 N, 有群同构

$$\mathrm{Hom}_S(K \otimes_R M, N) \cong \mathrm{Hom}_R(K, \mathrm{Hom}_S(M, N)).$$

证明   对任意右 S-模同态 $\varphi: K \otimes_R M \to N$ 和任意 $w \in K$, 构造

$$\Phi_w : M \to N$$

$$u \mapsto \varphi(w \otimes_R u).$$

直接验证可知 Φ_w 为一个右 S-模同态, 由此有映射

$$\Phi : K \to \mathrm{Hom}_S(M, N)$$

$$w \mapsto \Phi_w.$$

考虑映射

$$F : R \times \mathrm{Hom}_S(M, N) \to \mathrm{Hom}_S(M, N)$$

$$(r, \alpha) \mapsto (u \mapsto \alpha(ru)),$$

对任意 $\alpha, \beta \in \mathrm{Hom}_S(M, N)$, $r, s \in R$ 和 $u \in M$, 有

$$\alpha((r+s)u) = \alpha(ru + su) = \alpha(ru) + \alpha(su),$$

$$(\alpha + \beta)(ru) = \alpha(ru) + \beta(ru),$$

$$\alpha(rsu) = \alpha(r(su)),$$

$$\alpha(1_R u) = \alpha(u).$$

因此映射 F 给出 $\mathrm{Hom}_S(M, N)$ 上的一个右 R-模结构. 又对任意 $w, w_1, w_2 \in K$, $u \in M$ 和 $r \in R$, 由

$$\Phi_{w_1 + w_2}(u) = \varphi((w_1 + w_2) \otimes_R u) = \varphi(w_1 \otimes_R u) + \varphi(w_2 \otimes_R u) = \Phi_{w_1}(u) + \Phi_{w_2}(u)$$

和

$$\Phi_{rw}(u) = \varphi(wr \otimes_R u) = \varphi(w \otimes_R ru) = \Phi_w(ru) = (r\Phi_w)(u)$$

知 Φ 为右 R-模同态, 由此可得映射

$$\Psi : \mathrm{Hom}_S(K \otimes_R M, N) \to \mathrm{Hom}_R(K, \mathrm{Hom}_S(M, N))$$

$$\varphi \mapsto \Phi.$$

注意到对任意 $\varphi, \varphi' \in \mathrm{Hom}_S(K \otimes_R M, N)$, $w \in K$ 和 $u \in M$, 有

$$\Psi(\varphi + \varphi')_w(u) = (\varphi + \varphi')(w \otimes_R u) = \varphi(w \otimes_R u) + \varphi'(w \otimes_R u) = \Psi(\varphi)_w(u) + \Psi(\varphi')_w(u),$$

因此映射 Ψ 为群同态.

下面再证明 Ψ 为同构. 任取 $\varphi \in \mathrm{Ker}\,\Psi$, 对任意 $w \in K$ 有 $\Psi(\varphi)_w$ 为零映射, 即对任意 $u \in M$ 都有

$$\Psi(\varphi)_w(u) = \varphi(w \otimes u) = 0_N.$$

因此 φ 在简单张量上取值为 0_N. 由于简单张量生成张量积 $K \otimes_R M$, 故同态 φ 为零映射, 从而 Ψ 为单同态.

另一方面, 对任意 $\Phi \in \mathrm{Hom}_R(K, \mathrm{Hom}_S(M, N))$, 定义映射

$$\theta : K \times M \to N$$

$$(w, u) \mapsto \Phi_w(u).$$

由于 Φ 是右 R-模同态, 对任意 $w, w_1, w_2 \in K$, $u, u_1, u_2 \in M$ 和 $r \in R$, 有

$$\theta(w_1 + w_2, u) = \Phi_{w_1 + w_2}(u) = \Phi_{w_1}(u) + \Phi_{w_2}(u) = \theta(w_1, u) + \theta(w_2, u),$$

$$\theta(w, u_1 + u_2) = \Phi_w(u_1 + u_2) = \Phi_w(u_1) + \Phi_w(u_2) = \theta(w, u_1) + \theta(w, u_2),$$

$$\theta(wr, u) = \Phi_{wr}(u) = (r\Phi_w)(u) = \Phi_w(ru) = \theta(w, ru).$$

因此 θ 为一个 R-平衡映射. 由定理 4.2.1 可知存在唯一的群同态

$$\Theta : K \otimes_R M \to N,$$

满足对任意 $(w, u) \in K \times M$, 都有 $\Theta(w \otimes_R u) = \theta(w, u)$.

对任意 $s \in S$, 考虑简单张量 $w \otimes_R u \in K \otimes_R M$, 有

$$\Theta(w \otimes_R us) = \theta(w, us) = \Phi_w(us) = s\Phi_w(u) = s\theta(w, u) = s\Theta(w \otimes_R u).$$

由于 M 和 N 都是右 S 模, 并且简单张量生成张量积 $K \otimes_R M$, 故

$$\Theta \in \mathrm{Hom}_S(K \otimes_R M, N),$$

且 $\Psi(\Theta) = \Phi$, 因此同态 Ψ 为满射.

综上所述, Ψ 为群同构, 即

$$\mathrm{Hom}_S(K \otimes_R M, N) \cong \mathrm{Hom}_R(K, \mathrm{Hom}_S(M, N)).$$

□

例 4.3.2　考虑线性空间 V 上的双线性映射空间, 由之前的讨论, 可以将其等同于 $\mathrm{Hom}(V \otimes V, \mathbb{R})$. 由以上得到的同构关系可得线性同构

$$\mathrm{Hom}(V \otimes V, \mathbb{R}) \cong \mathrm{Hom}(V, V^*).$$

具体地说, 对任意 $\varphi \in \mathrm{Hom}(V \otimes V, \mathbb{R})$ 和 $v \in V$,

$$\varphi(v \otimes \cdot) : V \to \mathbb{R}$$

给出了 V 上的一个线性函数. 之前提到的伴随性质告诉我们, 映射

$$\Phi : \mathrm{Hom}(V \otimes V, \mathbb{R}) \to \mathrm{Hom}(V, V^*)$$

$$\varphi \mapsto (v \mapsto \varphi(v \otimes \cdot))$$

是一个线性同构.

习题 4.3

1. 设 R 为交换环, I 和 J 为 R 的理想.

(i) 证明 R-模张量积 $R/I \otimes_R R/J$ 中的张量都是简单张量;

(ii) 证明存在 R-模同构 $R/I \otimes_R R/J \cong R/(I+J)$;

(iii) 设 $R = \mathbb{Z}$, 任取正整数 m 和 n, 对 $I = m\mathbb{Z}$ 和 $J = n\mathbb{Z}$ 验证以上两个结论.

2. 在同构意义下对所有满足 $G \otimes_{\mathbb{Z}} \mathbb{Z}_4 \cong G$ 的有限交换群 G 进行分类.

3. 证明定理 4.3.1.

4. 设 U_1, U_2, V_1 和 V_2 为有限维 $\mathbb{R}$-线性空间, 它们的维数分别为 m_1, m_2, n_1 和 n_2.

(i) 证明

$$\Phi : \mathrm{Hom}(U_1, V_1) \times \mathrm{Hom}(U_2, V_2) \to \mathrm{Hom}(U_1 \otimes U_2, V_1 \otimes V_2)$$

$$(\varphi_1, \varphi_2) \mapsto \varphi_1 \otimes \varphi_2$$

为 $\mathbb{R}$-双线性映射.

(ii) 证明 Φ 诱导出一个 $\mathrm{Hom}(U_1, V_1) \otimes \mathrm{Hom}(U_2, V_2)$ 到 $\mathrm{Hom}(U_1 \otimes U_2, V_1 \otimes V_2)$ 的线性同构.

(iii) 通过考虑线性映射在基下的矩阵表示, 利用 (ii) 中得到的线性同构构造一个映射

$$R^{m_1 \times n_1} \times R^{m_2 \times n_2} \to R^{m_1 m_2 \times n_1 n_2}.$$

(注: 这个映射通常称为矩阵的 **Kronecker** (克罗内克) **乘积**.)

4.4 代数

本章的最后我们将对代数这种代数结构做一个简要的介绍. 受限于篇幅, 这里仅给出定义, 并通过一些例子来使读者对这种代数结构本身以及与其他代数结构之间的关系有一个初步的印象.

设 R 为交换环.

定义 4.4.1   设 A 为环, 若存在环同态 $f: R \to A$ 使得 $f(R)$ 包含在 A 的中心里, 则称 A 为一个 R-**代数**.

设环 A 为 R-代数, 并记 f 为 R-代数结构中的环同态, 则 f 在 A 上诱导出一个 R-模结构如下:

$$\Phi: R \times A \to A$$

$$(r, a) \mapsto f(r)a.$$

实际上也可以从模结构出发来给出 A 上 R-代数结构的一个等价定义.

定义 4.4.2   设 A 为 R-模. 若 A 关于某个乘法运算构成环, 且对任意 $a, b \in A$ 和 $r \in R$, 都有 $r(ab) = (ra)b = a(rb)$, 则称 A 为一个 R-**代数**.

要说明以上两个代数的定义等价, 一方面, 注意到定义 4.4.1 中使用的环同态 f 的像在 A 的中心里, 因此其诱导的 A 的模结构 Φ 满足定义 4.4.2 中的条件. 另一方面, 若 A 满足定义 4.4.2 中的条件, 定义

$$f: R \to A$$

$$r \mapsto r1_A,$$

则 f 满足定义 4.4.1 中的条件.

定义 4.4.3   设 A 和 B 为两个 R-代数, 称映射 $\varphi: A \to B$ 为 R-**代数同态**, 若 φ 是环同态, 并且满足对任意 $a \in A$ 和 $r \in R$, 都有 $\varphi(ra) = r\varphi(a)$. 若进一步地有 φ 为双射, 则称其为一个 R-**代数同构**.

下面来看几个代数的例子.

例 4.4.1   对任意交换环 R, 考虑其一元多项式环 $R[x]$ 以及 R 到 $R[x]$ 的嵌入同态, 则 $R[x]$ 为一个 R-代数. 通常称之为**多项式代数**.

例 4.4.2   设 $R = F$ 为域, 考虑 F 上的线性空间 V. 利用类似于例 2.2.7 中的讨论, 我们知道 V 上的线性结构对应的是一个 F 到 V 的线性变换环 $\mathrm{End}_F(V)$ 的环同态, 且任何 $a \in F$ 在该同态下的像与所有的线性变换交换, 因此在环 $\mathrm{End}_F(V)$ 的中心里. 这便给出了 $\mathrm{End}_F(V)$ 上的一个 F-代数结构. 通常称之为线性空间的**自同态代数**, 《代数学 (一)》第八章中曾讨论过此类代数.

例 4.4.3　设 $R = \mathbb{Z}$ 为整数环. 对任意环 A, 通过将 $1 \in \mathbb{Z}$ 映到 $1_A \in A$ 可得一个 $\mathbb{Z}$ 到 A 的环同态, 且像集为 1 生成的子环, 因此包含在 A 的中心里. 由此可知任意环 A 都是一个 $\mathbb{Z}$-代数.

例 4.4.4　设 A 为环, R 为 A 的子环, 且满足 $R \subseteq Z(A)$, 考虑嵌入同态可知 A 为一个 R-代数.

例 4.4.5　设 $R = F$ 为域, A 为 F-代数, 则有一个 F 到 A 的环同态 f 将 F 中元素映到 A 的中心里. 由于 F 为域, 故 f 为单同态, 且有域同构 $F \cong f(F)$. 所以 F 是 A 的子域且包含在 A 的中心里. 例 4.4.1 和例 4.4.2 介绍的域上的多项式代数和线性空间的自同态代数就是这样的例子.

例 4.4.6　设 $R = F$ 为域, V 为 F 上的线性空间. 对任意正整数 $k \geqslant 2$, 记 V 的 k-重张量积为 $T^k V$, 并分别约定 V 的 0-重张量积 $T^0 V$ 为 F 以及 V 的 1-重张量积 $T^1 V$ 为 V. 考虑所有线性空间 $T^k V$ 的直和

$$T(V) := \bigoplus_{k \in \mathbb{N}} T^k V,$$

对任意 $k, l \in \mathbb{Z}^+$, 一个 k-重张量积与一个 l-重张量积的张量积为一个 $(k+l)$-重张量积, 而 0-重张量积可以与任意张量积做数乘, 由此得到 $T(V)$ 上的一个幺半群结构, 并与向量加法一起给出 $T(V)$ 上一个环结构. 注意到 $T^0 V = F$ 在 $T(V)$ 的中心里, 因此 $T(V)$ 构成一个 F-代数, 通常称为线性空间 V 上的**张量代数**.

习题 4.4

1. 给出代数的两个定义之间等价的完整证明.

2. 对任意群 G 和域 F, 考虑 G 的元素自由生成的 F-线性空间

$$FG := \left\{ \sum_{g \in G} a_g g \,\middle|\, \forall g \in G, a_g \in F, \text{且 } a_g \neq 0 \text{ 只对有限多个 } g \in G \text{ 成立} \right\},$$

定义

$$FG \times FG \to FG$$

$$\left(\sum_{g \in G} a_g g, \sum_{g \in G} b_g g \right) \mapsto \sum_h \left(\sum_{\substack{gg'=h \\ g,g' \in G}} a_g b_{g'} \right) h.$$

(i) 证明 FG 关于向量加法和以上运算构成环;

(ii) 证明 FG 为一个 F-代数. (注: 通常称之为群 G 关于域 F 的**群代数**.)

第五章

范畴论

　　在之前的章节中我们已经了解了多种代数结构. 在学习这些代数结构的过程中, 读者可能注意到有一些概念和结论虽然是关于不同代数结构的, 但是这些概念的引入、构造以及一些结论的陈述和证明都有一定的相似性. 比如, 每种代数结构都是通过集合加运算的方式引入的; 都可以讨论子结构和商结构; 同类型的代数结构之间都是通过与此类代数结构相容的映射联系起来的; 各种代数结构都有同态基本定理, 其陈述和证明也有一定的相似性. 同时这类相似性也出现在不同的数学分支之间.

　　Eilenberg (艾伦伯格) 和 MacLane (麦克莱恩) 于 20 世纪 40 年代在对代数拓扑的研究中引入的范畴概念提供了一个框架, 让我们可以将这类相似性以一种严格抽象的方式清晰地表现出来. 之后范畴论发展迅速, 并应用在众多数学领域的研究中 (参考 [31,33]).

5.1　范畴的定义

　　定义 5.1.1　一个范畴 $\mathcal{C}$ 包含

- Ob$\mathcal{C}$: 一族**对象** $A, B, C, \cdots$,
- Mor$\mathcal{C}$: 一族**态射** (或者**箭头**) $f, g, h, \cdots$,

满足

　　(i) 每一个态射 f 都有一个对象作为**源** (记作 $\mathrm{dom}(f)$) 和一个对象作为**目标** (记作 $\mathrm{cod}(f)$).

　　(ii) 每一个对象 A 都有一个源和目标都是 A 的**恒等态射**, 记作 $\mathbf{1}_A$.

　　(iii) 对任意态射 f 和 g, 若 $\mathrm{cod}(f) = \mathrm{dom}(g)$, 则有唯一的一个从 $\mathrm{dom}(f)$ 到 $\mathrm{cod}(g)$ 的态射作为态射 f 和 g 的**复合**, 并记作 gf. 同时态射的复合满足以下公理:

　　i) 对任意态射 f, 都有 $\mathbf{1}_{\mathrm{cod}(f)} f = f \mathbf{1}_{\mathrm{dom}(f)} = f$;

　　ii) 对任意态射 f, g 和 h, 若三个态射满足条件 $\mathrm{cod}(f) = \mathrm{dom}(g)$ 和 $\mathrm{cod}(g) = \mathrm{dom}(h)$, 则有 $h(gf) = (hg)f$.

　　注 5.1.1　从恒等态射的性质可以看出, 对任意范畴的任意对象 A, 其对应的恒等态射是唯一的. 由此可知一个范畴中的对象与恒等态射之间存在一个自然的一一对应.

　　注 5.1.2　为了方便讨论, 通常使用记号 $f : A \to B$ 或者 $A \xrightarrow{f} B$ 来表示分别以 A 和 B 为源和目标的态射 f. 需要注意的是, 虽然借用了映射的记号, 但是这里我们想表达的仅仅是 f 将 A 和 B 联系了起来, 范畴结构的定义关心的是这样的联系是否可以复合, 是否满足结合律, 是否有一个特殊的记为恒等态射的联系. 而具体每个对象代表什么, 以及每个态射是如何得到的, 则需要考虑具体的例子.

类似的情况也出现在之前对各种代数结构的讨论中. 例如, 群结构的抽象定义只关心集合上是否有一个二元运算, 以及该运算是否满足结合律, 是否有单位元和任意元素是否都有逆元. 至于这个群的元素代表什么, 二元运算是如何得到的, 这取决于考虑的具体例子. 从这个角度看, 读者也可以理解为什么称范畴论所提供的是一个高度抽象的框架.

在后续的讨论中, 我们将会在一些例子中看到, 态射或者箭头的定义并不总来自映射, 有时也会将一个态射的箭头反向来构造态射. 如果 A 和 B 都是集合, 态射 f 来自一个 A 到 B 的映射, 当将 f 的箭头反向时, 仅仅是形式上得到一个从 B 到 A 的态射, 而不需要纠结所得的态射是否来自一个映射之类的问题.

注 5.1.3   范畴也可以用有向图来描述. 一个图是由点和连接点的边构成的, 称图是有向的, 如果任意一条连接两点的边都有一个方向. 对任意范畴, 通过将其中的对象看作点, 其中的态射看作有向的连接点的边, 就可以将该范畴以有向图的形式表现出来.

例 5.1.1   首先来看一些来自之前章节内容的范畴例子.

范畴	记号	对象	态射
幺半群	**Monoid**	幺半群	幺半群同态
群	**Group**	群	群同态
交换群	**Ab**	交换群	群同态
环	**Ring**	环	环同态
交换环	**CRing**	交换环	环同态
域	**Field**	域	域同态
特征 p 域	**Field**$_p$	特征为 p 的域	域同态
左 R-模	$_R$**Mod**	左 R-模	左 R-模同态
$\mathbb{F}$-线性空间	**Vect**$_{\mathbb{F}}$	$\mathbb{F}$-线性空间	$\mathbb{F}$-线性映射

由于以上各个例子中的态射都来自例子中对象之间的映射, 由映射的复合就得到了态射的复合.

下面给出一些与其他数学分支相关的范畴例子. 类似于例 5.1.1, 这里所有例子中的态射都来自对象间的映射, 因此态射的复合就定义为映射的复合.

例 5.1.2   拓扑学主要研究的是空间拓扑结构的性质, 拓扑空间之间与拓扑结构相容的映射是连续映射. 考虑所有的拓扑空间及其相互之间的连续映射, 便得到拓扑空间范畴 **Top**.

例 5.1.3   黎曼几何主要研究的是光滑流形上的黎曼度量的性质. 光滑流形是一种局部上与 $\mathbb{R}^n$ 微分同胚的拓扑空间, 光滑流形之间通过光滑映射联系起来. 考虑所有的微分流形及其相互之间的光滑映射, 便得到光滑流形范畴 **Mfld**.

例 5.1.4   将所有具有偏序关系的集合作为对象, 并将这些集合之间保持偏序关系的映射作为态射便得到范畴 **Pset**.

例 5.1.5   将所有集合作为对象, 将集合之间的映射作为态射可以得到集合范畴 **Set**. 注意到空集 $\varnothing$ 也是一个集合, 任给一个集合 A, 都有唯一的映射 $f : \varnothing \to A$. 另一方面, 若 A 非空, 则不存在 A 到 $\varnothing$ 的映射.

注 5.1.4   Russell (罗素) 悖论告诉我们不存在包含所有集合的集合. 考虑群范畴 **Group**, 由于可以在任意非空集合上构造群结构, 群范畴 **Group** 中所有的对象并不构成集合. 由此可见, 范畴的所有对象或者所有态射所构成的并不一定总是集合, 因此在定义范畴时并没有使用 "集合" 这个术语.

针对这个问题的一种处理办法是使用 Zermelo-Fraenkel (策梅洛–弗兰克尔) 公理系统给出的小集合/大集合, 或者集合/类的概念. 另一种处理办法是通过引入新公理的方式引入 "宇宙" 这个概念. 笼统地说, 由于所有的集合不构成集合, 我们就在集合的基础上引入一个新的概念, 比如 "大集合". 由于所有大集合放在一起也会面临相同的问题, 故可以在此基础上引入一个新的概念, 比如 "超大集合". Grothendieck (格罗滕迪克) 宇宙就是这个思路下的一种形式化的结果. 关于这部分内容的详细讨论见 [21].

以上讨论的这个与集合论有关的问题在构建范畴论的时候是应该被严肃对待的. 不过本章的主要目的是介绍范畴论的基础, 并借助之前的内容使读者对范畴论的基本概念和结论有初步的了解. 对该问题过多的关注可能会增加读者对本章内容在理解上的复杂度, 从而偏离撰写本章的初衷. 因此我们将不对这个问题做过多的讨论, 暂用 "族" 或 "全体" 这样笼统的说法. 此外集合之间的映射也可以被推广到更一般的情形, 我们也不在此做详细讨论, 而是仍直接使用 "映射" 这个称呼.

定义 5.1.2   如果一个范畴的所有态射构成集合, 就称该范畴为**小范畴**.

一个范畴中每一个对象都对应唯一的恒等态射. 因此小范畴中对象的全体也是一个集合. 另一方面, 注意到之前给出的范畴例子中的对象都不构成集合, 因此所涉及的范畴都不是小范畴. 不过它们有另一个共同的特征, 即任意两个对象之间的所有态射的全体构成一个集合.

定义 5.1.3   如果一个范畴中, 任意两个对象之间所有态射的全体构成集合, 就称该范畴是**局部小**的.

注 5.1.5　在之前对代数结构的讨论中我们经常使用 $\mathrm{Hom}(A,B)$ 来记两个具有同类型代数结构 A 和 B 之间, 从 A 到 B 的同态集合. 在所涉及的代数结构的范畴中, 我们仍沿用记号 $\mathrm{Hom}(A,B)$ 来表示以对象 A 为源并以对象 B 为目标的所有态射构成的集合, 并将该记号推广到对一般范畴的讨论中. 若范畴被记为 $\mathcal{C}$, 有时也会使用记号 $\mathrm{Hom}_{\mathcal{C}}(A,B)$ 或 $\mathcal{C}(A,B)$ 来表示 $\mathrm{Hom}(A,B)$.

前面给出的例子有一个共同的特点, 即每个范畴的对象都是带有某种类型结构的集合, 而态射是由两个对象之间与该类型结构相容的映射给出的. 下面的例子表明这样的性质并不是范畴必须具有的.

例 5.1.6　设 R 为交换环. 将所有正整数作为对象, 且对任意两个正整数 m 和 n, 将 R 上的 $n\times m$ 矩阵定义为从 m 到 n 的态射, 由此得到环 R 上的 **矩阵范畴**, 记作 $\mathbf{Mat}_R$, 其中态射的复合来自矩阵乘法. 对任意态射 $m\xrightarrow{M}n$ 和 $n\xrightarrow{N}k$, 二者的复合为 $m\xrightarrow{NM}k$. 对每个 $m\in\mathbb{Z}_+$, 其对应的恒等态射是由 m 阶单位矩阵给出的态射.

例 5.1.7　设 Γ 为群, 则可以构造一个以 Γ 作为唯一对象的范畴, 记作 $\mathbf{B}\Gamma$. 该范畴的态射为 Γ 的元素, 而态射的复合来自 Γ 的运算. 对任意态射 $\Gamma\xrightarrow{g}\Gamma$ 和 $\Gamma\xrightarrow{g'}\Gamma$, 二者的复合为 $\Gamma\xrightarrow{gg'}\Gamma$. 注意到类似构造也可以对幺半群进行.

例 5.1.8　任给具有偏序关系 $\leqslant$ 的非空集合 P, 对于 $x,y\in P$, 定义 $x\to y$ 当且仅当 $x\leqslant y$. 由于偏序关系满足传递性, 即对任意 $x,y,z\in P$, 若有 $x\leqslant y$ 和 $y\leqslant z$, 则有 $x\leqslant z$. 因此对任意态射 $x\to y$ 和 $y\to z$, 可将 $x\leqslant z$ 对应的态射 $x\to z$ 定义为二者的复合. 又偏序关系满足自反性, 因此对任意 $x\in P$, 都有 $x\leqslant x$. 将 $x\leqslant x$ 对应的态射定义为 x 到自己的恒等态射 $\mathbf{1}_x$. 容易验证以上构造给出一个范畴, 记作 $(P,\leqslant)$.

定义 5.1.4　如果一个范畴中除恒等态射以外没有其他的态射, 就称其为 **离散范畴**.

定义 5.1.5　如果范畴 $\mathcal{C}$ 满足 $\mathrm{Ob}\,\mathcal{C}=\varnothing$ 以及 $\mathrm{Mor}\,\mathcal{C}=\varnothing$, 就称 $\mathcal{C}$ 为 **空范畴**, 并记作 **0**.

在讨论代数结构时, 每种代数结构对应的同态帮助我们在具有该类型代数结构的不同对象之间建立了联系, 从而可以进一步使用同态去比较这些对象. 如果两个对象之间可以通过同态建立元素间的一一对应, 也即存在一个既是单射又是满射的同态, 那么二者在代数意义下是相同的, 也即二者是同构的. 类似地, 可以将同构的概念推广到对一般范畴的讨论中.

定义 5.1.6　设 $\mathcal{C}$ 为范畴, $A\xrightarrow{f}B$ 是 $\mathcal{C}$ 中的态射. 若存在态射 $B\xrightarrow{g}A$, 满足 $fg=\mathbf{1}_B$ 和 $gf=\mathbf{1}_A$, 则称态射 f 为 **同构**, 并称 g 为 f 的 **逆同构**.

对 $\mathcal{C}$ 的两个对象 A 和 B, 若存在从 A 到 B 的同构, 则称 A 与 B **同构**, 并记作 $A\cong B$.

对范畴 $\mathcal{C}$ 的两个对象 A 和 B, 用 $\mathrm{Isom}(A,B)$ 表示所有以 A 为源以 B 为目标的同

构的全体 (可能为空集). 对 $\mathcal{C}$ 的态射 f, 若其源和目标都为对象 A, 则称 f 为 A 的一个**自同态**. 如果进一步有 f 为同构, 就称 f 为 A 的一个**自同构**. 对 $\mathcal{C}$ 的对象 A, 其自同态的全体和自同构的全体分别被记为 $\mathrm{End}(A)$ 和 $\mathrm{Aut}(A)$.

例 5.1.9   范畴中的任意恒等态射都是同构.

例 5.1.10   各种代数结构范畴中的同构由相应代数结构的同构给出, 例如群范畴 **Group** 中的同构就是由群同构给出的态射, 环范畴 **Ring** 中的同构是由环同构给出的态射等.

例 5.1.11   拓扑空间范畴 **Top** 中的同构由拓扑空间之间的同胚映射给出.

例 5.1.12   集合范畴 **Set** 中的同构由双射给出.

例 5.1.13   交换环 R 上的矩阵范畴 $\mathbf{Mat}_R$ 中的同构由可逆方阵给出.

例 5.1.14   设 Γ 为幺半群, 范畴 $\mathbf{B}\Gamma$ 中的同构由 Γ 的可逆元给出. 若 Γ 为群, 则 $\mathbf{B}\Gamma$ 中所有态射都是同构.

例 5.1.15   由于偏序关系具有反对称性, 偏序集 P 对应的范畴 $(P, \leqslant)$ 中的同构只有恒等态射.

<u>**定义 5.1.7**</u>   如果一个范畴中的所有态射都是同构, 就称这个范畴为**群胚**.

例 5.1.16   设 Γ 为群, 范畴 $\mathbf{B}\Gamma$ 中的所有态射都是同构, 因此为群胚. 反过来, 如果一个小范畴为只有一个对象的群胚, 那么其所有的态射构成一个群. 因此群等同于只有一个对象的小群胚.

例 5.1.17   对任意欧氏平面中边数大于等于 4 的凸多边形区域 P, 可以添加两两不相交的对角线对其做三角剖分, 即我们沿着这些对角线切割之后得到的是有限多个三角形. 注意到 P 的三角剖分并不唯一. 通过简单的分析, 会发现所有 P 的三角剖分需要的对角线数目是相同的. 下面构造一个 P 上的 **Ptolemy (托勒密) 群胚** $\mathbf{Pt}(P)$.

为了方便讨论, 定义 P 的一个三角剖分为 P 的一族对角线 T, 满足 $P \setminus (\cup T)$ 为一族三角形区域. 任给 P 的一个三角剖分 T, 注意到每条对角线 $\alpha \in T$ 和其相邻的两个 $P \setminus (\cup T)$ 中的三角形区域一起构成 P 中的一个四边形区域 Q, 并且 Q 的边界或是 P 的边界或是 T 中的对角线. 注意到 Q 除 α 之外, 还有另一条 P 的对角线 β. 用 β 替换 α 得到的对角线集合 $T' = (T \setminus \{\alpha\}) \cup \{\beta\}$ 也构成 P 的一个三角剖分, 称这样对三角剖分的改变为一个**基本操作**.

直接验证可以得到以下两个关于基本操作的结论: (i) 任一基本操作都是可逆的, 沿用以上记号, 在一个基本操作从 T 得到 T' 之后, 可以对 T' 用 α 替换 β 就又得到了 T; (ii) 对 P 的任意两个三角剖分 T_1 和 T_2, 可以通过对 T_1 进行一系列的基本操作得到 T_2.

范畴 $\mathbf{Pt}(P)$ 的对象为 P 的三角剖分, 而态射为所有有限多个基本操作的复合. 在这个定义下, 态射的复合是定义良好的, 并且满足结合律; 同时, 任给 P 的一个三角剖分 T, 其对应的恒等态射就是将 T 送到 T; 最后, 由之前对基本操作的讨论可知, 范畴 $\mathbf{Pt}(P)$ 中的所有态射都是同构, 因此 $\mathbf{Pt}(P)$ 是一个群胚. 注意到 P 只有有限多条对角线和有限多个三角剖分, 因此 **Pt**(P) 是小范畴.

对更一般的曲面也可以做类似的讨论, 定义其相应的 Ptolemy 群胚. 此类群胚在对曲面拓扑与几何的研究中发挥着重要作用.

定义 5.1.8　设 $\mathcal{C}$ 为范畴. 若范畴 $\mathcal{D}$ 中的对象和态射都是 $\mathcal{C}$ 中的对象和态射, 并且 $\mathcal{D}$ 中的恒等态射和复合规则也与 $\mathcal{C}$ 中的相同, 则称 $\mathcal{D}$ 为 $\mathcal{C}$ 的**子范畴**.

例 5.1.18　交换群范畴 **Ab** 是群范畴 **Group** 的子范畴.

例 5.1.19　域范畴 **Field** 是环范畴 **Ring** 的子范畴.

之前关于群胚和子范畴的讨论可得到如下结论, 其证明留作习题 (见习题 5.1 第 2 题).

命题 5.1.1　设 $\mathcal{C}$ 为任一范畴, 则有

(i) $\mathcal{C}$ 中的所有对象以及所有恒等态射构成 $\mathcal{C}$ 的一个离散子范畴.

(ii) $\mathcal{C}$ 中的一部分对象以及这些对象之间的所有态射构成 $\mathcal{C}$ 的一个子范畴, 通常称其为 $\mathcal{C}$ 的一个**完全子范畴**. 特别地, 取定 $\mathcal{C}$ 的对象 A 以及所有 A 到 A 的态射, 就得到 $\mathcal{C}$ 的一个对象只有 A 的完全子范畴.

(iii) $\mathcal{C}$ 中的一部分对象以及这些对象之间所有构成同构的态射构成 $\mathcal{C}$ 的一个构成群胚的子范畴. 特别地, 取定 $\mathcal{C}$ 的对象 A 以及所有 A 到 A 的构成同构的态射, 则得到 $\mathcal{C}$ 的一个构成群胚的子范畴. 如果进一步 $\mathrm{Aut}(A)$ 为一个集合, 那么 $\mathrm{Aut}(A)$ 关于态射的复合构成群.

例 5.1.20　集合范畴 **Set** 中所有非空集合及其相互之间的态射构成的完全子范畴被称为非空集合范畴, 记作 **Set***.

在讨论集合时, 可以用取笛卡儿积和取不交并的方式来从已有集合构造新集合. 对任意一族以集合 I 为指标集的集合 $\{A_\alpha \mid \alpha \in I\}$, 称所有 A_α 的**笛卡儿积**为集合

$$\prod_{\alpha \in I} A_\alpha := \left\{ f : I \to \bigcup_{\alpha \in I} A_\alpha \;\middle|\; \forall \alpha \in I,\, f(\alpha) \in A_\alpha \right\},$$

而所有 A_α 的**不交并**为集合

$$\coprod_{\alpha \in I} A_\alpha := \bigcup_{\alpha \in I} (A_\alpha \times \{\alpha\}).$$

在不交并中, α 被用来标记 A_α 中的元素. 这样即便存在不同的指标 α 和 β, 满足 A_α 和 A_β 包含同一个元素 a, 不交并中的元素 (a, α) 和 (a, β) 也是不同的. 另一方面, 若所有集合 A_α 两两不交, 则以上定义的不交并本质上就是这些集合的并集. 在后续的讨论中, 为了简化记号, 在讨论不交并时, 如果语境清楚, 我们将省略元素的指标.

类似的方法也可以用来从已有范畴构造新范畴. 设 $\mathcal{C}$ 和 $\mathcal{D}$ 为两个范畴, 二者的**笛卡儿积** $\mathcal{C} \times \mathcal{D}$ 为如下定义的范畴:

(i) 对象为有序对 (A, X), 其中 $A \in \mathrm{Ob}\,\mathcal{C}$ 和 $X \in \mathrm{Ob}\,\mathcal{D}$, 即

$$\mathrm{Ob}\,(\mathcal{C} \times \mathcal{D}) = \mathrm{Ob}\,\mathcal{C} \times \mathrm{Ob}\,\mathcal{D};$$

(ii) 态射为有序对 (f, u), 其中 $f \in \mathrm{Mor}\,\mathcal{C}$ 和 $u \in \mathrm{Mor}\,\mathcal{D}$, 即

$$\mathrm{Mor}\,(\mathcal{C} \times \mathcal{D}) = \mathrm{Mor}\,\mathcal{C} \times \mathrm{Mor}\,\mathcal{D};$$

(iii) 两个态射 (f, u) 和 (g, v) 之间的复合定义为

$$(f, u)(g, v) = (fg, uv).$$

而范畴 $\mathcal{C}$ 和 $\mathcal{D}$ 的**不交并** $\mathcal{C} \coprod \mathcal{D}$ 为如下定义的范畴:

(i) $\mathrm{Ob}\left(\mathcal{C} \coprod \mathcal{D}\right) = \mathrm{Ob}\,\mathcal{C} \coprod \mathrm{Ob}\,\mathcal{D}$, 即为 $\mathrm{Ob}\,\mathcal{C}$ 和 $\mathrm{Ob}\,\mathcal{D}$ 的不交并;

(ii) $\mathrm{Mor}\left(\mathcal{C} \coprod \mathcal{D}\right) = \mathrm{Mor}\,\mathcal{C} \coprod \mathrm{Mor}\,\mathcal{D}$, 即为 $\mathrm{Mor}\,\mathcal{C}$ 和 $\mathrm{Mor}\,\mathcal{D}$ 的不交并;

(iii) 由以上构造可以看出两个 $\mathcal{C} \coprod \mathcal{D}$ 中的态射可以复合仅当它们同为 $\mathcal{C}$ 中的态射或者同为 $\mathcal{D}$ 中的态射, 直接沿用 $\mathcal{C}$ 和 $\mathcal{D}$ 中的态射复合即得 $\mathcal{C} \coprod \mathcal{D}$ 中态射的复合.

定义 5.1.9　设 $\mathcal{C}$ 为范畴, 称以下构造的范畴为 $\mathcal{C}$ 的**反范畴**, 并记作 $\mathcal{C}^{\mathrm{op}}$:

(i) $\mathrm{Ob}\,\mathcal{C}^{\mathrm{op}} = \mathrm{Ob}\,\mathcal{C}$, 即 $\mathcal{C}^{\mathrm{op}}$ 的对象就是 $\mathcal{C}$ 的对象;

(ii) $\mathrm{Mor}\,\mathcal{C}^{\mathrm{op}}$ 和 $\mathrm{Mor}\,\mathcal{C}$ 之间通过箭头反向构建出一个一一对应, 即

i) 对 $\mathcal{C}$ 中的任一态射 $A \xrightarrow{f} B$, 都有 $\mathcal{C}^{\mathrm{op}}$ 中唯一的态射 $B \xrightarrow{f^{\mathrm{op}}} A$ 与之对应;

ii) 对 $\mathcal{C}^{\mathrm{op}}$ 中的任一态射 $B \xrightarrow{g} A$, 都有 $\mathcal{C}$ 中的态射 $A \xrightarrow{f} B$, 满足 $g = f^{\mathrm{op}}$;

(iii) 该一一对应与态射的复合相容, 即对 $\mathcal{C}$ 中的态射 f 和 g, 它们在 $\mathcal{C}^{\mathrm{op}}$ 中对应的态射分别为 f^{op} 和 g^{op}, 则有

$$(fg)^{\mathrm{op}} = g^{\mathrm{op}} f^{\mathrm{op}};$$

(iv) 对 $\mathcal{C}^{\mathrm{op}}$ 中的对象 A, 其对应的恒等态射为 1_A^{op}.

> **注 5.1.6**　形式上看, 箭头反转两次就回到了初始状态. 因此可以将 $(\mathcal{C}^{\mathrm{op}})^{\mathrm{op}}$ 和 $\mathcal{C}$ 自然地等同起来. 下面对任意范畴 $\mathcal{C}$, 记 $(\mathcal{C}^{\mathrm{op}})^{\mathrm{op}} = \mathcal{C}$.

反范畴的定义虽然只是形式上将箭头反向, 但在实际数学研究中这种现象并不鲜见, 下面看几个例子.

例 5.1.21　设 R 为交换环, 定义范畴 $\mathbf{Mat}_R^{\mathrm{T}}$ 的对象为正整数. 对任意对象 m 和 n, m 到 n 的态射为 R 上的 $m \times n$ 矩阵. 任取态射 $m \xrightarrow{M} n$ 和 $n \xrightarrow{N} k$, 二者的复合定义为 $m \xrightarrow{MN} k$. 显然环 R 上的矩阵范畴 $\mathbf{Mat}_R$ 的反范畴 $\mathbf{Mat}_R^{\mathrm{op}}$ 可以被等同为范畴 $\mathbf{Mat}_R^{\mathrm{T}}$.

例 5.1.22 设 Γ 为群, 如下定义其对应的反群 Γ^{op}. Γ^{op} 中的元素仍为 Γ 中的元素, 若群 Γ 中的运算为 $*$, 则其反群 Γ^{op} 中的运算定义为

$$\circ : \Gamma^{\mathrm{op}} \times \Gamma^{\mathrm{op}} \to \Gamma^{\mathrm{op}}$$

$$(g, g') \mapsto g' * g.$$

群 Γ 对应的范畴 $\mathbf{B}\Gamma$ 的反范畴 $(\mathbf{B}\Gamma)^{\mathrm{op}}$ 可以被等同为群 Γ^{op} 对应的范畴 $\mathbf{B}\Gamma^{\mathrm{op}}$.

例 5.1.23 设 P 为具有偏序关系 $\leqslant$ 的非空集合. 对任意 $x, y \in P$, 定义 $y \geqslant x$ 当且仅当 $x \leqslant y$. 由此可得 P 的一个偏序关系 $\geqslant$. 范畴 $(P, \leqslant)$ 的反范畴 $(P, \leqslant)^{\mathrm{op}}$ 可以被等同为范畴 $(P, \geqslant)$.

> **注 5.1.7** 以上例子中 "范畴之间的等同" 类似于之前讨论代数结构时的同构, 我们将在下一节函子部分对其意义做进一步说明.

从范畴和其反范畴的关系出发, 就可以得到范畴论中的一个重要结论: **对偶原理**.

定理 5.1.1 (对偶原理) 如果由态射决定的结论 φ 对范畴 $\mathcal{C}$ 成立, 通过将 φ 中所有态射的箭头反向, 则可以得到一个对 $\mathcal{C}^{\mathrm{op}}$ 成立的对偶结论 φ^{op}.

在对范畴的讨论中, 对偶原理可以达到 "买一送一" 的效果. 注意到反范畴也是范畴. 如果一个结论对任意范畴成立, 那么这个结论对任意范畴 $\mathcal{C}$ 及其反范畴 $\mathcal{C}^{\mathrm{op}}$ 同时成立, 从而该结论关于 $\mathcal{C}^{\mathrm{op}}$ 的陈述可以看作是关于 $\mathcal{C}$ 的陈述的对偶结论. 笼统地说, 我们只需要把关于 $\mathcal{C}$ 的结论证明中的所有态射箭头反向, 就可以得到关于 $\mathcal{C}^{\mathrm{op}}$ 的结论的证明. 下面通过一个例子来具体说明.

命题 5.1.2 设 $\mathcal{C}$ 为范畴, 则 $\mathcal{C}$ 的态射 $f : A \to B$ 为同构当且仅当对 $\mathcal{C}$ 的任意对象 C 都有双射

$$f_* : \mathrm{Hom}(C, A) \to \mathrm{Hom}(C, B)$$

$$g \mapsto fg.$$

以上结论关于 $\mathcal{C}^{\mathrm{op}}$ 的对偶陈述如下.

命题 5.1.3 设 $\mathcal{C}$ 为范畴, 则 $\mathcal{C}$ 的态射 $f : A \to B$ 为同构当且仅当对 $\mathcal{C}$ 的任意对象 C 都有双射

$$f^* : \mathrm{Hom}(B, C) \to \mathrm{Hom}(A, C)$$

$$g \mapsto gf.$$

下面给出命题 5.1.2 的证明, 命题 5.1.3 的证明留作习题 (见习题 5.1 第 4 题).

命题 5.1.2 的证明 若 $f : A \to B$ 为同构, 则存在 $\mathcal{C}$ 的态射 $h : B \to A$, 满足 $hf = \mathbf{1}_A$ 且 $fh = \mathbf{1}_B$.

对 $\mathcal{C}$ 的任意对象 C 和任意态射 $g, g' \in \mathrm{Hom}(C, A)$, 如果有 $fg = fg'$, 那么与 h 的复合可以得到

$$g = \mathbf{1}_A g = (hf)g = h(fg) = h(fg') = (hf)g' = \mathbf{1}_A g' = g',$$

因此 f_* 是单射. 另一方面, 对任意 $\widetilde{g} \in \mathrm{Hom}(C, B)$, 有 $h\widetilde{g} \in \mathrm{Hom}(C, A)$, 且满足

$$f(h\widetilde{g}) = (fh)\widetilde{g} = \mathbf{1}_B \widetilde{g} = \widetilde{g},$$

因此 f_* 为满射. 综上可得 f_* 为双射.

反之, 首先取 $C = B$. 由于

$$f_* : \mathrm{Hom}(B, A) \to \mathrm{Hom}(B, B)$$

为双射, 又 $\mathbf{1}_B \in \mathrm{Hom}(B, B)$, 故存在 $h \in \mathrm{Hom}(B, A)$ 使得 $fh = \mathbf{1}_B$. 进一步地, 复合 $hf \in \mathrm{Hom}(A, A)$ 且满足

$$f(hf) = (fh)f = f.$$

再取 $C = A$, 由于

$$f_* : \mathrm{Hom}(A, A) \to \mathrm{Hom}(A, B)$$

为双射, 并且 $f\mathbf{1}_A = f = f(hf)$, 故

$$hf = \mathbf{1}_A.$$

综合如上证明得到态射 f 为同构. $\qquad\square$

注 5.1.8　利用这种对偶关系可以将一个范畴内的问题转化为其反范畴内的问题, 从而为解决问题提供了新的思路.

以上两个命题给出了态射构成同构的等价性质. 如果将这些性质中关于 f_* 和 f^* 的条件弱化, 就有了单态射和满态射的概念.

定义 5.1.10　设 $\mathcal{C}$ 为范畴, $f : A \to B$ 为 $\mathcal{C}$ 中的态射.

(i) 称态射 f 为**单态射**, 若对 $\mathcal{C}$ 中的任意对象 C 以及态射 $g, h : C \to A$, 都有 $fg = fh$ 当且仅当 $g = h$.

(ii) 称态射 f 为**满态射**, 若对 $\mathcal{C}$ 中的任意对象 C 以及态射 $g, h : B \to C$, 都有 $gf = hf$ 当且仅当 $g = h$.

注 5.1.9　由定义可知 f 为单态射当且仅当 f_* 为单射, f 为满态射当且仅当 f^* 为单射. 不过同时满足这两个性质也不足以保证态射 f 为同构. 例如设范畴 $\mathcal{C}$ 中只有两个对象 A 和 B, 以及三个态射 $\mathbf{1}_A, \mathbf{1}_B$ 和 $A \xrightarrow{f} B$, 则 f 同时满足单态射和满态射的定义, 但是 f 并不是同构. 另一个非平凡的例子见习题 5.1 第 5 题.

定义 5.1.11 设 $\mathcal{C}$ 为范畴, $f : A \to B$ 为 $\mathcal{C}$ 中的态射.

(i) 称态射 f **左可逆**, 若存在 $\mathcal{C}$ 的态射 $g : B \to A$ 使得 $gf = \mathbf{1}_A$.

(ii) 称态射 f **右可逆**, 若存在 $\mathcal{C}$ 的态射 $g : B \to A$ 使得 $fg = \mathbf{1}_B$.

注 5.1.10 由定义可知若 f 左可逆, 则 f_* 有一个左逆, 因此 f_* 是单射. 若 f 右可逆, 则 f^* 有左逆, 因此 f^* 是单射.

习题 5.1

1. 设 $\mathcal{C}$ 为范畴, 若 $\mathcal{C}$ 中的态射 f 为同构, 则其逆同构唯一.

2. 证明命题 5.1.1.

3. 设 $\mathcal{C}$ 为小群胚, 证明对 $\mathcal{C}$ 的任意对象 A 和 B, 若 $\mathrm{Hom}(A, B)$ 非空, 则有群同构 $\mathrm{End}(A) \cong \mathrm{End}(B)$.

4. 证明命题 5.1.3, 并与命题 5.1.2 的证明做对比.

5. 考虑环范畴 **Ring**, 证明 $\mathbb{Z}$ 到 $\mathbb{Q}$ 的嵌入态射同时是单态射和满态射. (注: 本习题说明既是单态射又是满态射也不能保证是同构.)

5.2 函子

范畴之间是通过函子联系起来的.

定义 5.2.1 设 $\mathcal{C}$ 和 $\mathcal{D}$ 为两个范畴. 一个从 $\mathcal{C}$ 到 $\mathcal{D}$ 的**函子** $F = (F_0, F_1) : \mathcal{C} \to \mathcal{D}$ 由

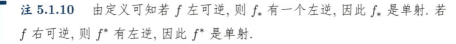

$$F_0 : \mathrm{Ob}\,\mathcal{C} \to \mathrm{Ob}\,\mathcal{D} \quad \text{和} \quad F_1 : \mathrm{Mor}\,\mathcal{C} \to \mathrm{Mor}\,\mathcal{D}$$

两个映射构成, 并且 F_0 和 F_1 满足以下条件:

(i) 对任意 $f \in \mathrm{Mor}\,\mathcal{C}$, 有 $\mathrm{dom}(F_1(f)) = F_0(\mathrm{dom}(f))$ 和 $\mathrm{cod}(F_1(f)) = F_0(\mathrm{cod}(f))$;

(ii) 对任意 $A \in \mathrm{Ob}\,\mathcal{C}$, 有 $F_1(\mathbf{1}_A) = \mathbf{1}_{F_0(A)}$;

(iii) 对任意 $f, g \in \mathrm{Mor}\,\mathcal{C}$, 有 $F_1(fg) = F_1(f)F_1(g)$.

注 5.2.1 利用范畴及其反范畴之间的联系, 从范畴 $\mathcal{C}$ 到 $\mathcal{D}$ 的函子和从范畴 $\mathcal{C}^{\mathrm{op}}$ 到 $\mathcal{D}^{\mathrm{op}}$ 的函子之间存在着自然的一一对应.

例 5.2.1 设 Γ 和 Γ' 为两个群, 考虑相应的群胚 $\mathbf{B}\Gamma$ 和 $\mathbf{B}\Gamma'$. 任何 Γ 到 Γ' 的群同态都可以看作是这两个群胚之间的函子. 具体来说, 设 $\varphi : \Gamma \to \Gamma'$ 为同态, F_0 为将对象 Γ 映到 Γ' 的映射, F_1 为将态射 g 映到 $\varphi(g)$ 的映射. 由群同态的定义, 容易验证 (F_0, F_1) 给出了从 $\mathbf{B}\Gamma$ 到 $\mathbf{B}\Gamma'$ 的函子.

群同态在两个群的子群之间构建的联系也可以用函子的形式表现出来. 以 Γ 的子群作为对象, 对 Γ 的任意两个子群 Θ_1 和 Θ_2, 存在态射 $\iota : \Theta_1 \to \Theta_2$ 当且仅当 $\Theta_1 \leqslant \Theta_2$. 由此得到了 Γ 的子群构成的关于包含这个偏序关系的范畴 $\mathbf{P}\Gamma$. 类似地, 也有范畴 $\mathbf{P}\Gamma'$.

仍考虑群同态 $\varphi : \Gamma \to \Gamma'$, 定义映射

$$F_0 : \mathbf{P}\Gamma \to \mathbf{P}\Gamma'$$

$$\Theta \mapsto \varphi(\Theta).$$

另一方面, 任取 $\mathbf{P}\Gamma$ 的态射 $\iota : \Theta_1 \to \Theta_2$, 由定义有 $\Theta_1 \leqslant \Theta_2$. 由于 φ 为同态, 故 $F_0(\Theta_1) \leqslant F_0(\Theta_2)$. 定义 $F_1(\iota)$ 为态射 $\iota' : F_0(\Theta_1) \to F_0(\Theta_2)$, 容易验证同态 φ 通过 (F_0, F_1) 给出了从 $\mathbf{P}\Gamma$ 到 $\mathbf{P}\Gamma'$ 的一个函子.

例 5.2.2   设 $\mathcal{C}$ 和 $\mathcal{D}$ 为两个非空范畴. 将所有 $\mathcal{C}$ 的对象映到 $\mathcal{D}$ 的某个对象 A, 并将 $\mathcal{C}$ 的所有态射映到 A 对应的恒等态射 $\mathbf{1}_A$, 则得到一个从 $\mathcal{C}$ 到 $\mathcal{D}$ 的函子, 该函子称为**常值函子**.

例 5.2.3   设 $\mathcal{C}$ 和 $\mathcal{D}$ 为两个范畴. 若 $\mathcal{C}$ 是 $\mathcal{D}$ 的子范畴, 那么从 $\mathcal{C}$ 到 $\mathcal{D}$ 的嵌入给出了**包含函子** $\iota = (\iota_0, \iota_1)$, 即

$$\iota_0 : \mathrm{Ob}\,\mathcal{C} \to \mathrm{Ob}\,\mathcal{D}$$

$$A \mapsto A$$

和

$$\iota_1 : \mathrm{Mor}\,\mathcal{C} \to \mathrm{Mor}\,\mathcal{D}$$

$$f \mapsto f.$$

作为一个特殊情形, 当 $\mathcal{C} = \mathcal{D}$ 时, 称 ι 为**恒等函子**.

例 5.2.4   对任意集合 A 和 B, 分别记其幂集为 $\mathcal{P}(A)$ 和 $\mathcal{P}(B)$. 任意 A 到 B 的映射 f 都可以诱导出幂集之间的映射

$$\mathcal{P}(f) : \mathcal{P}(A) \to \mathcal{P}(B)$$

$$P \mapsto f(P).$$

由此可以得到集合范畴 $\mathbf{Set}$ 到自己的函子 $F = (F_0, F_1)$, 其中

$$F_0(A) = \mathcal{P}(A) \quad \text{和} \quad F_1(f) = \mathcal{P}(f).$$

例 5.2.5   5.1 节的开始介绍的多个范畴中的对象都是集合附带有某种结构, 而其中的态射也来自与这种结构相容的集合间的映射. 通过将所涉及的结构的信息忘掉, 我

们就可以构造出从这些范畴到集合范畴 **Set** 的函子. 例如, 考虑群范畴 **Group**, 可以如下定义函子 $F = (F_0, F_1)$, 其中映射 F_0 和 F_1 为

$$F_0 : \mathrm{Ob}\,\mathbf{Group} \to \mathrm{Ob}\,\mathbf{Set}$$

$$A \mapsto A$$

和

$$F_1 : \mathrm{Mor}\,\mathbf{Group} \to \mathrm{Mor}\,\mathbf{Set}$$

$$f \mapsto f.$$

更一般地, 若一个集合上某种类型的结构是在另一种类型的结构上附加一些条件得到的, 则通过忘掉附加条件, 也可以在相关的范畴之间定义函子, 以下是一些例子:

(i) 通过忘掉流形结构中转移映射的光滑性, 可以得到函子 **Mlfd** → **Top**;

(ii) 设 $\mathbb{F}$ 是域, 通过忘掉数乘, 可以得到函子 $\mathbf{Vect}_{\mathbb{F}} \to \mathbf{Ab}$;

(iii) 设 R 为环, 通过忘掉数乘, 可以得到函子 $\mathbf{Mod}_R \to \mathbf{Ab}$;

(iv) 通过忘掉环上的乘法结构, 可以得到函子 **Ring** → **Ab**.

这样的函子通常都被称为**遗忘函子**.

例 5.2.6 考虑例 5.2.5 的相反构造, 自然也可以通过向一个集合添加某种结构的方式来构造与遗忘函子方向相反的函子, 下面以群范畴 **Group** 为例来说明. 从任意非空集合出发, 可以用其生成一个自由群. 分别记非空集合 A 和 B 生成的自由群为 $\underset{\alpha \in A}{*}\, \mathbb{Z}$ 和 $\underset{\alpha \in B}{*}\, \mathbb{Z}$. 由自由群的泛性质可知任意映射 $f : A \to B$ 都可以延拓为一个群同态 $\widetilde{f} : \underset{\alpha \in A}{*}\, \mathbb{Z} \to \underset{\alpha \in B}{*}\, \mathbb{Z}$. 通过将空集对应为单位元群, 可以构造出从 **Set** 到 **Group** 的函子 (F_0, F_1), 其中 F_0 和 F_1 定义为

$$F_0 : \mathrm{Ob}\,\mathbf{Set} \to \mathrm{Ob}\,\mathbf{Group}$$

$$A \mapsto \underset{\alpha \in A}{*}\, \mathbb{Z}$$

和

$$F_1 : \mathrm{Mor}\,\mathbf{Set} \to \mathrm{Mor}\,\mathbf{Group}$$

$$f \mapsto \widetilde{f}.$$

类似地, 也可以构造从 **Set** 到 **Ab** 的函子和从 **Set** 到 $\mathbf{Mod}_R$ 的函子. 注意到这些构造都和相应的代数结构中的 "自由生成" 相关, 故称此类函子为**自由函子**.

例 5.2.7 代数拓扑即使用代数的方法来研究拓扑空间, 这需要构建代数结构与拓扑结构之间的联系. 使用范畴论的语言, 即需要去构建拓扑空间范畴到一些代数结构范畴的函子.

笼统地说, 拓扑学主要研究 "连续". 一个空间的拓扑结构是由对空间中每个点附近的描述所决定的 (给出每个点附近的邻域基), 利用拓扑结构可以讨论拓扑空间之间的连续映射. 拓扑空间的一个基本性质就是连通性, 拓扑学中有几种不同的方法来描述拓扑空间的连通性, 其中的一种方法就是使用道路来研究拓扑空间的连通性, 即所谓的道路连通. 对任意的拓扑空间 X, 称一个连续映射

$$\gamma : [0,1] \to X$$

为 X 中的一条 (带参数的) 道路. 若 γ 和 η 为 X 中的两条道路, 且满足 $\gamma(1) = \eta(0)$, 则可以通过先沿着 γ 前进, 再沿着 η 前进的方式得到 γ 和 η 的复合 $\gamma * \eta : [0,1] \to X$. 复合道路 $\gamma * \eta$ 的详细定义如下: 对任意 $t \in [0,1]$, 有

$$(\gamma * \eta)(t) = \begin{cases} \gamma(2t), & \text{若 } 0 \leqslant t \leqslant \dfrac{1}{2}, \\ \eta(2t-1), & \text{若 } \dfrac{1}{2} \leqslant t \leqslant 1. \end{cases}$$

另一方面, 任给两条端点相同的道路, 如果可以在固定端点的情况下把其中一条道路通过连续的方式变为另一条道路, 就称这两条道路为**道路同伦**. 这给出 X 上道路之间的等价关系, 其中每一个等价类都称为道路的**道路同伦类**.

设 x 为 X 中一个点, 将所有 X 中从 x 出发并回到 x 的道路的道路同伦类的全体记作 $\pi_1(X, x)$. 以上定义的道路复合给出了 $\pi_1(X, x)$ 上的一个群结构, 由此得到了 X 关于基点 x 的**基本群**. 注意到基本群的构造过程依赖于 x 的选取. 如果 X 中任意两点之间都存在一条道路, 即 X 是道路连通的, 那么不同基点给出的基本群同构. 反之, 若 X 不是道路连通的, 则对不同基点, 如上定义的空间 X 的基本群可能是不同构的.

设 Y 也是一个拓扑空间, 并设 y 为 Y 中的一个点. 设 f 为 X 到 Y 的连续映射并将 x 映到 y. 任取 X 中的从 x 出发并回到 x 的道路 γ, 通过与 f 复合, 可得到 Y 中从 y 出发并回到 y 的道路 $f \circ \gamma$. 若存在另一条道路 η 与 γ 道路同伦, 则 $f \circ \eta$ 与 $f \circ \gamma$ 道路同伦. 由此得到一个从 $\pi_1(X, x)$ 到 $\pi_1(Y, y)$ 的映射, 直接验证可知该映射为群同态, 记其为 f_*.

记 $\mathbf{Top}_*$ 为带基点的拓扑空间范畴. 这个范畴中的对象是所有带基点的拓扑空间, 态射为将基点送到基点的连续映射. 由以上讨论可得函子 $F : \mathbf{Top}_* \to \mathbf{Group}$, 其中 F_0 和 F_1 定义为

$$F_0 : \mathrm{Ob}\,\mathbf{Top}_* \to \mathrm{Ob}\,\mathbf{Group}$$

$$(X, x) \mapsto \pi_1(X, x)$$

和

$$F_1 : \mathrm{Mor}\,\mathbf{Top}_* \to \mathrm{Mor}\,\mathbf{Group}$$

$$((X, x) \xrightarrow{f} (Y, y)) \mapsto (\pi_1(X, x) \xrightarrow{f_*} \pi_1(Y, y)).$$

例 5.2.8　设 Γ 为群, X 为非空集合, $\Phi : \Gamma \times X \to X$ 为映射. 对任意 $g \in \Gamma$, 都有 X 到自己的映射 $\Phi(g, \cdot) : x \mapsto \Phi(g, x)$. 《代数学 (三)》第二章中给出了映射 Φ 为 Γ 在 X 上的 (左) 作用当且仅当 $g \mapsto \Phi(g, \cdot)$ 为 Γ 到 X 的全变换群 S_X 的同态.

利用范畴论的语言, 可以将以上观察用函子的形式表达出来. 考虑 Γ 对应的群胚 $\mathbf{B}\Gamma$ 以及非空集合范畴 $\mathbf{Set}^*$, 以上构造可以看作是一个函子 $F : \mathbf{B}\Gamma \to \mathbf{Set}^*$, 其中 F_0 将 $\mathbf{B}\Gamma$ 的唯一对象 Γ 映到 $\mathbf{Set}^*$ 的对象 X, 而 F_1 将 $\mathbf{B}\Gamma$ 中的态射 g 映到 $\mathbf{Set}^*$ 的态射 $\Phi(g, \cdot)$. 因此把 Γ 映成集合 X 的函子 $\mathbf{B}\Gamma \to \mathbf{Set}^*$ 与 Γ 在 X 上的左作用之间存在一一对应.

例 5.2.9　设 R 为交换环, 考虑三元多项式方程

$$x^3 + y + z = 0,$$

并记其在 R 上的解集为 $S(R) \subseteq R^3$. 对任意交换环 R 和 R', 设 $f : R \to R'$ 为环同态, 则 f 诱导了一个 $S(R)$ 到 $S(R')$ 的映射. 由此得到了一个从交换环范畴 $\mathbf{CRing}$ 到集合范畴 $\mathbf{Set}$ 的函子.

例 5.2.10　设 Γ 和 Γ' 为群, 它们的直积为 $\Gamma \times \Gamma'$. 考虑范畴的笛卡儿积 $\mathbf{B}\Gamma \times \mathbf{B}\Gamma'$, 则有一个自然的 $\mathbf{B}\Gamma \times \mathbf{B}\Gamma'$ 到 $\mathbf{B}(\Gamma \times \Gamma')$ 的函子 $F = (F_0, F_1)$, 其中 F_0 定义为

$$F_0(\Gamma, \Gamma') = \Gamma \times \Gamma'.$$

考虑 Γ 和 Γ' 到 $\Gamma \times \Gamma'$ 的群同态

$$i : \Gamma \to \Gamma \times \Gamma'$$

$$g \mapsto (g, e')$$

和

$$i' : \Gamma' \to \Gamma \times \Gamma'$$

$$g' \mapsto (e, g'),$$

其中 e 和 e' 分别为 Γ 和 Γ' 的单位元, 由此定义 $\mathbf{B}\Gamma \times \mathbf{B}\Gamma'$ 到 $\mathbf{B}(\Gamma \times \Gamma')$ 的态射之间的映射 F_1 为

$$F_1 : \mathrm{Mor}\,(\mathbf{B}\Gamma \times \mathbf{B}\Gamma') \to \mathrm{Mor}\,\mathbf{B}(\Gamma \times \Gamma')$$

$$(g, g') \mapsto (g, g').$$

再考虑群胚范畴 $\mathbf{B}\Gamma$ 和 $\mathbf{B}\Gamma'$ 的不交并, 记 $\Gamma * \Gamma'$ 为这两个群的自由积, 则有一个自然的 $\mathbf{B}\Gamma \coprod \mathbf{B}\Gamma'$ 到 $\mathbf{B}(\Gamma * \Gamma')$ 的函子 $G = (G_0, G_1)$, 其中 G_0 为

$$G_0(\Gamma) = G_0(\Gamma') = \Gamma * \Gamma'.$$

将 Γ 和 Γ' 中的元素看作 $\Gamma * \Gamma'$ 中的元素, 则得到 Γ 和 Γ' 到 $\Gamma * \Gamma'$ 的嵌入同态

$$j : \Gamma \to \Gamma * \Gamma'$$

$$g \mapsto g$$

和

$$j' : \Gamma' \to \Gamma * \Gamma'$$

$$g' \mapsto g'.$$

由此定义态射之间的映射 G_1 为

$$G_1 : \mathrm{Mor}\left(\mathbf{B}\Gamma \coprod \mathbf{B}\Gamma'\right) \to \mathrm{Mor}\,\mathbf{B}(\Gamma * \Gamma')$$

$$h \mapsto h.$$

注 5.2.2   后续在积和余积部分会对这类构造做进一步的讨论.

注 5.2.3   不同于之前讨论的代数结构的同态, 函子的像不一定是子范畴. 例如, 设范畴 $\mathcal{C}$ 满足

$$\mathrm{Ob}\,\mathcal{C} = \{A, B, C, D\} \quad \text{和} \quad \mathrm{Mor}\,\mathcal{C} = \{\mathbf{1}_A, \mathbf{1}_B, \mathbf{1}_C, \mathbf{1}_D, A \xrightarrow{f} B, C \xrightarrow{g} D\},$$

范畴 $\mathcal{C}'$ 满足

$$\mathrm{Ob}\,\mathcal{C}' = \{A', B', C'\}$$

和

$$\mathrm{Mor}\,\mathcal{C}' = \{\mathbf{1}_{A'}, \mathbf{1}_{B'}, \mathbf{1}_{C'}, A' \xrightarrow{f'} B', B' \xrightarrow{g'} C', A' \xrightarrow{g'f'} C'\}.$$

定义函子 $F : \mathcal{C} \to \mathcal{C}'$ 为 $F_0(A) = A', F_0(B) = F_0(C) = B', F_0(D) = C'$ 和 $F_1(f) = f', F_1(g) = g'$. 注意到 $A' \xrightarrow{g'f'} C'$ 不在 F_1 的像中, 因此 $F(\mathcal{C})$ 不是范畴.

对任意三个范畴 $\mathcal{C}, \mathcal{C}'$ 以及 $\mathcal{C}''$, 设存在函子 $F : \mathcal{C} \to \mathcal{C}'$ 和 $F' : \mathcal{C}' \to \mathcal{C}''$, 则可以构造 F 和 F' 的复合函子 $G = (G_0, G_1) : \mathcal{C} \to \mathcal{C}''$, 其中对 $\mathcal{C}$ 的任意对象 A 以及态射 f, 定义

$$G_0(A) = F_0'(F_0(A)) \quad \text{和} \quad G_1(f) = F_1'(F_1(f)),$$

并记 $G = F' \circ F$. 如果将每个范畴看作对象, 范畴之间的函子看作态射, 考虑恒等函子和以上函子的复合, 似乎也可以得到一个范畴. 但是这里将会遇到类似于 "所有的集合不构成集合" 的问题. 将对象限制为小范畴, 然后利用函子作为态射, 则可以得到一个小范畴的范畴, 通常记作 **Cat**.

由之前介绍的反范畴可知一个范畴和其反范畴之间也存在一个自然的联系, 这种联系类似于函子, 只是其中的复合规则反向了. 通常称定义 5.2.1 中的函子为**协变函子**, 而称使复合规则反向的范畴之间类似于函子的联系为反变函子, 其具体定义如下.

定义 5.2.2　设 $\mathcal{C}$ 和 $\mathcal{D}$ 为两个范畴. 一个从范畴 $\mathcal{C}$ 到 $\mathcal{D}$ 的**反变函子** $F = (F_0, F_1):$ $\mathcal{C} \to \mathcal{D}$ 由

$$F_0 : \mathrm{Ob}\,\mathcal{C} \to \mathrm{Ob}\,\mathcal{D} \quad \text{和} \quad F_1 : \mathrm{Mor}\,\mathcal{C} \to \mathrm{Mor}\,\mathcal{D}$$

这两个映射构成, 并且 F_0 和 F_1 满足以下条件:

(i) 对任意 $f \in \mathrm{Mor}\,\mathcal{C}$, 有 $\mathrm{dom}(F_1(f)) = F_0(\mathrm{cod}(f))$ 和 $\mathrm{cod}(F_1(f)) = F_0(\mathrm{dom}(f))$;

(ii) 对任意 $A \in \mathrm{Ob}\,\mathcal{C}$, 有 $F_1(\mathbf{1}_A) = \mathbf{1}_{F_0(A)}$;

(iii) 对任意 $f, g \in \mathrm{Mor}\,\mathcal{C}$, 有 $F_1(fg) = F_1(g)F_1(f)$.

注 5.2.4　从定义得知可以将一个 $\mathcal{C}$ 到 $\mathcal{D}$ 的反变函子等同于一个 $\mathcal{C}^{\mathrm{op}}$ 到 $\mathcal{D}$ 的协变函子. 利用 $(\mathcal{C}^{\mathrm{op}})^{\mathrm{op}} = \mathcal{C}$ 以及注 5.2.1, 当然也可以将 $\mathcal{C}$ 到 $\mathcal{D}$ 的反变函子等同于一个 $\mathcal{C}$ 到 $\mathcal{D}^{\mathrm{op}}$ 的协变函子.

例 5.2.11　对范畴 $\mathcal{C}$ 及其反范畴 $\mathcal{C}^{\mathrm{op}}$, 将 $\mathcal{C}$ 的对象 A 映到 $\mathcal{C}^{\mathrm{op}}$ 的对象 A, 将 $\mathcal{C}$ 的态射 f 映到 $\mathcal{C}^{\mathrm{op}}$ 的态射 f^{op}, 就得到了一个反变函子.

例 5.2.12　对任意群 $\varGamma$, 类似于例 5.2.8 中对 $\varGamma$ 在非空集合上左作用的讨论, 将 $\varGamma$ 映到非空集合 X 的从范畴 $\mathbf{B}\varGamma$ 到 $\mathbf{Set}^*$ 的反变函子与 $\varGamma$ 在 X 上的右作用之间一一对应.

例 5.2.13　设 U 为域 $\mathbb{F}$ 上的一个线性空间. 任取 $\mathbb{F}$ 上的线性空间 V 和 W, 设 $f : V \to W$ 为线性映射, 则对任意线性映射 $g : W \to U$, 都有线性映射 $g \circ f : V \to U$. 由此得到了一个线性映射

$$\varPhi_f : \mathrm{Hom}(W, U) \to \mathrm{Hom}(V, U)$$

$$g \mapsto g \circ f.$$

利用以上讨论, 可以构造一个反变函子 $F : \mathbf{Vect}_{\mathbb{F}} \to \mathbf{Vect}_{\mathbb{F}}$, 其中对任意对象 V 以及态射 $V \xrightarrow{f} W$, 定义

$$F_0(V) = \mathrm{Hom}(V, U) \quad \text{和} \quad F_1(f) = \varPhi_f.$$

若 $U = \mathbb{F}$, 则对 $\mathbb{F}$ 上的线性空间 V, 线性空间 $\mathrm{Hom}(V, \mathbb{F})$ 为 V 的对偶空间, 记作 V^*. 以上反变函子告诉我们, 任意 V 到 W 的线性映射 f, 都给出了 W^* 到 V^* 的线性映射 f^*, 并且对任意线性映射

$$f_1 : V_1 \to V_2 \quad \text{和} \quad f_2 : V_2 \to V_3$$

都有

$$(f_2 \circ f_1)^* = f_1^* \circ f_2^*.$$

对任意三个范畴 C, C' 以及 C'', 设存在函子 $F : C \to C'$ 和 $F' : C' \to C''$, 前面已经定义了函子 F 和 F' 的复合 $F' \circ F : C \to C''$, 由协变函子和反变函子的定义, 容易得到下面的结论:

(i) 若 F 和 F' 均为协变函子或者均为反变函子, 则 $F' \circ F$ 为协变函子.

(ii) 若 F 和 F' 中一个为协变函子, 另一个为反变函子, 则 $F' \circ F$ 为反变函子.

注 5.2.5 为了方便讨论, 后文的"函子"均指协变函子, 如果需要区分协变函子和反变函子, 将加以特别说明.

定义 5.2.3 设 C 和 D 为范畴, $F : C \to D$ 为函子. 若对任意 $A, B \in \mathrm{Ob}\,C$, 都有映射

$$\mathrm{Hom}_C(A, B) \to \mathrm{Hom}_D(F_0(A), F_0(B))$$

$$f \mapsto F_1(f)$$

为单射, 则称函子 F 是**忠实**的. 若对任意 $A, B \in \mathrm{Ob}\,C$, 以上映射是满射, 则称函子 F 是**完全**的.

注 5.2.6 函子 $C \xrightarrow{F} D$ 的忠实性或者完全性都是局部性质, 这只是 F_1 限制在 C 的每一对对象 A 和 B 之间的所有态射的全体 $\mathrm{Hom}(A, B)$ 上时是否是单射或者满射. 当一个函子 F 忠实时, 仍可能出现两个态射 f 和 g 被 F_1 映到同一个态射上. 同样地, 当一个函子完全时, 也可能出现一些 D 的对象不在 F_0 的像中或者一些 D 的态射不在 F_1 的像中.

例 5.2.14 设 C 为范畴, D 是 C 的子范畴. 从 D 到 C 的包含函子是一个忠实的函子. 另一方面, D 为 C 的一个完全子范畴当且仅当对 D 的任意对象 A 和 B, 都有 $\mathrm{Hom}_C(A, B) = \mathrm{Hom}_D(A, B)$, 即从 D 到 C 的包含函子同时也是完全的.

例 5.2.15 例 5.2.5 中介绍遗忘函子时所举的例子都是忠实的, 但遗忘函子不一定总是忠实的. 例如, 考虑两个范畴 C 和 D 的笛卡儿积 $C \times D$, 通过遗忘掉 D 的信息可以得到从 $C \times D$ 到 C 的遗忘函子. 若 C 不是空范畴且 D 中存在两个态射具有相同的源和像, 则该函子不是忠实的.

习题 5.2

1. 设 Γ 为群, 定义其交换化为交换群 $\Gamma^{\mathrm{ab}} := \Gamma / [\Gamma, \Gamma]$, 证明群的交换化与群之间的同态相容并诱导出一个函子

$$(-)^{\mathrm{ab}} : \mathbf{Group} \to \mathbf{Group}.$$

进一步地, 这个函子是忠实的吗? 是完全的吗?

2. 例 5.2.6 中所举的自由函子的例子是忠实的吗? 是完全的吗?

3. 考虑域 $\mathbb{F}$ 上的线性空间范畴 $\mathbf{Vect}_{\mathbb{F}}$, 取两次对偶所得函子 $(-)^{**}$ 是忠实的吗? 是完全的吗?

5.3 自然变换

定义 5.3.1 设 $\mathcal{C}$ 和 $\mathcal{D}$ 为范畴, F 和 G 都是从 $\mathcal{C}$ 到 $\mathcal{D}$ 的函子. 定义函子 F 到 G 的一个**自然变换** α 为 $\mathcal{D}$ 的一族态射

$$(F_0(A) \xrightarrow{\alpha_A} G_0(A))_{A \in \mathrm{Ob}\,\mathcal{C}},$$

且满足对任意 $A \in \mathrm{Ob}\,\mathcal{C}$ 和 $f \in \mathrm{Hom}_{\mathcal{C}}(A, B)$ 都有如下交换图:

$$
\begin{array}{ccc}
F_0(A) & \xrightarrow{\alpha_A} & G_0(A) \\
{\scriptstyle F_1(f)} \big\downarrow & & \big\downarrow {\scriptstyle G_1(f)} \\
F_0(B) & \xrightarrow{\alpha_B} & G_0(B)
\end{array}
$$

注 5.3.1 通常记函子 F 到 G 的自然变换 α 为 $F \overset{\alpha}{\Longrightarrow} G$, 并将 $\mathcal{C}, \mathcal{D}, F, G$ 以及 α 之间的关系用下图来表示:

$$
\mathcal{C} \overset{F}{\underset{G}{\Longrightarrow}} \mathcal{D}
$$

例 5.3.1 考虑线性空间及其对偶空间的例子, 这也是 Eilenberg 和 MacLane 在 [25] 中用来说明自然变换这个概念的例子.

设 $\mathbb{F}$ 为域, ι 为 $\mathbb{F}$ 上有限维线性空间范畴 $\mathbf{Vect}_{\mathbb{F},0}$ 到自己的恒等函子, $(-)^{**}$ 为线性空间取两次对偶的函子. 对 $\mathbb{F}$ 上的有限维线性空间 V 及其中的向量 $v \in V$, 其对应的 V^{**} 中的元素为

$$v^{**} : V^* \to \mathbb{F}$$

$$f \mapsto f(v),$$

而线性同构 α_V 定义为

$$\alpha_V : V \to V^{**}$$

$$v \mapsto v^{**}.$$

设 V 和 W 是 $\mathbb{F}$ 上的两个有限维线性空间, $\varphi : V \to W$ 为线性映射, 则有线性映射

$$\varphi^{**} : V^{**} \to W^{**}$$

$$v^{**} \mapsto \varphi(v)^{**},$$

进而容易验证线性映射 $\varphi, \varphi^{**}, \alpha_V$ 和 α_W 满足以下交换图:

$$
\begin{array}{ccc}
V & \xrightarrow{\ \varphi\ } & W \\
{\scriptstyle \alpha_V}\big\downarrow & & \big\downarrow{\scriptstyle \alpha_W} \\
V^{**} & \xrightarrow{\ \varphi^{**}\ } & W^{**}
\end{array}
$$

因此 $(V \xrightarrow{\alpha_V} V^{**})_{V \in \mathrm{Ob}\,\mathbf{Vect}_{\mathbb{F},0}}$ 构成恒等函子 ι 到 $(-)^{**}$ 的自然变换.

例 5.3.2　由习题 5.2 第 1 题可知群的交换化是群范畴到自己的函子 $(-)^{\mathrm{ab}}$. 对任意群 Γ, 记 π_Γ 为 Γ 到商群 Γ^{ab} 的自然同态, 则 $(\Gamma \xrightarrow{\pi_\Gamma} \Gamma^{\mathrm{ab}})_{\Gamma \in \mathrm{Ob}\,\mathbf{Group}}$ 构成了恒等函子 ι 到 $(-)^{\mathrm{ab}}$ 的自然变换.

例 5.3.3　设 R 和 S 为交换环, n 为正整数, 任意 R 到 S 的环同态 φ 都诱导出唯一的 $R^{n\times n}$ 到 $S^{n\times n}$ 的幺半群同态 φ', 由此可得到从交换环范畴 $\mathbf{CRing}$ 到幺半群范畴 $\mathbf{Monoid}$ 的一个函子 F. 另一方面, 任意交换环 R 关于其乘法都构成幺半群, 由此又有从 $\mathbf{CRing}$ 到 $\mathbf{Monoid}$ 的遗忘函子 G.

对任意交换环 R, 考虑 R 上 n 阶方阵的取行列式映射

$$\det_R : R^{n\times n} \to R$$

$$M \mapsto \det_R M.$$

由行列式的性质知道映射 $\det_R$ 是幺半群同态, 即对任意 $M, N \in R^{n\times n}$, 都有

$$\det_R(MN) = \det_R M \det_R N.$$

沿用以上的记号, 容易验证存在下面的交换图:

$$
\begin{array}{ccc}
R^{n\times n} & \xrightarrow{\ \varphi'\ } & S^{n\times n} \\
{\scriptstyle \det_R}\big\downarrow & & \big\downarrow{\scriptstyle \det_S} \\
R & \xrightarrow{\ \varphi\ } & S
\end{array}
$$

所以态射族 $(R^{n\times n} \xrightarrow{\det_R} R)_{R \in \mathrm{Ob}\,\mathbf{CRing}}$ 构成 F 到 G 的自然变换.

例 5.3.4　设 $\mathcal{C}$ 和 $\mathcal{D}$ 为范畴, 则任意函子 $F : \mathcal{C} \to \mathcal{D}$ 都有 F 到自身的恒等自然变换 $\mathbf{1}_F$, 即有

这里对任意 $A \in \mathrm{Ob}\,\mathcal{C}$, 都有 $(\mathbf{1}_F)_A = \mathbf{1}_{F_0(A)}$.

函子间并不一定总存在自然变换, 参见下面这个例子.

例 5.3.5　设 Γ 为群, 并考虑其对应的群胚 $\mathbf{B}\Gamma$. 任给 $\mathbf{B}\Gamma$ 到非空集合范畴 $\mathbf{Set}^*$ 的函子 F, 设 $F_0(\Gamma) = X$. 由例 5.2.8 知该函子对应于 Γ 在 X 上的一个左作用.

设 G 为另一个 $\mathbf{B}\Gamma$ 到 $\mathbf{Set}^*$ 的函子, 记 $G_0(\Gamma) = Y$. 由于 $\mathbf{B}\Gamma$ 只有一个对象, 故若 α 为 F 到 G 的自然变换, 则 α 只有一个态射 $\varphi : X \to Y$, 且对 $\mathbf{B}\Gamma$ 的任意态射 g, 都满足以下交换图:

$$
\begin{array}{ccc}
X & \xrightarrow{\ F_1(g)\ } & X \\
{\scriptstyle \varphi} \downarrow & & \downarrow {\scriptstyle \varphi} \\
Y & \xrightarrow{\ G_1(g)\ } & Y
\end{array}
$$

由集合范畴 $\mathbf{Set}^*$ 中态射的定义知 φ 应该满足如下条件: 即对任意 $x \in X$, 都有

$$
\varphi(F_1(g)(x)) = G_1(g)(\varphi(x)).
$$

称这样的映射为 Γ-**等变映射**. 因此 $\mathbf{B}\Gamma$ 到 $\mathbf{Set}^*$ 的函子之间的自然变换是由 Γ-等变映射得到的.

下面说明任意两个有 Γ 作用的集合之间并不一定总存在 Γ-等变映射. 设群 Γ 至少有 2 个元素, $X = \{x\}$ 为一个单元素集, 且令 $Y = \Gamma$. 群 Γ 在 X 上有唯一的平凡作用, 记其对应的函子为 F. 另一方面, Γ 在 $Y = \Gamma$ 上有左乘作用, 记其对应的函子为 G, 则这时不存在 X 到 Y 的 Γ-等变映射, 因此不存在函子 F 到函子 G 的自然变换.

下面是另一个自然变换不存在的例子.

例 5.3.6　考虑集合范畴 $\mathbf{Set}$, 定义函子 $F : \mathbf{Set} \to \mathbf{Set}$ 为对 $\mathbf{Set}$ 的任意对象 A 和态射 f, 有 $F_0(A) = \varnothing$ 以及 $F_1(A) = \mathbf{1}_\varnothing$, 则不存在恒等函子 ι 到函子 F 的自然变换.

否则, 若存在 ι 到 F 的自然变换, 则对 $\mathbf{Set}$ 的任意对象 A, 都有一个态射

$$
\iota_0(A) = A \xrightarrow{\ \alpha_A\ } \varnothing = F_0(A),
$$

且满足自然变换定义中需要的条件. 注意到 $\mathbf{Set}$ 中的态射来自集合之间的映射, 若集合 A 非空, 则不存在 A 到 $\varnothing$ 的映射, 因此 $\mathbf{Set}$ 中不存在 A 到 $\varnothing$ 的态射. 由此可知以上需要的 α_A 不存在, 故不存在 ι 到 F 的自然变换.

另外, 给定的两个函子之间也可能存在多个不同的自然变换.

例 5.3.7　设 $\mathcal{C}$ 为非空离散范畴, $\mathcal{D}$ 为任意非空范畴. 由于 $\mathcal{C}$ 中只有恒等态射, 故任意从 $\mathcal{C}$ 出发的函子 F 都被 F_0 确定. 设 $F : \mathcal{C} \to \mathcal{D}$ 为常值函子, 并设 $F_0(\mathrm{Ob}\,\mathcal{C}) = \{X\}$. 对任意 $\alpha \in \mathrm{Hom}_{\mathcal{D}}(X, X)$, 都有

$$F_0(A) \xrightarrow{\mathbf{1}_{F_0(A)}} F_0(A)$$

$$\alpha \downarrow \qquad\qquad \downarrow \alpha$$

$$F_0(A) \xrightarrow{\mathbf{1}_{F_0(A)}} F_0(A)$$

因此 α 构成 F 到自身的自然变换.

　　设 $\mathcal{C}$ 和 $\mathcal{D}$ 为范畴, F, G 和 H 都是 $\mathcal{C}$ 到 $\mathcal{D}$ 的函子, 并设 α 为 F 到 G 的自然变换, β 为 G 到 H 的自然变换, 则可以将 $\mathcal{C}, \mathcal{D}, F, G, H, \alpha$ 和 β 之间的关系表示为

由自然变换的定义, 对任意 $\mathcal{C}$ 的态射 $A \xrightarrow{f} B$, 有以下交换图:

$$F_0(A) \xrightarrow{F_1(f)} F_0(B)$$

$$\alpha_A \downarrow \qquad\qquad \downarrow \alpha_B$$

$$G_0(A) \xrightarrow{G_1(f)} G_0(B)$$

$$\beta_A \downarrow \qquad\qquad \downarrow \beta_B$$

$$H_0(A) \xrightarrow{H_1(f)} H_0(B)$$

故 $\mathcal{D}$ 的态射族 $(\beta_A \circ \alpha_A)_{A \in \mathrm{Ob}\mathcal{C}}$ 构成一个 F 到 H 的自然变换, 称之为 α 和 β 的**纵复合**, 记为 $\beta \circ \alpha$, 表示如下图:

　　自然变换可以看作是函子之间的态射. 沿着这个想法, 可以如下定义函子范畴: 对任意范畴 $\mathcal{C}$ 和 $\mathcal{D}$, $\mathcal{C}$ 到 $\mathcal{D}$ 的**函子范畴**的对象为 $\mathcal{C}$ 到 $\mathcal{D}$ 的函子, 对任意两个 $\mathcal{C}$ 到 $\mathcal{D}$ 的函子 F 和 G, 该函子范畴中 F 到 G 的态射是 F 到 G 的自然变换, 态射的复合由自然变换的纵复合给出, 记该范畴为 $[\mathcal{C}, \mathcal{D}]$.

　　下面验证自然变换的纵复合满足范畴定义中所需要的条件. 首先, 自然变换纵复合的结合律由 $\mathcal{D}$ 中态射的结合律保证, 又由例 5.3.4 知任意函子 F 都有 F 到自身的恒等自然变换 $\mathbf{1}_F$. 利用 $\mathcal{D}$ 中恒等态射的性质, 直接验证可得对任取自然变换 $F \overset{\alpha}{\Rightarrow} G$ 和 $G \overset{\beta}{\Rightarrow} F$, 均有

$$\alpha \circ \mathbf{1}_F = \alpha, \quad \mathbf{1}_F \circ \beta = \beta.$$

由此可知范畴 $[\mathcal{C}, \mathcal{D}]$ 定义良好.

例 5.3.8 群 Γ 的群胚范畴 $\mathbf{B}\Gamma$ 到非空集合范畴 $\mathbf{Set}^*$ 的每个函子对应的是一个带有 Γ 左作用的集合, 因此函子范畴 $[\mathbf{B}\Gamma, \mathbf{Set}^*]$ 即为所有带有 Γ 左作用的集合的范畴. 如例 5.3.5 中讨论的, 两个对象之间的态射是 Γ-等变映射.

设 $\mathcal{C}, \mathcal{C}'$ 和 $\mathcal{C}''$ 为三个范畴, F 和 G 均为从 $\mathcal{C}$ 到 $\mathcal{C}'$ 的函子, F' 和 G' 均为从 $\mathcal{C}'$ 到 $\mathcal{C}''$ 的函子. 由之前对函子复合的讨论, $F' \circ F$ 和 $G' \circ G$ 均为从 $\mathcal{C}$ 到 $\mathcal{C}''$ 的函子. 设存在 F 到 G 的自然变换 α 以及 F' 到 G' 的自然变换 β, 则有下图:

$$\mathcal{C} \underset{G}{\overset{F}{\Rightarrow \alpha}} \mathcal{C}' \underset{G'}{\overset{F'}{\Rightarrow \beta}} \mathcal{C}''$$

对 $\mathcal{C}$ 的任一态射 $A \xrightarrow{f} B$, 由自然变换 α 可得以下交换图:

$$\begin{array}{ccc} F_0(A) & \xrightarrow{F_1(f)} & F_0(B) \\ \alpha_A \downarrow & & \downarrow \alpha_B \\ G_0(A) & \xrightarrow{G_1(f)} & G_0(B) \end{array}$$

其中有 4 个 $\mathcal{C}'$ 中的态射. 再由自然变换 β, 进一步有以下交换图:

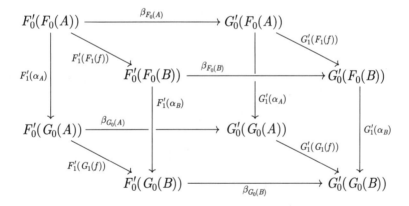

从该图可以看出 $\mathcal{C}''$ 中的态射族 $(G_1'(\alpha_A)\beta_{F_0(A)})_{A \in \mathrm{Ob}\,\mathcal{C}}$ 构成从函子 $F' \circ F$ 到 $G' \circ G$ 的自然变换, 称之为 α 与 β 的**横复合**, 并记作 $\beta * \alpha$, 表示如下图:

$$\mathcal{C} \underset{G' \circ G}{\overset{F' \circ F}{\Rightarrow \beta * \alpha}} \mathcal{C}''$$

注意到由以上交换图可知对任意 $A \in \mathrm{Ob}\,\mathcal{C}$, 有

$$(\beta * \alpha)_A = G_1'(\alpha_A)\beta_{F_0(A)} = \beta_{G_0(A)}F_1'(\alpha_A).$$

沿用之前的记号, 从上面的交换图中, 还可以得到进一步的结论如下:

(i) 考虑从 $\mathcal{C}$ 到 $\mathcal{C}''$ 的两个函子 $F' \circ F$ 和 $G' \circ F$, 有下图:

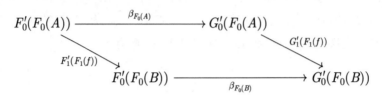

对任意 $A \in \mathrm{Ob}\,\mathcal{C}$, 有

$$\begin{array}{ccc}
F_0'(F_0(A)) & \xrightarrow{\beta_{F_0(A)}} & G_0'(F_0(A)) \\
\downarrow{\scriptstyle F_1'(F_1(f))} & & \downarrow{\scriptstyle G_1'(F_1(f))} \\
F_0'(F_0(B)) & \xrightarrow{\beta_{F_0(B)}} & G_0'(F_0(B))
\end{array}$$

由此可得范畴 $\mathcal{C}''$ 中的态射族 $(\beta_{F_0(A)})_{A \in \mathrm{Ob}\,\mathcal{C}}$ 构成 $F' \circ F$ 到 $G' \circ F$ 的自然变换, 记作 βF, 并用下图表示:

$$\mathcal{C} \underset{G' \circ F}{\overset{F' \circ F}{\rightrightarrows}} \mathcal{C}'' \quad \Downarrow \beta F$$

类似地, 范畴 $\mathcal{C}''$ 中的态射族 $(\beta_{G_0(A)})_{A \in \mathrm{Ob}\,\mathcal{C}}$ 构成 $F' \circ G$ 到 $G' \circ G$ 的自然变换 βG.

(ii) 考虑 $\mathcal{C}$ 到 $\mathcal{C}''$ 的两个函子 $F' \circ F$ 和 $F' \circ G$, 则有下图:

$$\mathcal{C} \underset{G}{\overset{F}{\rightrightarrows}} \mathcal{C}' \xrightarrow{F'} \mathcal{C}'' \quad \Downarrow \alpha$$

对任意 $A \in \mathrm{Ob}\,\mathcal{C}$, 有

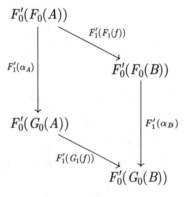

由此可得范畴 $\mathcal{C}''$ 中的态射族 $(F_1'(\alpha_A))_{A \in \mathrm{Ob}\,\mathcal{C}}$ 构成 $F' \circ F$ 到 $F' \circ G$ 的自然变换, 记作 $F'\alpha$, 并用下图表示:

$$\mathcal{C} \underset{F' \circ G}{\overset{F' \circ F}{\rightrightarrows}} \mathcal{C}'' \quad \Downarrow F'\alpha$$

类似地, 范畴 $\mathcal{C}''$ 中的态射族 $(G_1'(\alpha_A))_{A \in \mathrm{Ob}\,\mathcal{C}}$ 构成 $G' \circ F$ 到 $G' \circ G$ 的自然变换 $G'\alpha$.

由此我们得到了 4 个 $\mathcal{C}$ 到 $\mathcal{C}''$ 的函子间的自然变换, 考虑

并利用之前的交换图, 可以得到以下关系:

$$(\beta G) \circ (F'\alpha) = \beta * \alpha.$$

利用这些结论可以进一步得到下面自然变换的纵复合与横复合之间的关系.

命题 5.3.1 设范畴 $\mathcal{C}, \mathcal{C}', \mathcal{C}''$, 函子 F, F', G, G', H, H' 以及自然变换 $\alpha, \alpha', \beta,$ β' 满足如下关系:

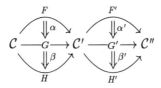

则有

$$(\beta' \circ \alpha') * (\beta \circ \alpha) = (\beta' * \beta) \circ (\alpha' * \alpha).$$

沿用命题中的记号, 对 $\mathcal{C}$ 的任意态射 $A \xrightarrow{f} B$, 有以下交换图:

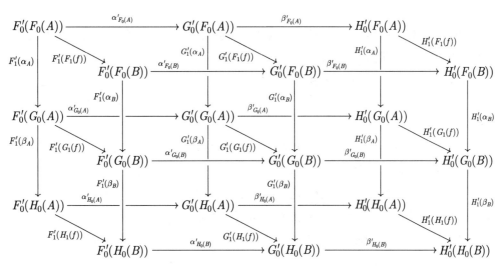

通过观察图中 $F_0'(F_0(A))$ 到 $H_0'(H_0(A))$ 不同的有向道路以及 $F_0'(F_0(B))$ 到 $H_0'(H_0(B))$ 的有向道路, 就可以得到命题 5.3.1 的结论.

注 **5.3.2** 命题 5.3.1 中的关系也可以表示为下图:

注 **5.3.3** 从上面的讨论可以看出合理使用交换图会帮助我们更清晰地描述所涉及的范畴的对象、态射以及范畴之间的函子等各个部分之间的关系.

习题 5.3

1. 证明命题 5.3.1.

2. 考虑群到自己的交换化的自然同态所给出的范畴 **Group** 的态射族, 证明该族态射给出函子 $(-)^{ab}$ 到恒等函子 ι 的自然变换.

3. 设 C_r 为 $\mathbb{R}^2$ 上圆心在原点, 半径为 $r > 0$ 的圆, 记 $\mathbb{R}^2$ 中元素为列向量, 通过矩阵左乘, 群 $O(2)$ 作用在 $\mathbb{R}^2$ 上, 并保持每一个 C_r 不变. 考虑 $O(2)$ 在 C_1 上的作用和在 C_2 上的作用, 构造一个 $O(2)$-等变映射 $\varphi : C_1 \to C_2$. 这样的 $O(2)$-等变映射唯一么?

5.4 范畴的等价和伴随

同构的代数结构本质上是一样的, 类似于之前讨论的其他代数结构的同构性质, 下面来看范畴之间的同构.

定义 5.4.1 设 $\mathcal{C}$ 和 $\mathcal{D}$ 为范畴. 若存在函子 $F : \mathcal{C} \to \mathcal{D}$ 和 $G : \mathcal{D} \to \mathcal{C}$, 满足

$$G \circ F = \iota_{\mathcal{C}} \quad \text{和} \quad F \circ G = \iota_{\mathcal{D}},$$

其中 $\iota_{\mathcal{C}}$ 和 $\iota_{\mathcal{D}}$ 分别为 $\mathcal{C}$ 和 $\mathcal{D}$ 上的恒等函子, 则称范畴 $\mathcal{C}$ 和范畴 $\mathcal{D}$ **同构**.

由定义可以看出当两个范畴同构时, 二者对象的全体之间存在一个双射, 同时二者态射的全体之间也存在一个双射, 在抽象意义下这两个范畴可以看作是相同的. 但在实际讨论中, 同构可能是一个过强的条件, 首先看下面这个例子.

例 5.4.1 设 $\mathbb{F}$ 为域. 在讨论 $\mathbb{F}$ 上的有限维线性空间时, 有下面两个观察:

(i) 对 $\mathbb{F}$ 上的任意有限维线性空间 V, 都存在一个自然数 $n \in \mathbb{N}$, 使得 V 和 $\mathbb{F}^n$ 线性同构.

(ii) 对 $\mathbb{F}$ 上的任意两个非零有限维线性空间 V, W 以及线性映射 $f : V \to W$, 任取 V 的一组基 $\mathcal{B}$ 和 W 的一组基 $\mathcal{C}$, 都有 f 关于 $\mathcal{B}$ 和 $\mathcal{C}$ 的矩阵表示, 记作 $[f]_{\mathcal{C},\mathcal{B}}$. 由

于通常将坐标向量记作列向量, 故该矩阵的大小为 $\dim_{\mathbb{F}} W \times \dim_{\mathbb{F}} V$. 当选取不同的基时, 通过左乘和右乘基的过渡矩阵, 就可以得到 f 在新基下的矩阵表示.

因此如果只关心 $\mathbb{F}$ 上有限维线性空间的结构性质, 那么仅需要对所有的线性空间 $\mathbb{F}^n$ 以及这些线性空间之间由矩阵给出的线性映射进行研究即可. 用范畴的语言来说, 即只需考虑 $\mathbb{F}$ 上的矩阵范畴 $\mathbf{Mat}_{\mathbb{F}}$ 和非零有限维线性空间范畴 $\mathbf{Vect}_{\mathbb{F},0}^*$, 二者"在某种意义下是相同的".

事实上, 通过对范畴 $\mathbf{Vect}_{\mathbb{F},0}^*$ 中每个对象选取一组基的方式, 可以构造一个从范畴 $\mathbf{Vect}_{\mathbb{F},0}^*$ 到 $\mathbf{Mat}_{\mathbb{F}}$ 的函子 F. 对 $\mathbf{Vect}_{\mathbb{F},0}^*$ 的任意对象 V, 定义 $F_0(V) = \dim_{\mathbb{F}} V$. 另一方面, 由于对任意对象 V 我们都选取了一组基 $\mathcal{B}_V$, 那么对任意 $\mathbf{Vect}_{\mathbb{F},0}^*$ 的态射 $V \xrightarrow{f} W$, 定义 $F_1(f) = [f]_{\mathcal{B}_W, \mathcal{B}_V}$. 这给出 $\mathbf{Mat}_{\mathbb{F}}$ 中 $\dim_{\mathbb{F}} V$ 到 $\dim_{\mathbb{F}} W$ 的态射.

反过来, 对 $\mathbf{Mat}_{\mathbb{F}}$ 的任意对象 $n \in \mathbb{Z}^+$, 定义 $G_0(n) = \mathbb{F}^n$, 并记其中的元素为列向量. 任取 $\mathbf{Mat}_{\mathbb{F}}$ 的态射 $m \xrightarrow{M} n$, 左乘 M 给出 $\mathbb{F}^m$ 到 $\mathbb{F}^n$ 的线性映射 φ_M, 令 $G_1(M) = \varphi_M$. 由此可得函子 $G = (G_0, G_1) : \mathbf{Mat}_{\mathbb{F}} \to \mathbf{Vect}_{\mathbb{F},0}^*$.

对 $\mathbf{Mat}_{\mathbb{F}}$ 的任意对象 n, 记 $\mathcal{C}_{\mathbb{F}^n}$ 为线性空间 $\mathbb{F}^n$ 的典范基, 即一个分量为 1 而其余分量为 0 的向量给出的基, 并记 $\alpha_n = [\mathrm{id}_{\mathbb{F}^n}]_{\mathcal{C}_{\mathbb{F}^n}, \mathcal{B}_{\mathbb{F}^n}}$ 为恒等线性变换关于这两组基的矩阵表示. 注意到这是一个可逆矩阵, 将其看作 $\mathbf{Mat}_{\mathbb{F}}$ 中 n 到自身的态射.

对 $\mathbf{Mat}_{\mathbb{F}}$ 的任意态射 $m \xrightarrow{M} n$, 有下面 $\mathbf{Mat}_{\mathbb{F}}$ 中态射构成的交换图:

$$
\begin{array}{ccc}
m & \xrightarrow{(F \circ G)_1(M)} & n \\
{\scriptstyle \alpha_m} \downarrow & & \downarrow {\scriptstyle \alpha_n} \\
m & \xrightarrow{\quad M \quad} & n
\end{array}
$$

所以 $\mathbf{Mat}_{\mathbb{F}}$ 的态射族 $(\alpha_n)_{n \in \mathrm{Ob}\,\mathbf{Mat}_{\mathbb{F}}}$ 构成了 $\mathbf{Mat}_{\mathbb{F}}$ 的函子 $F \circ G$ 到恒等函子 ι 的自然变换 α.

对 $\mathbf{Mat}_{\mathbb{F}}$ 的任意对象 m, 令 $\beta_m = \alpha_m^{-1}$, 则对 $\mathbf{Mat}_{\mathbb{F}}$ 的任意态射 $m \xrightarrow{M} n$, 有下面的交换图:

$$
\begin{array}{ccc}
m & \xrightarrow{(F \circ G)_1(M)} & n \\
{\scriptstyle \beta_m} \uparrow & & \uparrow {\scriptstyle \beta_n} \\
m & \xrightarrow{\quad M \quad} & n
\end{array}
$$

从而 $\mathbf{Mat}_{\mathbb{F}}$ 的态射族 $(\beta_n)_{n \in \mathrm{Ob}\,\mathbf{Mat}_{\mathbb{F}}}$ 构成了 $\mathbf{Mat}_{\mathbb{F}}$ 的恒等函子 ι 到函子 $F \circ G$ 的自然变换 β. 由自然变换的纵复合, 显然有

$$
\alpha \circ \beta = \mathbf{1}_{F \circ G}, \qquad \beta \circ \alpha = \mathbf{1}_{\iota_{\mathbf{Mat}_{\mathbb{F}}}}.
$$

这表明作为 $[\mathbf{Mat}_{\mathbb{F}}, \mathbf{Mat}_{\mathbb{F}}]$ 的态射, α 和 β 都是同构.

类似地, 考虑从 $\mathbf{Vect}^*_{\mathbb{F},0}$ 到自己的函子 $G \circ F$ 和恒等函子 $\iota_{\mathbf{Vect}^*_{\mathbb{F},0}}$, 任取 $\mathbf{Vect}^*_{\mathbb{F},0}$ 的对象 V, 设其维数为 n. 通过将 V 中向量 v 对应到其关于 B 的坐标 $[v]_{\mathcal{B}_V}$, 我们得到 V 到 F^n 的同构 α'_V. 直接验证可知 $\alpha' = (\alpha'_V)_{V \in \mathrm{Ob}\mathbf{Vect}^*_{\mathbb{F},0}}$ 给出 $\iota_{\mathbf{Vect}^*_{\mathbb{F},0}}$ 到 $G \circ F$ 的自然同态. 由于 α' 中的态射都是自然同构, 故其作为 $[\mathbf{Vect}^*_{\mathbb{F},0}, \mathbf{Vect}^*_{\mathbb{F},0}]$ 的态射是一个同构.

以上例子表明利用自然变换以及函子空间的同构, 可以给出一个更宽泛的描述 "范畴相同" 的概念, 即范畴等价.

定义 5.4.2 设 $\mathcal{C}$ 和 $\mathcal{D}$ 为范畴, F 和 G 为从 $\mathcal{C}$ 到 $\mathcal{D}$ 的函子, α 为 F 到 G 的自然变换. 若作为 $[\mathcal{C}, \mathcal{D}]$ 的态射, α 是一个同构, 则称 α 为 F 到 G 的一个**自然同构**, 记为 $F \cong G$.

由自然变换的纵复合以及同构的定义易得以下结论.

命题 5.4.1 设 $\mathcal{C}$ 和 $\mathcal{D}$ 为范畴, F 和 G 为从 $\mathcal{C}$ 到 $\mathcal{D}$ 的函子, α 为 F 到 G 的自然变换, 则 α 为自然同构当且仅当对任意 $A \in \mathrm{Ob}\mathcal{C}$, 范畴 $\mathcal{D}$ 中的态射 α_A 为同构.

注 5.4.1 沿用命题 5.4.1 中的记号, 注意到 $(\alpha_A^{-1})_{A \in \mathrm{Ob}\mathcal{C}}$ 构成一个从 G 到 F 的自然变换, 故将其记为 α^{-1}, 并称之为 α 的**逆**.

定义 5.4.3 称范畴 $\mathcal{C}$ 和 $\mathcal{D}$ **等价**, 若存在函子 $F: \mathcal{C} \to \mathcal{D}$ 以及函子 $G: \mathcal{D} \to \mathcal{C}$, 满足

$$G \circ F \cong \iota_{\mathcal{C}} \quad \text{和} \quad F \circ G \cong \iota_{\mathcal{D}},$$

其中 $\iota_{\mathcal{C}}$ 和 $\iota_{\mathcal{D}}$ 分别为 $\mathcal{C}$ 和 $\mathcal{D}$ 上的恒等函子. 此时, 也称 F 和 G 为 $\mathcal{C}$ 和 $\mathcal{D}$ 之间的**范畴等价**.

定义 5.4.4 称从范畴 $\mathcal{C}$ 到范畴 $\mathcal{D}$ 的函子 $F = (F_0, F_1)$ 是**本质满**的, 若对 $\mathcal{D}$ 的任意对象 B, 都存在 $\mathcal{C}$ 的对象 A, 使得

$$F_0(A) \cong B,$$

即 $\mathcal{D}$ 中存在一个从 $F_0(A)$ 到 B 的同构.

下面给出函子为范畴等价的一个刻画.

定理 5.4.1 设 $\mathcal{C}$ 和 $\mathcal{D}$ 为范畴, $F: \mathcal{C} \to \mathcal{D}$ 为函子, 则下面两个陈述等价:

(i) F 为范畴等价;

(ii) F 为完全忠实且本质满的.

证明 设函子 F 为范畴等价, 则存在函子 $G: \mathcal{D} \to \mathcal{C}$ 以及自然变换 $G \circ F \overset{\alpha}{\Longrightarrow} \iota_{\mathcal{C}}$ 和 $F \circ G \overset{\beta}{\Longrightarrow} \iota_{\mathcal{D}}$, 满足 α 和 β 均为自然同构.

对 $\mathcal{C}$ 的任意态射 $A \overset{f}{\longrightarrow} B$, 有以下交换图:

$$
\begin{array}{ccc}
G_0(F_0(A)) & \xrightarrow{\;G_1(F_1(f))\;} & G_0(F_0(B)) \\
\downarrow{\scriptstyle \alpha_A} & & \downarrow{\scriptstyle \alpha_B} \\
A & \xrightarrow{\hspace{3cm}f\hspace{3cm}} & B
\end{array}
$$

即 $f\alpha_A = \alpha_B\, G_1(F_1(f))$.

因为 α 为自然同构, 所以 α_A 和 α_B 均为同构, 同时 α_A 的逆 $\alpha_A^{-1} \in \mathrm{Hom}_{\mathcal{C}}(A, G_0(F_0(A)))$ 也是同构. 注意到以上交换图对任意 $f \in \mathrm{Hom}_{\mathcal{C}}(A, B)$ 均成立, 由命题 5.1.3 可知映射

$$(\alpha_B^{-1})_* \circ (\alpha_A)^* : \mathrm{Hom}_{\mathcal{C}}(A, B) \to \mathrm{Hom}_{\mathcal{C}}(G_0(F_0(A)), G_0(F_0(B)))$$

$$f \mapsto \alpha_B^{-1} f \alpha_A$$

是双射. 又 $(\alpha_B^{-1})_* \circ (\alpha_A)^* = G_1 \circ F_1|_{\mathrm{Hom}_{\mathcal{C}}(A,B)}$, 因此映射

$$\mathrm{Hom}_{\mathcal{C}}(A, B) \to \mathrm{Hom}_{\mathcal{D}}(F_0(A), F_0(B))$$

$$f \mapsto F_1(f)$$

是单射, 由此可知 F 为忠实函子.

另一方面, 对 $\mathcal{D}$ 的任意态射 $F_0(A) \xrightarrow{g} F_0(B)$, 有以下交换图:

$$
\begin{array}{ccc}
F_0(G_0(F_0(A))) & \xrightarrow{\;\;F_1(G_1(g))\;\;} & F_0(G_0(F_0(B))) \\
{\scriptstyle \beta_{F_0(A)}}\downarrow & & \downarrow{\scriptstyle \beta_{F_0(B)}} \\
F_0(A) & \xrightarrow{\hspace{2cm} g \hspace{2cm}} & F_0(B)
\end{array}
$$

即 $g\beta_{F_0(A)} = \beta_{F_0(B)}\, F_1(G_1(g))$.

由于 β 为自然同构, 故 $\beta_{F_0(A)}$ 和 $\beta_{F_0(B)}$ 均为同构, 同时 $\beta_{F_0(A)}$ 的逆

$$\beta_{F_0(A)}^{-1} \in \mathrm{Hom}_{\mathcal{D}}(F_0(A), F_0(G_0(F_0(A))))$$

也是同构. 注意到以上交换图对任意 $g \in \mathrm{Hom}_{\mathcal{D}}(F_0(A), F_0(B))$ 均成立, 由命题 5.1.3 可知映射

$$(\beta_{F_0(B)}^{-1})_* \circ (\beta_{F_0(A)})^* : \mathrm{Hom}_{\mathcal{D}}(F_0(A), F_0(B)) \to \mathrm{Hom}_{\mathcal{D}}(F_0(G_0(F_0(A))), F_0(G_0(F_0(B))))$$

$$g \mapsto \beta_{F_0(B)}^{-1} g \beta_{F_0(A)}$$

是双射. 又 $(\beta_{F_0(B)}^{-1})_* \circ (\beta_{F_0(A)})^* = F_1 \circ G_1|_{\mathrm{Hom}_{\mathcal{D}}(F_0(A), F_0(B))}$, 因此映射

$$\mathrm{Hom}_{\mathcal{C}}(G_0(F_0(A)), G_0(F_0(B))) \to \mathrm{Hom}_{\mathcal{D}}(F_0(G_0(F_0(A))), F_0(G_0(F_0(B))))$$

$$f' \mapsto F_1(f')$$

是满射. 设 $f \in \mathrm{Hom}_{\mathcal{C}}(A, B)$, 考虑 $\mathrm{Hom}_{\mathcal{C}}(A, B)$ 到 $\mathrm{Hom}_{\mathcal{D}}(F_0(A), F_0(B))$ 的映射

$$f \mapsto \alpha_B^{-1} f \alpha_A \mapsto F_1(\alpha_B^{-1}) F_1(f) F_1(\alpha_A) \mapsto F_1(f),$$

由于 α_A 和 α_B^{-1} 均为同构, 故 $F_1(\alpha_A)$ 和 $F_1(\alpha_B^{-1})$ 也是同构, 因此上面定义映射的第一步和最后一步为双射, 而第二步为满射, 因此映射

$$\mathrm{Hom}_{\mathcal{C}}(A, B) \to \mathrm{Hom}_{\mathcal{D}}(F_0(A), F_0(B))$$

$$f \mapsto F_1(f)$$

是满射, 故函子 F 完全.

对 $\mathcal{D}$ 的任意对象 C, 考虑 $\mathcal{C}$ 的对象是 $G_0(C)$, 由于 $F \circ G$ 和 $\iota_{\mathcal{D}}$ 是自然同构, 故态射 $\beta_C : F_0(G_0(C)) \to C$ 为同构, 即有 $F_0(G_0(C)) \cong C$, 因此 F 是本质满的.

要证明另一个方向, 则需要构造函子 $G : \mathcal{D} \to \mathcal{C}$ 使得 $G \circ F \cong \iota_{\mathcal{C}}$ 和 $F \circ G \cong \iota_{\mathcal{D}}$.

由 F 是本质满的可得对 $\mathcal{D}$ 的任意对象 X, 存在 $\mathcal{C}$ 的对象 A 使得 $F_0(A) \cong X$. 定义 $G_0(X) = A$ 并选取一个同构 $F_0(A) \xrightarrow{g_X} X$.

对 $\mathcal{D}$ 的任意态射 $X \xrightarrow{g} Y$, 考虑 $\mathcal{C}$ 的对象 $A = G_0(X)$ 和 $B = G_0(Y)$, 以及 $\mathcal{D}$ 中的同构 $F_0(A) \xrightarrow{g_X} X$ 和 $F_0(B) \xrightarrow{g_Y} Y$, 则 $\mathcal{D}$ 中有态射 $F_0(A) \xrightarrow{g'} F_0(B)$, 其中 $g' = g_Y^{-1} g g_X$. 由函子 F 是完全忠实的可得双射

$$\mathrm{Hom}_{\mathcal{C}}(A, B) \to \mathrm{Hom}_{\mathcal{D}}(F_0(A), F_0(B))$$

$$f \mapsto F_1(f).$$

因此存在唯一的态射 $f \in \mathrm{Hom}_{\mathcal{C}}(A, B)$, 满足 $F_1(f) = g'$. 定义 $G_1(g) = f$, 直接验证可知以上构造的 $G = (G_0, G_1)$ 是一个从 $\mathcal{D}$ 到 $\mathcal{C}$ 的函子, 且满足

$$G \circ F = \iota_{\mathcal{C}}.$$

另一方面, 态射族 $(F_0(G_0(X)) \xrightarrow{g_X} X)_{X \in \mathrm{Ob}\,\mathcal{D}}$ 构成从 $F \circ G$ 到 $\iota_{\mathcal{D}}$ 的自然变换, 由于每一个组成部分都是同构, 故该自然变换是自然同构, 从而 $F \circ G \cong \iota_{\mathcal{D}}$. 这便证出 F 是一个范畴等价. $\qquad\square$

> **注 5.4.2**　定理 5.4.1 告诉我们, 若函子 $F : \mathcal{C} \to \mathcal{D}$ 是范畴等价的, 则 $F(\mathcal{C})$ 是 $\mathcal{D}$ 的子范畴, 且 $\mathcal{D}$ 中的任一对象都可以通过同构与 $F(\mathcal{C})$ 中的对象联系起来.

例 5.4.1 中对 $\mathbf{Mat}_{\mathbb{F}}$ 和 $\mathbf{Vect}_{\mathbb{F},0}^*$ 的讨论表明这两个范畴是等价的. 具体来说, 就是将 $\mathbf{Mat}_{\mathbb{F}}$ 看作是 $\mathbf{Vect}_{\mathbb{F},0}^*$ 中以形如 $\mathbb{F}^n$ 的对象为对象的完全子范畴. 对一般的范畴等价, 也可以做类似的讨论.

推论 5.4.1　若函子 $F : \mathcal{C} \to \mathcal{D}$ 为范畴等价, 则 $F(\mathcal{C})$ 构成 $\mathcal{D}$ 的一个完全子范畴, 并且该子范畴满足如下性质: 对 $\mathcal{D}$ 的任一对象 Y, 都有 $F(\mathcal{C})$ 的对象 X 使得 $X \cong Y$, 即 $F(\mathcal{C})$ 到 $\mathcal{D}$ 的嵌入函子是本质满的.

定义 5.4.5　设 $\mathcal{C}$ 为范畴, $\mathcal{C}'$ 为 $\mathcal{C}$ 的一个完全子范畴. 若对任意 $A \in \mathrm{Ob}\,\mathcal{C}$, 都有唯一的 $B \in \mathrm{Ob}\,\mathcal{C}'$, 满足 $A \cong B$, 则称 $\mathcal{C}'$ 为 $\mathcal{C}$ 的一个**骨架**. 特别地, 如果范畴 $\mathcal{C}$ 是自己的骨架, 就称其为**骨架形范畴**.

注 5.4.3　由定理 5.4.1 以及骨架的定义可知一个范畴与其任一骨架都是等价的.

下面首先来说明范畴骨架的存在性.

命题 5.4.2　任意范畴都有骨架.

证明　设 $\mathcal{C}$ 为范畴. 注意到对象间的同构满足自反性、对称性和传递性, 因此在 $\mathrm{Ob}\,\mathcal{C}$ 上给出了一个等价关系. 对任意 $A \in \mathrm{Ob}\,\mathcal{C}$, 记 $[A]$ 为所有 $\mathrm{Ob}\,\mathcal{C}$ 中与 A 同构的对象构成的全体. 对任意 $[A]$, 选取一个代表元 $A' \in [A]$, 则以这些代表元为对象的 $\mathcal{C}$ 的完全子范畴就是 $\mathcal{C}$ 的骨架. $\qquad\square$

例 5.4.2　在范畴 $\mathbf{Vect}_{\mathbb{F},0}^*$ 中, 以所有 $\mathbb{F}^n$ (其中 $n \in \mathbb{Z}^+$) 为对象的完全子范畴是 $\mathbf{Vect}_{\mathbb{F},0}^*$ 的骨架.

例 5.4.3　若 $\mathcal{C}$ 是离散范畴, 则 $\mathcal{C}$ 就是自己的一个骨架, 故离散范畴是骨架形范畴.

注意到离散范畴的骨架就是其自身, 因此离散范畴有唯一的骨架. 但在范畴 $\mathbf{Vect}_{\mathbb{F},0}^*$ 中, 对每个正整数 n, 取一个 $\mathbb{F}$ 上的 n 维线性空间, 则由这些对象给出的 $\mathbf{Vect}_{\mathbb{F},0}^*$ 的完全子范畴是 $\mathbf{Vect}_{\mathbb{F},0}^*$ 的一个骨架. 由此可见, 范畴的骨架不一定唯一. 虽然范畴 $\mathbf{Vect}_{\mathbb{F},0}^*$ 的骨架不唯一, 但可以观察到 $\mathbf{Vect}_{\mathbb{F},0}^*$ 中任意两个骨架之间都有一个自然的同构. 实际上该观察对一般的范畴也成立.

命题 5.4.3　范畴的任意两个骨架同构.

该命题的证明可以通过直接构造骨架间的同构得到, 具体细节留作习题 (见题 5.4 第 1 题).

注 5.4.4　命题 5.4.3 说明任意范畴的骨架在同构意义下是唯一的.

综合以上讨论, 则有如下范畴同构和范畴等价之间的关系.

推论 5.4.2　范畴 $\mathcal{C}$ 和 $\mathcal{D}$ 等价当且仅当 $\mathcal{C}$ 和 $\mathcal{D}$ 的骨架同构.

设 $\mathcal{C}$ 和 $\mathcal{D}$ 为等价的范畴. 由之前的讨论可知二者之间的等价是通过一对满足特殊关系的函子

$$F : \mathcal{C} \to \mathcal{D} \quad \text{和} \quad G : \mathcal{D} \to \mathcal{C}$$

联系起来的. 由于 G 是完全忠实的, 对任意 $A \in \mathrm{Ob}\,\mathcal{C}$ 和 $X \in \mathrm{Ob}\,D$, 都有双射

$$\mathrm{Hom}_{\mathcal{D}}(F_0(A), X) \to \mathrm{Hom}_{\mathcal{C}}(G_0(F_0(A)), G_0(X))$$

$$v \mapsto G_1(v).$$

另一方面, 由自然同构 $G \circ F \overset{\alpha}{\Longrightarrow} \iota_{\mathcal{C}}$ 可以进一步得到双射

$$\varphi_{A,X} : \mathrm{Hom}_{\mathcal{D}}(F_0(A), X) \to \mathrm{Hom}_{\mathcal{C}}(A, G_0(X))$$

$$v \mapsto G_1(v)\alpha_A^{-1}.$$

实际上这个双射与 $\mathcal{C}$ 和 $\mathcal{D}$ 中的态射也有很好的互动. 对 $\mathcal{D}$ 中的任意态射 $X \xrightarrow{u} Y$, 有映射

$$u_* : \mathrm{Hom}_{\mathcal{D}}(F_0(A), X) \to \mathrm{Hom}_{\mathcal{D}}(F_0(A), Y)$$

$$v \mapsto uv$$

和

$$(G_1(u))_* : \mathrm{Hom}_{\mathcal{C}}(A, G_0(X)) \to \mathrm{Hom}_{\mathcal{C}}(A, G_0(Y))$$

$$f \mapsto G_1(u)f,$$

并且它们满足以下交换图:

$$
\begin{CD}
\mathrm{Hom}_{\mathcal{D}}(F_0(A), X) @>{u_*}>> \mathrm{Hom}_{\mathcal{D}}(F_0(A), Y) \\
@V{\varphi_{A,X}}VV @VV{\varphi_{A,Y}}V \\
\mathrm{Hom}_{\mathcal{C}}(A, G_0(X)) @>{(G_1(u))_*}>> \mathrm{Hom}_{\mathcal{C}}(A, G_0(Y))
\end{CD}
$$

类似地, 对 $\mathcal{C}$ 中的任意态射 $A \xrightarrow{f} B$, 有以下交换图:

$$
\begin{CD}
\mathrm{Hom}_{\mathcal{D}}(F_0(B), X) @>{(F_1(f))^*}>> \mathrm{Hom}_{\mathcal{D}}(F_0(A), X) \\
@V{\varphi_{B,X}}VV @VV{\varphi_{A,X}}V \\
\mathrm{Hom}_{\mathcal{C}}(B, G_0(X)) @>{f^*}>> \mathrm{Hom}_{\mathcal{C}}(A, G_0(X))
\end{CD}
$$

称这种现象为函子 F 和 G 的**伴随**.

定义 5.4.6　设 $\mathcal{C}$ 和 $\mathcal{D}$ 为范畴, $F : \mathcal{C} \to \mathcal{D}$ 和 $G : \mathcal{D} \to \mathcal{C}$ 为函子. 称函子 F 为 G 的**左伴随** (同时称 G 为 F 的**右伴随**, 并记作 $F \dashv G$), 若对任意 $A \in \mathrm{Ob}\,\mathcal{C}$ 和 $X \in \mathrm{Ob}\,\mathcal{D}$, 都有双射

$$\varphi_{A,X} : \mathrm{Hom}_{\mathcal{D}}(F_0(A), X) \to \mathrm{Hom}_{\mathcal{C}}(A, G_0(X)),$$

且满足对任意 $A \xrightarrow{f} B \in \mathrm{Mor}\,\mathcal{C}$ 和 $X \xrightarrow{u} Y \in \mathrm{Mor}\,\mathcal{D}$, 有下面的交换图:

$$
\begin{CD}
\mathrm{Hom}_{\mathcal{D}}(F_0(B), X) @>{(F_1(f))^*}>> \mathrm{Hom}_{\mathcal{D}}(F_0(A), X) @>{u_*}>> \mathrm{Hom}_{\mathcal{D}}(F_0(A), Y) \\
@V{\varphi_{B,X}}VV @V{\varphi_{A,X}}VV @VV{\varphi_{A,Y}}V \\
\mathrm{Hom}_{\mathcal{C}}(B, G_0(X)) @>{f^*}>> \mathrm{Hom}_{\mathcal{C}}(A, G_0(X)) @>{(G_1(u))_*}>> \mathrm{Hom}_{\mathcal{C}}(A, G_0(Y))
\end{CD}
$$

称双射 $\varphi_{A,X}$ 的全体

$$\varphi := (\varphi_{A,X})_{A \in \mathrm{Ob}\,\mathcal{C}, X \in \mathrm{Ob}\,\mathcal{D}}$$

为**伴随变换**, 并称 (F, G, φ) 为**伴随对**.

注 5.4.5　通常使用记号 $\mathcal{C} \underset{G}{\overset{F}{\rightleftarrows}} \mathcal{D}$ 来表示函子 F 是函子 G 的左伴随.

例 5.4.4（自由函子和遗忘函子）　考虑集合范畴 **Set** 和群范畴 **Group** 之间的自由函子和遗忘函子, 设 **Set** 到 **Group** 的自由函子为 F, **Group** 到 **Set** 的遗忘函子为 G.

对任意集合 A, 有 $F_0(A)$ 为集合 A 生成的自由群. 特别地, 若 A 为空集, 则 $F_0(A)$ 为单位元群. 对任意群同态 $u : F_0(A) \to X$, 通过忘掉群结构, 得到映射 $u : F_0(A) \to X$. 再将映射 u 限制在 A 上, 可得到映射

$$v : A \to X.$$

若 A 为空集, 则存在唯一的群同态 u, 而对应的映射 v 为唯一的从空集到集合 X 的映射. 由此便得到映射

$$\varphi_{A,X} : \mathrm{Hom}_{\mathcal{D}}(F_0(A), X) \to \mathrm{Hom}_{\mathcal{C}}(A, G_0(X))$$

$$u \mapsto v,$$

直接验证可知 $\varphi_{A,X}$ 是一个双射.

下面验证这样的双射满足伴随定义中的交换图. 对任意集合 B 以及映射 $f : A \to B$, 由自由群的泛性质, 可得群同态

$$F_1(f) : F_0(A) \to F_0(B).$$

利用群同态 $u : F_0(B) \to X$, 通过复合有群同态

$$u' = (F_1(f))^*(u) : F_0(A) \to X.$$

将它看作集合之间的映射, 并将其限制在子集 A 上可得到映射

$$v' : A \to X.$$

另一方面, 将 u 看作集合间的映射, 并限制在 B 上得到 $v : B \to X$. 以上提到的映射满足以下交换图:

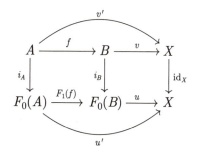

其中若 B 为空集, 则 A 为空集, 而 i_A 和 i_B 为从空集出发分别到 $F_0(A)$ 和 $F_0(B)$ 的唯一映射. 若 A 为空集, 则 i_A 为从空集出发的唯一映射. 若 A 和 B 都不为空集, 则 i_A 和 i_B 分别将 A 和 B 映到其在 $F_0(A)$ 和 $F_0(B)$ 对应的元素. 因此我们有交换图

$$
\begin{array}{ccc}
\mathrm{Hom}_{\mathcal{D}}(F_0(B),\,X) & \xrightarrow{\ (F_1(f))^*\ } & \mathrm{Hom}_{\mathcal{D}}(F_0(A),\,X) \\
{\scriptstyle \varphi_{B,X}}\Big\downarrow & & \Big\downarrow{\scriptstyle \varphi_{A,X}} \\
\mathrm{Hom}_{\mathcal{C}}(B,\,G_0(X)) & \xrightarrow{\ f^*\ } & \mathrm{Hom}_{\mathcal{C}}(A,\,G_0(X))
\end{array}
$$

另一半交换图的验证过程类似, 此处不再赘述. 由此可知自由函子 F、遗忘函子 G 以及映射族 $\varphi = (\varphi_{A,X})_{A\in\mathrm{Ob}\,\mathcal{C},\,X\in\mathrm{Ob}\,\mathcal{D}}$ 构成一个伴随对 (F,G,φ), 表示如下图:

$$
\mathbf{Set} \; \underset{G}{\overset{F}{\underset{\longleftarrow}{\overset{\longrightarrow}{\perp\varphi}}}} \; \mathbf{Group}
$$

　　注意到这里遗忘函子 G 并不是自由函子 F 的左伴随. 例如, 假设 X 是有限群, 则其到自由群只有平凡同态, 即将所有元素都映到自由群的单位元. 但是任给一个至少包含两个元素的集合 A, 从集合 X 到 A 的映射多于 1 个. 因此不存在 $\mathrm{Hom}_{\mathcal{C}}(G_0(X),A)$ 到 $\mathrm{Hom}_{\mathcal{D}}(X,F_0(A))$ 的双射.

习题 5.4

1. 证明命题 5.4.3.

2. 设 $\mathcal{C}$, $\mathcal{C}'$ 和 $\mathcal{C}''$ 为范畴, 且满足 $\mathcal{C} \cong \mathcal{C}'$ 和 $\mathcal{C}' \cong \mathcal{C}''$, 证明 $\mathcal{C} \cong \mathcal{C}''$.

3. 设 $\mathcal{C}$ 为小群胚, 且对 $\mathcal{C}$ 的任意两个对象 A 和 B, 都有 $\mathrm{Hom}_{\mathcal{C}}(A,B)$ 非空. 对任意对象 A, 设 A 的所有自同构构成的群为 $\Gamma = \mathrm{Aut}_{\mathcal{C}}(A)$, 证明 $\mathcal{C}$ 和 $\mathbf{B}\Gamma$ 等价.

4. 考虑域 $\mathbb{F}$ 上的线性空间范畴 $\mathbf{Vect}_{\mathbb{F}}$, 设 V 为 $\mathbb{F}$ 上的线性空间. 对任意 $\mathbb{F}$ 上的线性空间 W, 可以构造 $\mathrm{Hom}(V,W)$ 和 $W \otimes V$ 这两个 $\mathbb{F}$ 上的线性空间, 这两种构造都给出了 $\mathbf{Vect}_{\mathbb{F}}$ 到自己的函子, 并分别记作 Hom_V 和 $\otimes_V$. 证明 $\otimes_V$ 是 Hom_V 的左伴随.

5.5　极限和余极限

　　在分析中, 如果一个实数序列 $(x_n)_{n\in\mathbb{N}}$ 在 n 趋于无穷时收敛到某一个实数 a, 那么通常记作

$$
\lim_{n\to\infty} x_n = a.
$$

仔细思考一下序列及其极限会得到一些有趣的结论. 一方面, 考虑实数集的一个子集, 如果该子集不是闭集, 通过取聚点, 可以向该子集中添加新的元素. 另一方面, 一个序列的极限也满足某种"泛性质". 例如, 若存在实数 y 和指标 $N \in \mathbb{N}$, 使得对所有 $n > N$, 都有 $x_n < y$, 则一定有 $a \leqslant y$.

实际上, 极限及其对偶概念余极限在数学的各个领域中以许多不同的形式出现. 取极限或者取余极限的操作通常伴随着一些具有某些"泛性质"对象的出现, 本节将对这两个概念做一些讨论.

在考虑一个实数序列时, 实际上使用了自然数作为下标来对这个序列的元素进行标记, 该标记可以对序列中的元素进行定位, 从而可以将序列看作是一个自然数集到实数集的映射. 类似地, 也可以将序列的构造进行推广, 使得可以利用任何集合来作为指标集. 例如, 当考虑 3 维欧氏空间 $\mathbb{R}^3$ 中一条连接两点的有向曲线时, 就可以将其看作是区间 $[0,1]$ 到 $\mathbb{R}^3$ 的一个映射.

下面均设 $\mathcal{C}$ 为范畴且非空.

定义 5.5.1 对任意小范畴 $\mathcal{D}$, 称函子 $F : \mathcal{D} \to \mathcal{C}$ 为一个 $\mathcal{C}$ 中的 $\mathcal{D}$-**形图**.

注 5.5.1 下面称 $\mathcal{D}$ 为**指标范畴**.

例 5.5.1 设 $\mathcal{D}$ 为小范畴. 一个常值 $\mathcal{D}$-形图是一个常值函子 $F : \mathcal{D} \to \mathcal{C}$. 若 $F_0(\mathrm{Ob}\,\mathcal{D}) = \{A\}$, 为方便讨论, 也使用 A 来记该函子.

定义 5.5.2 对 $\mathcal{C}$ 上任意的 $\mathcal{D}$-形图 F, 设 $A \in \mathrm{Ob}\,\mathcal{C}$, 范畴 $\mathcal{C}$ 中以 F 为底以 A 为顶点的**锥**是一个从常值 $\mathcal{D}$-形图 A 到 F 的自然变换 $\alpha : A \Rightarrow F$. 类似地, 设 $B \in \mathrm{Ob}\,\mathcal{C}$, 范畴 $\mathcal{C}$ 中以 F 为顶以 B 为底点的**倒锥**是一个从 F 到常值 $\mathcal{D}$-形图 B 的自然变换 $\beta : F \Rightarrow B$.

注 5.5.2 从定义可以看出, 锥和倒锥是对偶的概念, 故也称倒锥为**余锥**.

利用交换图, 一个锥看起来如下图:

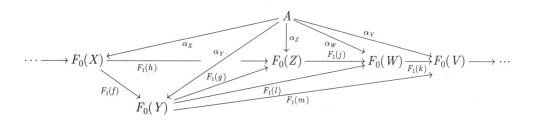

而一个倒锥看起来如下图:

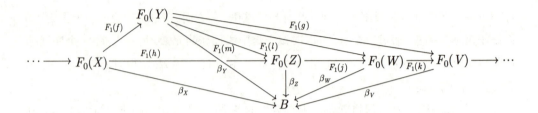

定义 5.5.3   对范畴 $\mathcal{C}$ 上任意一个 $\mathcal{D}$-形图 F, 若存在 $\mathcal{C}$ 中的对象 $\lim F \in \mathrm{Ob}\,\mathcal{C}$ 以及一个以 F 为底以 $\lim F$ 为顶点的锥 α, 满足对任意以 F 为底的锥 $\beta : A \Rightarrow F$, 都存在唯一的态射 $f : A \to \lim F$, 使得对任意 $X \in \mathrm{Ob}\,\mathcal{D}$, 有 $\beta_X = \alpha_X f$, 即有如下交换图:

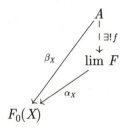

则称 $\lim F$ 为 F 的**极限**, 并称 α 为 F 的**极限锥**.

类似地, 若存在 $\mathcal{C}$ 中的对象 $\mathrm{colim}\,F \in \mathrm{Ob}\,\mathcal{C}$ 以及一个以 F 为顶以 $\mathrm{colim}\,F$ 为底点的倒锥 α, 满足对任意以 F 为顶的倒锥 $\beta : F \Rightarrow A$, 都有唯一的态射 $f : \mathrm{colim}\,F \to A$, 使得对任意 $X \in \mathrm{Ob}\,\mathcal{D}$, 有 $\beta_X = f\alpha_X$, 即有如下交换图:

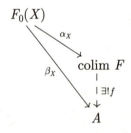

则称 $\mathrm{colim}\,F$ 为 F 的**余极限**, 并称 α 为 F 的**余极限倒锥**.

注 5.5.3   由定义可以看出极限和余极限是对偶的概念.

下面利用极限和余极限的概念来解读一些常见的构造.

积和余积

设下面的指标范畴 $\mathcal{D}$ 为离散小范畴, 范畴 $\mathcal{C}$ 中的 $\mathcal{D}$-形图实际上就是在 $\mathcal{C}$ 中选一组用 $\mathrm{Ob}\,\mathcal{D}$ 标记的对象. 此时 $\mathcal{D}$-形图 F 的极限就是所有 $(F_0(X))_{X \in \mathrm{Ob}\,\mathcal{D}}$ 的积, 而余极限就是 $\mathcal{C}$ 的这些对象 $(F_0(X))_{X \in \mathrm{Ob}\,\mathcal{D}}$ 的余积.

例 5.5.2(集合范畴)   设 $\mathcal{C}$ 为集合范畴 **Set**, 则 **Set** 上一个 $\mathcal{D}$-形图 F 的极限为

$$\lim F = \prod_{X \in \mathrm{Ob}\,\mathcal{D}} F_0(X),$$

即所有 $F_0(X)$ 的笛卡儿积, 其中 $X \in \mathrm{Ob}\,\mathcal{D}$.

下面以 $\mathcal{D}$ 只有两个对象 X 和 Y 的情形作为例子来说明. 记 $F_0(X) = A$, $F_0(Y) = B$. 考虑笛卡儿积 $A \times B$, 并设 $A \times B$ 到 A 的投影为 p_A, $A \times B$ 到 B 的投影为 p_B. 对任意以 F 为底以 $C \in \mathrm{Ob}\,\mathbf{Set}$ 为顶点的锥, 考虑其中的态射 $f_A : C \to A$ 和 $f_B : C \to B$, 构造态射

$$g : C \to A \times B$$

$$c \mapsto (f_A(c), f_B(c)),$$

则有下面交换图:

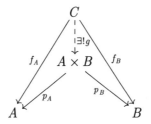

直接验证可知 g 是唯一的. 因此 $A \times B$ 为 F 的一个极限.

若进一步地有 C 也是 F 的极限, 则存在态射 $h : A \times B \to C$, 满足以下交换图:

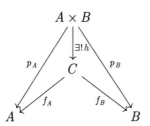

注意到 $h \circ g$ 为一个 C 到 C 的态射且满足交换图

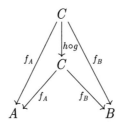

而 $\mathbf{1}_C$ 也满足此交换图, 因此 $h \circ g = \mathbf{1}_C$. 类似地, 也可以证明 $g \circ h = \mathbf{1}_{A \times B}$. 因此 g 和 h 都是同构, F 的极限在同构意义下唯一.

作为对偶情形, 集合范畴 **Set** 上一个 $\mathcal{D}$-形图 F 的余极限为

$$\mathrm{colim}F = \coprod_{X \in \mathrm{Ob}\,\mathcal{D}} F_0(X),$$

即所有 $F_0(X)$ 的不交并, 其中 $X \in \mathrm{Ob}\,\mathcal{D}$, 且 F 的余极限在同构意义下也是唯一的.

例 5.5.3(实数域上的线性空间范畴)　设 $\mathcal{C}$ 为 $\mathbb{R}$ 上的线性空间范畴 **Vect**$_\mathbb{R}$, 则 $\mathcal{C}$ 上 $\mathcal{D}$-形图 F 的极限是所有线性空间 $F_0(X)$ 的直积, 其中 $X \in \mathrm{Ob}\,\mathcal{D}$; 而 F 的余极限是所有线性空间 $F_0(X)$ 的直和, 其中 $X \in \mathrm{Ob}\,\mathcal{D}$. 当 $\mathcal{D}$ 只有有限多个对象时, 由于有限多个线性空间的直积和直和没有区别, 此时 F 的极限和余极限相同.

例 5.5.4(实数集合全序范畴 $(\mathbb{R}, \leqslant)$)　设 $\mathcal{C}$ 为范畴 $(\mathbb{R}, \leqslant)$, 该范畴的对象为所有实数, 且对任意两个实数 x 和 y, 存在态射 $x \to y$ 当且仅当 $x \leqslant y$. 任取 $\mathcal{D}$-形图 F, 其极限为实数 $a \in \mathbb{R}$, 满足

$$a = \inf\{F_0(X) \mid X \in \mathrm{Ob}\,\mathcal{D}\},$$

而余极限为实数 $b \in \mathbb{R}$, 满足

$$b = \sup\{F_0(X) \mid X \in \mathrm{Ob}\,\mathcal{D}\}.$$

本例中若 $\mathcal{D}$ 的对象数目无限, 则 F 的极限或者余极限有可能不存在. 另一方面, 若 F 的极限或者余极限存在则必唯一.

拉回和推出

设范畴 $\mathcal{D}$ 定义为 $\mathrm{Ob}\,\mathcal{D} = \{X, Y, Z\}$ 和

$$\mathrm{Mor}\,\mathcal{D} = \{\mathbf{1}_X, \mathbf{1}_Y, \mathbf{1}_Z, X \xrightarrow{u} Y, Z \xrightarrow{v} Y\}.$$

该范畴 $\mathcal{D}$ 可用下图表示:

$$X \xrightarrow{u} Y \xleftarrow{v} Z.$$

对任意非空范畴 $\mathcal{C}$, 若 $\mathcal{C}$ 中 $\mathcal{D}$-形图 F 的极限存在, 则称该极限为 F 的**拉回**. 考虑 $\mathcal{D}$ 的反范畴 $\mathcal{D}^{\mathrm{op}}$, 若 $\mathcal{C}$ 中 $\mathcal{D}^{\mathrm{op}}$-形图 G 的余极限存在, 则称其为 F 的**推出**. 下面以 $\mathcal{C}$ 为集合范畴 **Set** 为例来讨论拉回和推出.

首先看拉回. 对 **Set** 中的 $\mathcal{D}$-形图 F, 记 $A = F_0(X)$, $B = F_0(Y)$ 和 $C = F_0(Z)$, 并记 $f = F_1(u)$ 和 $g = F_1(v)$, 则在 $\mathcal{C}$ 中有

$$
\begin{array}{ccc}
 & & A \\
 & & \downarrow{\scriptstyle f} \\
C & \xrightarrow{\ g\ } & B
\end{array}
$$

记 $\lim F$ 为其极限, 则有映射 $h_A : \lim F \to A$ 和 $h_C : \lim F \to C$ 满足交换图

$$\begin{array}{ccc} \lim F & \xrightarrow{h_A} & A \\ \downarrow h_C & & \downarrow f \\ C & \xrightarrow{g} & B \end{array}$$

另一方面, 对 **Set** 中任意以 F 为底以集合 D 为顶点的锥 p, 都有唯一的映射 $i : D \to \lim F$ 满足交换图

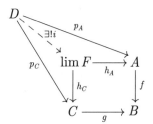

关于 $\lim F$ 的存在性, 定义集合

$$A \underset{B}{\times} C := \{(a, c) \in A \times C \mid f(a) = g(c)\},$$

而映射 h_A 和 h_C 分别为 $A \underset{B}{\times} C$ 到 A 和到 C 的投影映射, 直接验证可知 $A \underset{B}{\times} C$ 为 F 的一个极限.

例 5.5.5 设 $B = A \cup C$, 且映射 f 和 g 都是嵌入映射, 则由交换图

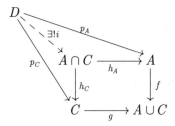

知 A 与 C 的交集 $A \cap C$ 即为所对应的 F 的极限.

下面考虑推出. 对 **Set** 中任意 $\mathcal{D}^{\mathrm{op}}$-形图 G, 记 $P = G_0(X), Q = G_0(Y), R = G_0(Z)$, 并记 $s = G_1(u^{\mathrm{op}})$ 和 $t = G_1(v^{\mathrm{op}})$, 则在 **Set** 中有

$$\begin{array}{ccc} Q & \xrightarrow{t} & R \\ \downarrow s & & \\ P & & \end{array}$$

记 $\mathrm{colim} G$ 为其余极限, 则有映射 $k_P : P \to \mathrm{colim} G$ 和 $k_R : R \to \mathrm{colim} G$ 满足交换图

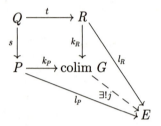

另一方面, 对 **Set** 中任意以 G 为顶以集合 E 为底点的倒锥 l, 都有唯一的满足交换图

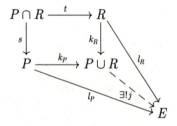

的映射 $j : \operatorname{colim} G \to E$.

关于 $\operatorname{colim} G$ 的存在性, 定义商集

$$P \coprod_Q R := P \coprod R / \sim,$$

其中等价关系 $\sim$ 作为 $\left(P \coprod R\right) \times \left(P \coprod R\right)$ 的子集是所有包含

$$\left\{ (s(q), t(q)) \in \left(P \coprod R\right) \times \left(P \coprod R\right) \,\middle|\, q \in Q \right\}$$

的 $P \coprod R$ 的等价关系中最小的, 映射 k_P 和 k_R 分别为从 P 和从 R 出发的嵌入映射, 直接验证可知 $P \coprod_Q R$ 为 G 的一个余极限.

例 5.5.6   设 $Q = P \cap R$, 映射 s 和 t 都是嵌入映射, 则由交换图

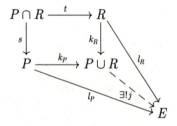

可知 P 与 R 的并集 $P \cup R$ 即为所对应的 G 的余极限.

注 5.5.4   集合 $P \coprod_Q R$ 看起来像是把 P 和 R 沿着 Q 粘起来得到的, 在几何与拓扑中, 使用地图册来描述流形使用的正是这种构造方式.

逆向极限和正向极限

设指标范畴 $\mathcal{D}$ 的对象全体为

$$\mathrm{Ob}\,\mathcal{D} = \{\cdots, X_n,, \cdots, X_1, X_0\},$$

态射全体 $\mathrm{Mor}\,\mathcal{D}$ 由

$$\{\mathbf{1}_{X_n} \mid n \in \mathbb{N}\} \bigcup \{u_n : X_{n+1} \to X_n \mid n \in \mathbb{N}\}$$

以及它们的复合构成.

范畴 $\mathcal{D}$ 可以用图

$$\cdots \xrightarrow{u_n} X_n \xrightarrow{u_{n-1}} \cdots \xrightarrow{u_1} X_1 \xrightarrow{u_0} X_0$$

来表示, 其反范畴 $\mathcal{D}^{\mathrm{op}}$ 可以用图

$$X_0 \xrightarrow{u_0^{\mathrm{op}}} X_1 \xrightarrow{u_1^{\mathrm{op}}} \cdots \xrightarrow{u_{n-1}^{\mathrm{op}}} X_n \xrightarrow{u_n^{\mathrm{op}}} \cdots$$

来表示. 设 $\mathcal{C}$ 为非空范畴, 对 $\mathcal{C}$ 中任意一个 $\mathcal{D}$-形图 F 和任意 $n \in \mathbb{N}$, 记 $A_n = F_0(X_n)$, 称 F 的极限为 $(A_n)_{n\in\mathbb{N}}$ 的**逆向极限**, 记作 $\varprojlim A_n$. 对 $\mathcal{C}$ 中任意一个 $\mathcal{D}^{\mathrm{op}}$-形图 G 和任意 $n \in \mathbb{N}$, 记 $B_n = G_0(X_n)$, 称 G 的余极限为 $(B_n)_{n\in\mathbb{N}}$ 的**正向极限**, 记作 $\varinjlim B_n$.

例 5.5.7(集合偏序范畴) 设 $\mathcal{C}$ 为所有集合由包含定义的偏序关系构成的范畴 **Pset**, 对任意两个集合 A 和 B, 存在态射 $A \to B$ 当且仅当 $A \subseteq B$. 范畴 **Pset** 上的 $\mathcal{D}$-形图 F 对应的是一个集合降链

$$\cdots \subseteq A_n \subseteq \cdots \subseteq A_1 \subseteq A_0,$$

其对应的逆向极限即为所有集合 A_n 的交集

$$\varprojlim A_n = \bigcap_{n\in\mathbb{N}} A_n.$$

另一方面, 范畴 **Pset** 上的 $\mathcal{D}^{\mathrm{op}}$-形图 G 对应的是一个集合升链

$$B_0 \subseteq B_1 \subseteq \cdots \subseteq B_n \subseteq \cdots,$$

其对应的正向极限即为所有集合 B_n 的并集

$$\varinjlim B_n = \bigcup_{n\in\mathbb{N}} B_n.$$

例 5.5.8(实数域上的线性空间范畴) 设 $\mathcal{C}$ 为 $\mathbb{R}$ 上的线性空间范畴 **Vect**$_{\mathbb{R}}$, 且 $\mathcal{C}$ 上的 $\mathcal{D}$-形图 F 对应的是

$$\cdots \xrightarrow{f_n} \mathbb{R}^n \xrightarrow{f_{n-1}} \cdots \xrightarrow{f_1} \mathbb{R} \xrightarrow{f_0} \{0\},$$

其中对任意 $n \in \mathbb{Z}^+$, 线性映射 f_n 定义为

$$f_n : \mathbb{R}^{n+1} \to \mathbb{R}^n,$$

$$(x_1, \cdots, x_n, x_{n+1}) \mapsto (x_1, \cdots, x_n).$$

则 $\varprojlim \mathbb{R}^n$ 为直积 $\prod\limits_{n \in \mathbb{N}} \mathbb{R}$.

另一方面, 设 $\mathcal{C}$ 上的 $\mathcal{D}^{\mathrm{op}}$-形图 G 对应的是

$$\{0\} \xrightarrow{\;g_0\;} \mathbb{R} \xrightarrow{\;g_1\;} \cdots \xrightarrow{\;g_{n-1}\;} \mathbb{R}^n \xrightarrow{\;g_n\;} \cdots,$$

其中对任意 $n \in \mathbb{Z}^+$, 线性映射 g_n 定义为

$$g_n : \mathbb{R}^n \to \mathbb{R}^{n+1},$$

$$(x_1, \cdots, x_n) \mapsto (x_1, \cdots, x_n, 0).$$

则 $\varinjlim \mathbb{R}^n$ 为直和 $\bigoplus\limits_{n \in \mathbb{N}} \mathbb{R}$.

例 5.5.9(实数序范畴) 设 $\mathcal{C}$ 为范畴 $(\mathbb{R}, \leqslant)$, 则 $(\mathbb{R}, \leqslant)$ 上的 $\mathcal{D}$-形图 F 对应的是下降序列

$$\cdots \leqslant x_n \leqslant \cdots \leqslant x_1 \leqslant x_0,$$

其对应的逆向极限若存在, 则为下确界

$$\varprojlim x_n = \inf\{x_n \in \mathbb{R} \mid n \in \mathbb{N}\}.$$

另一方面, $(\mathbb{R}, \leqslant)$ 上的任意 $\mathcal{D}^{\mathrm{op}}$-形图 G 对应的是上升序列

$$y_0 \leqslant y_1 \leqslant \cdots \leqslant y_n \leqslant \cdots,$$

其对应的正向极限若存在, 则为上确界

$$\varinjlim y_n = \sup\{y_n \in \mathbb{R} \mid n \in \mathbb{N}\}.$$

习题 5.5

1. 证明 $\mathbf{Vect}_{\mathbb{R}}$ 上关于离散指标范畴给出的积和余积分别为所涉及线性空间的直积和直和 (例 5.5.3).

2. 设集合 $A = \{1, 2, 3\}$, $B = \{a, b, c\}$ 和 $C = \{u, v, w\}$, 给定映射

$$f : A \to B \qquad g : C \to B \qquad s : B \to A \qquad t : B \to C$$

$$1 \mapsto a \qquad\qquad u \mapsto b \qquad\qquad a \mapsto 1 \qquad\qquad a \mapsto w$$

$$2 \mapsto a \qquad\qquad v \mapsto c \qquad\qquad b \mapsto 3 \qquad\qquad b \mapsto u$$

$$3 \mapsto b, \qquad\qquad w \mapsto a, \qquad\qquad c \mapsto 1, \qquad\qquad c \mapsto u,$$

计算 $A \underset{B}{\times} C$ 和 $A \coprod\limits_{B} C$.

3. 考虑范畴 $(\mathbb{R}, \leqslant)$, 证明 $\mathbb{R}$ 中下降序列的逆向极限存在当且仅当其有下界, 且若逆向极限存在, 则为该序列的下确界.

第六章

Gröbner 基

代数与几何的关系可以回溯到代数思想出现的初期. 作为这种关系的一个体现, Hilbert (希尔伯特) 零点定理构建了仿射空间中代数集与多元多项式的根理想之间的联系, 是代数几何中的一个基本定理. 由此可以将一些仿射空间中的几何问题的研究转化为对多元多项式环的理想的讨论. 由 Hilbert 基定理知域上多元多项式环的理想总是有限生成的, 对多元多项式环的理想的有限生成元组的描述将有助于我们对理想本身的研究, 而 Gröbner (格罗布纳) 基由于其可计算性是研究中的常用工具之一.

6.1　Hilbert 零点定理

作为一个引子, 考虑下面来自线性代数的例子. 设 F 为域, 对任意 $n \in \mathbb{Z}^+$, 仿射空间 F^n 中的任意仿射子空间都是一个 F 上有 n 个未知量的线性方程组的解集, 其中仿射子空间就是线性子空间的平移 (或陪集). 反之, 考虑 F 上由 k 个方程构成的 n 元线性方程组

$$\begin{cases} a_{11}x_1 + a_{12}x_2 + \cdots + a_{1n}x_n = b_1, \\ a_{21}x_1 + a_{22}x_2 + \cdots + a_{2n}x_n = b_2, \\ \cdots\cdots\cdots\cdots \\ a_{k1}x_1 + a_{k2}x_2 + \cdots + a_{kn}x_n = b_k. \end{cases} \tag{6.1}$$

方程组 (6.1) 有解当且仅当

$$r\begin{pmatrix} a_{11} & a_{12} & \cdots & a_{1n} \\ a_{21} & a_{22} & \cdots & a_{2n} \\ \vdots & \vdots & & \vdots \\ a_{k1} & a_{k2} & \cdots & a_{kn} \end{pmatrix} = r\begin{pmatrix} a_{11} & a_{12} & \cdots & a_{1n} & b_1 \\ a_{21} & a_{22} & \cdots & a_{2n} & b_2 \\ \vdots & \vdots & & \vdots & \vdots \\ a_{k1} & a_{k2} & \cdots & a_{kn} & b_k \end{pmatrix}.$$

此外, 若该方程组有解, 则其解集为 F^n 的一个仿射子空间, 并且其维数为

$$n - r\begin{pmatrix} a_{11} & a_{12} & \cdots & a_{1n} \\ a_{21} & a_{22} & \cdots & a_{2n} \\ \vdots & \vdots & & \vdots \\ a_{k1} & a_{k2} & \cdots & a_{kn} \end{pmatrix}.$$

下面从 F 上多元多项式环的角度对以上结论进行解读. 考虑 F 上的 n 元多项式环 $F[x_1, x_2, \cdots, x_n]$, 对任意 $f(x_1, x_2, \cdots, x_n) \in F[x_1, x_2, \cdots, x_n]$, 都有如下的赋值映射:

$$f : F^n \to F$$

$$(u_1, u_2, \cdots, u_n) \mapsto f(u_1, u_2, \cdots, u_n).$$

记多项式

$$f_1(x_1, x_2, \cdots, x_n) = a_{11}x_1 + a_{12}x_2 + \cdots + a_{1n}x_n - b_1,$$

$$f_2(x_1, x_2, \cdots, x_n) = a_{21}x_1 + a_{22}x_2 + \cdots + a_{2n}x_n - b_2,$$

$$\cdots$$

$$f_k(x_1, x_2, \cdots, x_n) = a_{k1}x_1 + a_{k2}x_2 + \cdots + a_{kn}x_n - b_k,$$

则方程组 (6.1) 可以被重写为

$$\begin{cases} f_1(x_1, x_2, \cdots, x_n) = 0, \\ f_2(x_1, x_2, \cdots, x_n) = 0, \\ \quad\cdots\cdots\cdots\cdots \\ f_k(x_1, x_2, \cdots, x_n) = 0. \end{cases} \tag{6.2}$$

记多项式 $f_1, f_2, \cdots, f_k$ 生成的多项式环 $F[x_1, x_2, \cdots, x_n]$ 的理想为 $I = (f_1, f_2, \cdots, f_k)$.

若方程组 (6.2) 的解集非空, 设 P 为 (6.2) 的解集. 对任意 $g \in I$, 由于 g 为 $f_1, f_2, \cdots, f_k$ 的 $F[x_1, x_2, \cdots, x_n]$-线性组合, 故对任意 $(u_1, u_2, \cdots, u_n) \in P$, 都有 $g(u_1, u_2, \cdots, u_n) = 0$.

反之, 对任意满足 $g(P) = \{0\}$ 的多项式 $g \in F[x_1, x_2, \cdots, x_n]$, 我们希望了解 g 和 I 的关系. 为此对方程组 (6.2) 使用 Gauss 消元法. 不失一般性, 设消元最终所得的线性方程组为

$$\begin{cases} x_1 \quad\quad\quad +a'_{1(l+1)}x_{l+1} + \cdots + a'_{1n}x_n - b'_1 = 0, \\ \quad\quad x_2 \quad\quad +a'_{2(l+1)}x_{l+1} + \cdots + a'_{2n}x_n - b'_2 = 0, \\ \quad\quad\quad\cdots\cdots\cdots\cdots \\ \quad\quad\quad\quad x_l +a'_{l(l+1)}x_{l+1} + \cdots + a'_{ln}x_n - b'_l = 0 \end{cases} \tag{6.3}$$

和 $k - l$ 个方程 $0 = 0$, 其中 $l \leqslant k$, $x_{l+1}, \cdots, x_n$ 为自由未知量, 可以取任意值. 记方程组 (6.3) 等号左端的多项式分别为

$$\tilde{f}_1(x_1, x_2, \cdots, x_n) = \quad x_1 \quad\quad\quad\quad\quad\quad\quad + a'_{1(l+1)}x_{l+1} + \cdots + a'_{1n}x_n - b'_1,$$

$$\tilde{f}_2(x_1, x_2, \cdots, x_n) = \quad\quad\quad x_2 \quad\quad\quad\quad\quad + a'_{2(l+1)}x_{l+1} + \cdots + a'_{2n}x_n - b'_2,$$

$$\cdots$$

$$\tilde{f}_l(x_1, x_2, \cdots, x_n) = \quad\quad\quad\quad\quad\quad\quad\quad x_l + a'_{l(l+1)}x_{l+1} + \cdots + a'_{ln}x_n - b'_l.$$

由于 Gauss 消元对方程组的改变是可逆的, 故由以上多项式 $\tilde{f}_1, \tilde{f}_2, \cdots, \tilde{f}_l$ 生成的理想仍为 I.

由于 $F[x_1, x_2, \cdots, x_n] = F[x_{l+1}, \cdots, x_n][x_l] \cdots [x_1]$, 我们可以利用 I 中的多项式把 g 中包含 $x_1, x_2, \cdots, x_l$ 的项依次消掉, 得到一个变元为 $x_{l+1}, \cdots, x_n$ 的多项式

$$\tilde{g} \in F[x_{l+1}, \cdots, x_n].$$

由于在通解表达式中变量 $x_{l+1}, \cdots, x_n$ 为自由元, 故 $\tilde{g}(F^{n-l}) = \{0\}$.

我们总可以将除一个变元之外的其他变元赋值从而得到一个 F 上的一元多项式. 若进一步有 F 不是有限域, 则一元多项式在 F 上取值恒为 0 当且仅当该多项式是零多项式. 此时我们可以进一步得到 $\tilde{g}$ 是零多项式, 从而有 $g \in I$.

另一方面, 若方程组 (6.2) 无解, 则其经过 Gauss 消元之后, 不失一般性可以设所得多项式组为

$$
\begin{aligned}
\tilde{f}_1(x_1, x_2, \cdots, x_n) &= x_1 && + a'_{1l}x_l + \cdots + a'_{1n}x_n && -b'_1, \\
\tilde{f}_2(x_1, x_2, \cdots, x_n) &= x_2 && + a'_{2l}x_l + \cdots + a'_{2n}x_n && -b'_2, \\
&\quad \cdots \\
\tilde{f}_{l-1}(x_1, x_2, \cdots, x_n) &= && x_{l-1} + a'_{(l-1)l}x_l + \cdots + a'_{(l-1)n}x_n && -b'_{l-1}, \\
\tilde{f}_l(x_1, x_2, \cdots, x_n) &= && && 1,
\end{aligned}
$$

其中 $l \leqslant k$. 因此 I 包含 1, 为平凡理想 $F[x_1, x_2, \cdots, x_n]$. 注意到常数多项式 1 的解空间为空集, 所以反过来当 $I = F[x_1, x_2, \cdots, x_n]$ 时, 方程组的解集 P 为空集.

总结以上讨论可得到下面的结论:

(i) 仿射空间 F^n 中的仿射子空间与 $F[x_1, x_2, \cdots, x_n]$ 中的 1 次多项式给出的可解线性方程组对应.

(ii) 一组 1 次多项式 $f_1, f_2, \cdots, f_k$ 给出的方程组 (线性方程组) 有解当且仅当由这些多项式生成的理想 I 不包含 1.

(iii) 设 F 不是有限域, 对任意一组 1 次多项式 $f_1, f_2, \cdots, f_k$ 给出的方程组, 若其解空间 P 非空, 则对任意 $g \in F[x_1, x_2, \cdots, x_n]$ 有 $g(P) = \{0\}$ 当且仅当 $g \in (f_1, f_2, \cdots, f_k)$.

这些结论中已经出现了 Hilbert 零点定理的影子.

Hilbert 零点定理考虑的是域上一般的多元多项式方程及其解集. 注意到域上次数大于 0 的多元多项式方程可能无解. 例如, 实数域上的二元多项式方程

$$(x^2 + 1)(y^2 + 1) = 0$$

在 $\mathbb{R}^2$ 中的解集为空集. 但若考虑的域是代数封闭域, 则任意次数大于 0 的多元多项式

方程的解集都非空. 为避免考虑解的存在性问题使讨论复杂化从而偏离我们的初衷, 本节以下部分将仅考虑代数封闭域.

设 K 为代数闭域, n 为正整数, 考虑 K 上的 n 元多项式环 $K[x_1, x_2, \cdots, x_n]$.

定义 6.1.1　设 $f \in K[x_1, x_2, \cdots, x_n]$, 若仿射空间 K^n 中的点 $(u_1, u_2, \cdots, u_n)$ 满足

$$f(u_1, u_2, \cdots, u_n) = 0,$$

则称 $(u_1, u_2, \cdots, u_n)$ 为 f 的一个**解**. 记 $\mathrm{Sol}(f)$ 为 f 的所有解构成的 K^n 的子集, 称之为多项式 f 的**解集**.

若 f 为非零常数多项式, 则显然有 $\mathrm{Sol}(f) = \varnothing$.

定义 6.1.2　设 S 为 $K[x_1, x_2, \cdots, x_n]$ 的非空子集, 记 S 中所有元素在 K^n 中解集的交集为

$$V(S) := \bigcap_{f \in S} \mathrm{Sol}(f),$$

并称之为由 S 给出的**仿射簇**.

对任意非空集合 $S \subseteq K[x_1, x_2, \cdots, x_n]$, 考虑其生成的 $K[x_1, x_2, \cdots, x_n]$ 的理想 $I = (S)$. 由包含关系显然有 $S \subseteq I$, 从而 $V(I) \subseteq V(S)$.

另一方面, 由生成理想的定义, 对任意 $f \in I$, 存在 $f_1, f_2, \cdots, f_k \in S$ 和 $g_1, g_2, \cdots, g_k \in K[x_1, x_2, \cdots, x_n]$ 使得

$$f = g_1 f_1 + g_2 f_2 + \cdots + g_k f_k.$$

因此对任意 $(u_1, u_2, \cdots, u_n) \in V(S)$, 均有

$$f(u_1, u_2, \cdots, u_n) = 0.$$

由此可知 $V(S) \subseteq V(I)$. 综上所述, 有 $V(I) = V(S)$.

> **注 6.1.1**　由于域是 Noether 环, 由 Hilbert 基定理可知环 $K[x_1, x_2, \cdots, x_n]$ 也是 Noether 环. 因此在讨论 $K[x_1, x_2, \cdots, x_n]$ 的理想的生成元集时, 总可以不失一般性地假设该生成元集有限.

在之前关于线性方程组的讨论中, 我们看到一组 $K[x_1, x_2, \cdots, x_n]$ 中的一次多项式的解集的交集为空集当且仅当由这组多项式生成的理想包含 1, 即所得理想为 $K[x_1, x_2, \cdots, x_n]$. Hilbert 零点定理的弱形式告诉我们这个结论对 $K[x_1, x_2, \cdots, x_n]$ 中一般的多项式也成立.

定理 6.1.1 (Hilbert 零点定理-弱形式)　设 K 为代数闭域, n 为正整数, $K[x_1, x_2, \cdots, x_n]$ 为 K 上的 n 元多项式环, I 为 $K[x_1, x_2, \cdots, x_n]$ 的一个理想, 则 $V(I) = \varnothing$ 当且仅当 $1 \in I$.

对任意 $V \subseteq K^n$, 记解集包含 V 的多项式构成的集合为

$$\mathcal{I}(V) := \{f \in K[x_1, x_2, \cdots, x_n] \mid V \subseteq \mathrm{Sol}(f)\}.$$

直接验证可知 $\mathcal{I}(V)$ 是 $K[x_1, x_2, \cdots, x_n]$ 的理想. 由定义易知对 $K[x_1, x_2, \cdots, x_n]$ 的任意理想 I, 均有 $I \subseteq \mathcal{I}(V(I))$. 进一步地, 由于对任意 $a \in K$ 和 $m \in \mathbb{Z}^+$ 有 $a^m = 0$ 当且仅当 $a = 0$, 因此对任意多项式 $f \in K[x_1, x_2, \cdots, x_n]$, 有

$$\mathrm{Sol}(f^m) = \mathrm{Sol}(f).$$

所以 $\mathrm{rad}\, I \subseteq \mathcal{I}(V(I))$. 这里 $\mathrm{rad}\, I$ 为理想 I 的根理想 (定义见《代数学 (三)》第四章), 即

$$\mathrm{rad}\, I := \{f \in K[x_1, x_2, \cdots, x_n] \mid \exists m \in \mathbb{Z}^+ \text{ 使得 } f^m \in I\}.$$

那么一个自然的问题就是 $\mathrm{rad}\, I$ 是 $\mathcal{I}(V(I))$ 的全部么? Hilbert 零点定理的强形式给了这个问题一个肯定的回答.

定理 6.1.2 (Hilbert 零点定理-强形式)　设 K 为代数闭域, n 为正整数, I 为 K 上 n 元多项式环 $K[x_1, x_2, \cdots, x_n]$ 的理想, 则

$$\mathcal{I}(V(I)) = \mathrm{rad}\, I.$$

尽管以上两个定理分别被称为 Hilbert 零点定理的弱形式和强形式, 但实际上二者是等价的. 容易看出强形式可以推出弱形式. 事实上, 假设强形式成立, 若 $V(I)$ 非空, 则 $1 \notin \mathcal{I}(V(I)) = \mathrm{rad}\, I$, 因此 $1 \notin I$. 而若 $V(I) = \varnothing$, 则 $1 \in \mathcal{I}(V(I)) = \mathrm{rad}\, I$, 因此 $1 \in I$. 这样就证明了弱形式.

下面证明弱形式可以推出强形式. 设理想 I 由 $f_1, f_2, \cdots, f_k \in K[x_1, x_2, \cdots, x_n]$ 生成. 若 $1 \in I$, 则 $V(I) = \varnothing$, 因此 $\mathcal{I}(V(I)) = K[x_1, x_2, \cdots, x_n]$, 结论显然成立. 下设 $1 \notin I$. 若非零多项式 $g \in \mathcal{I}(V(I))$, 即 $V(I) \subseteq \mathrm{Sol}(g)$, 则以下 $k+1$ 个多项式

$$f_1, f_2, \cdots, f_k, x_{n+1}g - 1 \in K[x_1, x_2, \cdots, x_n, x_{n+1}]$$

在 K^{n+1} 中没有公共解. 事实上, 如果它们有公共解 $(a_1, a_2, \cdots, a_n, a_{n+1}) \in K^{n+1}$, 则 $(a_1, a_2, \cdots, a_n)$ 为 $f_1, f_2, \cdots, f_k$ 的公共解, 从而 $(a_1, a_2, \cdots, a_n)$ 也是 g 的解, 因此 $x_{n+1}g - 1$ 在 $(a_1, a_2, \cdots, a_n, a_{n+1})$ 处取值为 -1, 矛盾. 由弱形式可知存在多项式 $h_1, h_2, \cdots, h_k, h_{k+1} \in K[x_1, x_2, \cdots, x_n, x_{n+1}]$ 使得

$$1 = h_1 f_1 + h_2 f_2 + \cdots + h_k f_k + h_{k+1}(x_{n+1}g - 1). \tag{6.4}$$

显然 $h_1, h_2, \cdots, h_k$ 中至少有一个非零, 否则便得到

$$1 = h_{k+1}(x_{n+1}g - 1),$$

故 $h_{k+1} \neq 0$, 从而 $\deg h_{k+1}(x_{n+1}g - 1) \geqslant 1$, 矛盾. 由于 x_{n+1} 为变元, 可将等式 (6.4) 中各项看作 $K(x_1, x_2, \cdots, x_n)[x_{n+1}]$ 中的元素. 令 $x_{n+1} = 1/g$, 则等式 (6.4) 变为

$$1 = h_1(x_1, x_2, \cdots, x_n, 1/g)f_1(x_1, x_2, \cdots, x_n) + \cdots +$$

$$h_k(x_1, x_2, \cdots, x_n, 1/g)f_k(x_1, x_2, \cdots, x_n).$$

对任意 $1 \leqslant j \leqslant k$, $h_j(x_1, x_2, \cdots, x_n, 1/g)$ 的分母均为 g 的某次幂, 因此存在正整数 m 使得对所有 $1 \leqslant j \leqslant k$, 均有

$$g^m h_j(x_1, x_2, \cdots, x_n, 1/g) \in K[x_1, x_2, \cdots, x_n].$$

从而 $g^m = \sum\limits_{j=1}^{k} g^m h_j(x_1, x_2, \cdots, x_n, 1/g)f_j(x_1, x_2, \cdots, x_n) \in I$. 定理的强形式得证. 该证明通常被称为 Rabinowitsch trick, 见 [32].

本节的最后简要地介绍一下 Zariski (扎里斯基) 关于弱形式的证明 [34]. 该证明要用到下面的结论.

命题 6.1.1　设 F 为域, 若 E 是一个有限生成的 F-代数, 且 E 也是域, 则 E 为 F 的代数扩张.

本书第四章 4.4 节介绍过代数这个概念, 这里 F 上有限生成代数可以理解为对 F 作为环做有限次扩张, 当然也可以将其看作是 F 上多元多项式环的商环. 回到对弱形式的讨论. 若 I 为 $K[x_1, x_2, \cdots, x_n]$ 的一个真理想, 则存在 $K[x_1, x_2, \cdots, x_n]$ 的一个极大理想 M 使得 $I \subseteq M$. 由命题 6.1.1 得到 $K[x_1, x_2, \cdots, x_n]/M$ 为 K 的代数扩张. 由于 K 是代数封闭的, 故 $K[x_1, x_2, \cdots, x_n]/M = K$ (这里将 K 看作是商环 $K[x_1, x_2, \cdots, x_n]/M$ 的子环). 考虑 $K[x_1, x_2, \cdots, x_n]$ 到 $K[x_1, x_2, \cdots, x_n]/M$ 的自然同态, 可知存在 $a_1, a_2, \cdots, a_n \in K$ 使得

$$M = (x_1 - a_1, x_2 - a_2, \cdots, x_n - a_n).$$

因此 $(a_1, a_2, \cdots, a_n) \in V(I)$, 即 $V(I) \neq \varnothing$. 若 $I = K[x_1, x_2, \cdots, x_n]$, 则 $1 \in I$, 因此 $V(I) = \varnothing$. 至此定理的弱形式得证.

注 6.1.2　对以上内容感兴趣的读者可以参考 [22].

习题 6.1

1. 设 F 为无限域, 正整数 $n \geqslant 2$. 证明: 若 n 元多项式 $g \in F[x_1, x_2, \cdots, x_n]$ 满足对任意 $(u_1, u_2, \cdots, u_n) \in F^n$, 都有 $g(u_1, u_2, \cdots, u_n) = 0$, 则 g 为零多项式.

2. 设 F 为无限域, 正整数 $n \geqslant 2$. 证明对 n 元多项式环 $F[x_1, x_2, \cdots, x_n]$ 的任意理想 I, 都有

$$V(I) = V(\operatorname{rad} I).$$

3. 证明命题 6.1.1.

6.2　Gröbner 基

设 F 为域, 则 F 上的一元多项式环 $F[x]$ 是 Euclid (欧几里得) 整环. 因此环 $F[x]$ 的任意一个非零理想 I 都可由一个多项式生成, 且这个多项式就是 I 中次数最低的一个非零多项式, 在相伴意义下唯一. 另一方面, Euclid 整环上可以使用 Euclid 算法来计算最大公因子, 因此任给理想 I 的一组有限生成元, 都可以通过 Euclid 算法来找到 I 的这个相伴意义下唯一的生成元, 即次数最低的多项式.

但当考虑多元多项式环 $F[x_1, x_2, \cdots, x_n]$ 时, 虽然 Hilbert 基定理告诉我们 $F[x_1, x_2, \cdots, x_n]$ 的所有理想都是有限生成的, 但这给不出具体生成元集中的生成元个数. 那么多元多项式环的理想中是否也存在特殊的生成元组? 如果存在, 是否有一种系统性的方法来计算此类特殊的生成元组?

Buchberger 于 1965 年在其博士论文中对该问题做了讨论, 他证明了域上多元多项式环的理想中特殊生成元组的存在性, 并以其博士导师 Gröbner 的名字将这组特殊生成元命名为 Gröbner 基, 同时 Buchberger 也在论文中给出了计算 Gröbner 基的算法, 后被称为 Buchberger 算法. 对域上多元多项式环的理想的 Gröbner 基的计算可以看作是对 Euclid 算法和 Gauss 消元法的推广. 本节和下一节将对 Gröbner 基理论及其应用做一个介绍.

设 n 为正整数, $F[x_1, x_2, \cdots, x_n]$ 是域 F 上的 n 元多项式环. 对任意 $f \in F[x_1, x_2, \cdots, x_n]$, 可以将 f 表示为形式

$$f(x_1, x_2, \cdots, x_n) = \sum_{i_1, i_2, \cdots, i_n} a_{i_1 i_2 \cdots i_n} x_1^{i_1} x_2^{i_2} \cdots x_n^{i_n},$$

其中 $a_{i_1 i_2 \cdots i_n} \in F, i_1, i_2, \cdots, i_n$ 为自然数且表达式为有限项求和.

在对一元多项式的讨论中, 自然数集 $\mathbb{N}$ 上的全序关系通过多项式次数诱导出首一单项式之间的一个全序关系. 由此可以定义多项式的首项, 并进一步通过比较首项次数来给出一元多项式环上一个偏序关系, 这在一元多项式的讨论中发挥了重要作用. 一个直观的体现就是 Euclid 算法, 其中每一步带余除法所得余项的次数关于步数是严格递降的, 因此 Euclid 算法一定在有限步终止.

在讨论多元多项式时, 也有类似的思路. 首先注意到对应位置上的数字相加给出了 $\mathbb{N}^n$ 上的加法运算.

定义 6.2.1　设 $\preceq$ 为 $\mathbb{N}^n$ 上的一个良序关系. 若对 $\mathbb{N}^n$ 中任意两个满足 $(i_1, i_2, \cdots, i_n) \preceq (j_1, j_2, \cdots, j_n)$ 的元素 $(i_1, i_2, \cdots, i_n)$ 和 $(j_1, j_2, \cdots, j_n)$, 都有

$$(i_1, i_2, \cdots, i_n) + (k_1, k_2, \cdots, k_n) \preceq (j_1, j_2, \cdots, j_n) + (k_1, k_2, \cdots, k_n),$$

对所有 $(k_1, k_2, \cdots, k_n) \in \mathbb{N}^n$ 成立, 则称 $\preceq$ 是一个**单项式排序**.

设 $\preceq$ 为 $\mathbb{N}^n$ 上的单项式排序. 对任意两个首一单项式 $x_1^{i_1} x_2^{i_2} \cdots x_n^{i_n}$ 和 $x_1^{j_1} x_2^{j_2} \cdots x_n^{j_n}$, 若 $(i_1, i_2, \cdots, i_n) \preceq (j_1, j_2, \cdots, j_n)$, 则定义

$$x_1^{i_1} x_2^{i_2} \cdots x_n^{i_n} \preceq x_1^{j_1} x_2^{j_2} \cdots x_n^{j_n}.$$

对任意非零多项式 $f \in F[x_1, x_2, \cdots, x_n]$, 将其非零项按照对应的首一单项式进行排序, 称最大的那一项为 f 关于 $\preceq$ 的**首项**. 若 $a_{i_1 \cdots i_n} x_1^{i_1} \cdots x_n^{i_n}$ 为 f 的首项, 则记该单项式为 $\mathrm{LT}(f)$; 称 $(i_1, i_2, \cdots, i_n)$ 为 f 的**首项指数**, 记作 $\mathrm{LP}(f)$; 称 $a_{i_1 \cdots i_n}$ 为 f 的**首项系数**, 记作 $\mathrm{LC}(f)$.

例 6.2.1　集合 $\mathbb{N}^n$ 上的**字典序**就是一种单项式排序, 其定义如下: 对 $\mathbb{N}^n$ 中任意两个元素 $(i_1, i_2, \cdots, i_n)$ 和 $(j_1, j_2, \cdots, j_n)$, 定义 $(i_1, i_2, \cdots, i_n) \preceq (j_1, j_2, \cdots, j_n)$, 若其满足以下两个条件之一:

(i) $(i_1, i_2, \cdots, i_n) \prec (j_1, j_2, \cdots, j_n)$, 即存在一个 $k \in \{1, 2, \cdots, n\}$, 使得对所有 $s < k$ 有 $i_s = j_s$, 但是 $i_k < j_k$.

(ii) $(i_1, i_2, \cdots, i_n) = (j_1, j_2, \cdots, j_n)$.

例如三元单项式 $x_2^4, x_2^3 x_3, 1, x_1 x_2, x_1^4, x_1 x_3$ 在 $\mathbb{N}^3$ 上的字典序下有如下排序:

$$1 \prec x_2^3 x_3 \prec x_2^4 \prec x_1 x_3 \prec x_1 x_2 \prec x_1^4.$$

注 6.2.1　当 $n = 1$ 时, $\mathbb{N}^n = \mathbb{N}$. 其上的字典序关系和 $\mathbb{N}$ 上常用的大小序关系相同.

注 6.2.2　集合 $\mathbb{N}^n$ 上字典序诱导的首一单项式排序可以看作是一元多项式情形的推广. 在比较 $F[x_1, x_2, \cdots, x_n]$ 中两个首一单项式的大小时, 首先比较 x_1 的次数, 如果不等即直接得到严格的大小关系. 如果两个单项式中 x_1 的次数相等, 那么继续比较单项式中 x_2 的次数, 如果不等即得到严格的大小. 如果两个单项式中 x_1, x_2 的次数都对应相等, 那么再比较单项式中 x_3 的次数, 以此类推. 如果存在某一个变量 x_i 在两个单项式中的次数不同, 就可以得到二者之间严格的大小关系, 否则二者为相同的首一单项式.

例 6.2.2　对 $\mathbb{N}^n$ 中的任意两个元素 $(i_1, i_2, \cdots, i_n)$ 和 $(j_1, j_2, \cdots, j_n)$, 定义

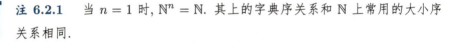

$$(i_1, i_2, \cdots, i_n) \preceq (j_1, j_2, \cdots, j_n)$$

若其满足以下条件之一:

(i) $i_1 + i_2 + \cdots + i_n < j_1 + j_2 + \cdots + j_n$;

(ii) $i_1 + i_2 + \cdots + i_n = j_1 + j_2 + \cdots + j_n$, 且 $(i_1, i_2, \cdots, i_n)$ 在字典序下小于等于 $(j_1, j_2, \cdots, j_n)$.

称这种单项式排序为**加权字典序**. 例 6.2.1 中的单项式在加权字典序下的排序为

$$1 \prec x_1 x_3 \prec x_1 x_2 \prec x_2^3 x_3 \prec x_2^4 \prec x_1^4.$$

注 6.2.3　　更一般的 $\mathbb{N}^n$ 上的加权字典序定义如下. 首先选定 $(\mathbb{R}_{>0})^n$ 中一个向量作为权重, 之后当比较两个 $\mathbb{N}^n$ 中的 n-元组时, 首先比较两个 n 元组中的分量关于所选权重的加权和, 如果不等, 即得到排序关系; 如果相等, 再进一步比较二者的字典序. 例 6.2.2 给出的就是权重为 $(1, 1, \cdots, 1)$ 的加权字典序.

如何将域上一元多项式环中的带余除法推广到 $F[x_1, x_2, \cdots, x_n]$ 上? 首先来看两个多项式的情形.

命题 6.2.1　　对任意非零多项式 $f, g \in F[x_1, x_2, \cdots, x_n]$, 存在唯一的多项式 $p, r \in F[x_1, x_2, \cdots, x_n]$, 满足以下条件:

(i) $f = pg + r$;

(ii) $\mathrm{LT}(g)$ 不整除 r 的任意一个非零项;

(iii) $\mathrm{LP}(f) = \max\{\mathrm{LP}(pg), \mathrm{LP}(r)\}$.

证明　　考虑 f 中所有被 $\mathrm{LT}(g)$ 整除的项, 若 f 中没有被 $\mathrm{LT}(g)$ 整除的项, 则取 $p = 0$ 和 $r = f$ 即满足条件.

若 f 中存在非零项被 $\mathrm{LT}(g)$ 整除, 将所有被 $\mathrm{LT}(g)$ 整除的项放在一起构成多项式 f', 并记 $h = f - f'$. 注意到 $\mathrm{LT}(g) \mid f'$, 因此 $\mathrm{LP}(g) \preceq \mathrm{LP}(f')$, 且存在多项式 q 使得 $f' = q\,\mathrm{LT}(g)$. 从而

$$\mathrm{LP}(g) \preceq \mathrm{LP}(f') = \mathrm{LP}(q\mathrm{LT}(g)) = \mathrm{LP}(qg).$$

令

$$f_1 = f - qg = h + q(\mathrm{LT}(g) - g).$$

如果 f_1 中没有被 $\mathrm{LT}(g)$ 整除的项, 我们取 $p = q$ 和 $r = f_1$ 即满足条件. 否则将 f_1 中被 $\mathrm{LT}(g)$ 整除的项放在一起得到 f_1', 则存在多项式 q_1, 满足 $f_1' = q_1 \mathrm{LT}(g)$. 因此 $\mathrm{LP}(g) \preceq \mathrm{LP}(f_1')$. 注意到 h 的每一项都不能被 $\mathrm{LT}(g)$ 整除, 所以 f_1' 的项全部来自 $q(\mathrm{LT}(g) - g)$, 因此

$$\mathrm{LP}(f_1') \preceq \mathrm{LP}(q(\mathrm{LT}(g) - g)) \prec \mathrm{LP}(qg) = \mathrm{LP}(f').$$

设 $f_2 = f_1 - q_1 g$, 对 f_2 继续重复之前的讨论, 如此往复. 由于

$$\mathrm{LP}(f') \succ \mathrm{LP}(f_1') \succ \mathrm{LP}(f_2') \succ \cdots,$$

首项指数严格下降, 故以上操作在有限步终止. 记每一步有 $f_i = f_{i-1} - q_{i-1}g$, 并记 $f_0 = f, q_0 = q$. 令 $p = \Sigma q_i, r = f - pg$, 由于操作终止, 显然 r 满足条件 (ii).

注意到 $\mathrm{LP}(pg) \preceq \mathrm{LP}(f)$ 和 $\mathrm{LP}(r) \preceq \mathrm{LP}(f)$, 又由 $\mathrm{LT}(g)|\mathrm{LT}(pg)$ 和 $\mathrm{LT}(g) \nmid \mathrm{LT}(r)$ 有 $\mathrm{LT}(pg) \neq \mathrm{LT}(r)$, 从而 $\mathrm{LP}(f) = \max\{\mathrm{LP}(pg), \mathrm{LP}(r)\}$, 即 p, r 满足条件 (iii).

下面证明 p 和 r 的唯一性, 假设存在两对多项式 (p_1, r_1) 和 (p_2, r_2) 都满足命题中的条件, 则有

$$p_1 g + r_1 = f = p_2 g + r_2,$$

移项可得

$$r_1 - r_2 = (p_2 - p_1)g.$$

若 $p_1 \neq p_2$, 则 $(p_2 - p_1)g$ 中有非零项被 $\mathrm{LT}(g)$ 整除. 然而 r_1 和 r_2 中的非零项都不被 $\mathrm{LT}(g)$ 整除, 因此 $r_1 - r_2$ 中非零项也都不被 $\mathrm{LT}(g)$ 整除, 矛盾. 故 $p_1 = p_2$, 并由此得到 $r_1 = r_2$. □

该命题也可以推广到多个多项式的情形, 但不一定有唯一性, 其证明方法类似, 留作习题 (见习题 6.2 第 3 题).

命题 6.2.2   设 k 为正整数, 则对任意非零多项式 $f, f_1, f_2, \cdots, f_k \in F[x_1, x_2, \cdots, x_n]$, 存在多项式 $p_1, p_2, \cdots, p_k, r \in F[x_1, x_2, \cdots, x_n]$, 满足以下条件:

(i) $f = p_1 f_1 + p_2 f_2 + \cdots + p_k f_k + r$;

(ii) $r = 0$ 或者 $r \neq 0$ 且对任意 $1 \leqslant i \leqslant k$, $\mathrm{LT}(f_i)$ 不整除 r 的任意一个非零项;

(iii) $\mathrm{LP}(f) = \max\{\mathrm{LP}(p_1 f_1), \mathrm{LP}(p_2 f_2), \cdots, \mathrm{LP}(p_k f_k), \mathrm{LP}(r)\}$.

注 6.2.4   称命题 6.2.2 的结论为 f 对 $\{f_1, f_2, \cdots, f_k\}$ 做 **(带余) 除法**, r 为 f 对 $\{f_1, f_2, \cdots, f_k\}$ 做除法的**余项**.

例 6.2.3   考虑有理数域 $\mathbb{Q}$ 上的二元多项式环 $\mathbb{Q}[x_1, x_2]$, 设

$$f = x_1^2 x_2^2 + x_1 x_2^3 + x_2^3 + x_1 x_2,$$

$$f_1 = x_1^2 x_2 + x_1,$$

$$f_2 = x_2^2 + x_2.$$

利用 $\mathbb{N}^2$ 上的加权字典序易知 $\mathrm{LT}(f_1) = x_1^2 x_2$, $\mathrm{LT}(f_2) = x_2^2$.

首先按照命题 6.2.1 证明中的步骤计算多项式 f 对 f_1 做除法的余项, 再计算该余项对 f_2 做除法的余项, 如此往复:

$$x_1^2 x_2^2 + x_1 x_2^3 + x_2^3 + x_1 x_2$$

$$\xrightarrow{f_1} x_1^2 x_2^2 + x_1 x_2^3 + x_2^3 + x_1 x_2 - (x_1^2 x_2 + x_1)x_2 = x_1 x_2^3 + x_2^3$$

$$\xrightarrow{f_2} x_1 x_2^3 + x_2^3 - (x_2^2 + x_2)(x_1 x_2 + x_2) \qquad = -x_1 x_2^2 - x_2^2$$

$$\xrightarrow{f_2} -x_1 x_2^2 - x_2^2 + (x_2^2 + x_2)(x_1 + 1) \qquad = x_1 x_2 + x_2,$$

因此

$$p_1 = x_2,$$

$$p_2 = x_1 x_2 - x_1 + x_2 - 1,$$

$$r = x_1 x_2 + x_2.$$

此时 r 的非零项 x_1x_2 和 x_2 不被 $\mathrm{LT}(f_1) = x_1^2x_2$ 和 $\mathrm{LT}(f_2) = x_2^2$ 整除. 进一步,

$$\mathrm{LP}(f) = (2,2), \quad \mathrm{LP}(p_1f_1) = (2,2), \quad \mathrm{LP}(p_2f_2) = (1,3), \quad \mathrm{LP}(r) = (1,1),$$

从而

$$\mathrm{LP}(f) = \mathrm{LP}(p_1f_1) = \max\{\mathrm{LP}(p_1f_1), \mathrm{LP}(p_2f_2), \mathrm{LP}(r)\}.$$

也可以先计算多项式 f 对 f_2 做除法的余项, 再计算该余项对 f_1 做除法的余项, 如此往复:

$$x_1^2x_2^2 + x_1x_2^3 + x_2^3 + x_1x_2$$

$$\xrightarrow{f_2} x_1^2x_2^2 + x_1x_2^3 + x_2^3 + x_1x_2 - (x_2^2 + x_2)(x_1^2 + x_1x_2 + x_2) = -x_1^2x_2 - x_1x_2^2 + x_1x_2 - x_2^2$$

$$\xrightarrow{f_2} -x_1^2x_2 - x_1x_2^2 - x_2^2 + x_1x_2 + (x_2^2 + x_2)(1 + x_1) \qquad = -x_1^2x_2 + 2x_1x_2 + x_2$$

$$\xrightarrow{f_1} -x_1^2x_2 + x_2 + 2x_1x_2 + (x_1^2x_2 + x_1) \qquad\qquad = 2x_1x_2 + x_1 + x_2,$$

因此

$$p_1 = -1,$$

$$p_2 = x_1^2 + x_1x_2 - x_1 + x_2 - 1,$$

$$r = 2x_1x_2 + x_1 + x_2.$$

此时 r 的非零项 $2x_1x_2$, x_1 和 x_2 都不被 $\mathrm{LT}(f_1) = x_1^2x_2$ 和 $\mathrm{LT}(f_2) = x_2^2$ 整除. 进一步地,

$$\mathrm{LP}(f) = (2,2), \quad \mathrm{LP}(p_1f_1) = (2,1), \quad \mathrm{LP}(p_2f_2) = (2,2), \quad \mathrm{LP}(r) = (1,1),$$

从而

$$\mathrm{LP}(f) = \mathrm{LP}(p_2f_2) = \max\{\mathrm{LP}(p_1f_1), \mathrm{LP}(p_2f_2), \mathrm{LP}(r)\}.$$

注 6.2.5 由例 6.2.3 知一般情形下表达式

$$f = p_1f_1 + p_2f_2 + \cdots + p_kf_k + r$$

中的多项式 $p_1, p_2, \cdots, p_k, r$ 不唯一.

带余除法的余项可以给出一个判断多项式是否属于某个理想的充分条件.

推论 6.2.1 设非零多项式 $f, f_1, f_2, \cdots, f_k \in F[x_1, x_2, \cdots, x_n]$, 若 f 对 $\{f_1, f_2, \cdots, f_k\}$ 做除法的余项为 0, 则 $f \in (f_1, f_2, \cdots, f_k)$.

注 6.2.6 下面用一个例子说明推论 6.2.1 中的条件并不是必要的. 考虑 $\mathbb{Q}$ 上二元多项式环 $\mathbb{Q}[x_1, x_2]$, 令

$$f = -x_1 x_2 + x_2, \quad f_1 = x_1^2 + x_2, \quad f_2 = x_1 + x_2.$$

则显然有

$$f = -x_1 x_2 + x_2 = (x_1^2 + x_2) - x_1(x_1 + x_2) \in (x_1^2 + x_2, x_1 + x_2).$$

另一方面, 如果有

$$f = p_1 f_1 + p_2 f_2 + r$$

满足命题 6.2.2 中的条件, 由于 $\mathrm{LP}(f) = (1,1)$, $\mathrm{LP}(f_1) = (2,0)$, 且

$$\mathrm{LP}(f) = \max\{\mathrm{LP}(p_1 f_1), \mathrm{LP}(p_2 f_2), \mathrm{LP}(r)\},$$

故 $p_1 = 0$. 通过计算

$$f = -x_1 x_2 + x_2$$
$$\xrightarrow{f_2} -x_1 x_2 + x_2 + (x_1 + x_2)x_2 = x_2^2 + x_2$$

可得 $p_2 = -x_2$ 以及 $r = x_2^2 + x_2 \neq 0$.

下面设 I 为 $F[x_1, x_2, \cdots, x_n]$ 的一个非零理想.

定义 6.2.2 称 I 中的一组有限多个多项式 $G = \{g_1, g_2, \cdots, g_m\}$ 为 I 的一个 **Gröbner 基**, 若对任意非零多项式 $f \in I$, 均存在某个 $1 \leqslant i \leqslant m$ 使得

$$\mathrm{LT}(g_i) \mid \mathrm{LT}(f).$$

首先来看 Gröbner 基的一些性质. 设 $G = \{g_1, g_2, \cdots, g_m\} \subseteq I$ 为 I 的 Gröbner 基, 对任意非零多项式 $f \in I$, 则有 f 对 G 做除法的余项

$$r = f - (p_1 g_1 + p_2 g_2 + \cdots + p_m g_m) \in I,$$

由余项的性质和 Gröbner 基的定义有 $r = 0$. 这便证明了以下结论.

命题 6.2.3 若 G 为理想 I 的 Gröbner 基, 则 G 生成 I.

对照注 6.2.6, 可以看出 Gröbner 基作为 I 的生成元集的特殊之处.

推论 6.2.2 若 G 为理想 I 的 Gröbner 基, 则对任意 $f \in F[x_1, x_2, \cdots, x_n]$, 有 $f \in I$ 当且仅当 f 对 G 做除法的余项为 0.

为方便后面的讨论, 先引入多项式集合的首项理想概念.

定义 6.2.3 设 S 为 $F[x_1, x_2, \cdots, x_n]$ 的非空子集, 记 S 中多项式的首项集合为

$$\mathrm{LT}(S) := \{\mathrm{LT}(f) \mid f \in S\},$$

并称其生成的理想 $(\mathrm{LT}(S))$ 为 S 的**首项理想**.

命题 6.2.4 若 $G \subseteq I$ 为理想 I 的 Gröbner 基, 则有

$$(\mathrm{LT}(G)) = (\mathrm{LT}(I)).$$

证明 设 $G = \{g_1, g_2, \cdots, g_m\}$, 由 $G \subseteq I$ 显然有 $(\mathrm{LT}(G)) \subseteq (\mathrm{LT}(I))$.

另一方面, 对任意非零多项式 $f \in I$, 由命题 6.2.2 和 6.2.3 知存在多项式 $p_1, p_2, \cdots, p_m \in F[x_1, x_2, \cdots, x_n]$ 使得

$$f = p_1 g_1 + p_2 g_2 + \cdots + p_m g_m,$$

且

$$\mathrm{LP}(f) = \max\{\mathrm{LP}(p_1 g_1), \mathrm{LP}(p_2 g_2), \cdots, \mathrm{LP}(p_m g_m)\}.$$

取 $\{i_1, i_2, \cdots, i_s\} \subseteq \{1, 2, \cdots, m\}$ 使得对任意 $1 \leqslant j \leqslant s$, 都有

$$\mathrm{LP}(p_{i_j} g_{i_j}) = \mathrm{LP}(f),$$

则

$$\mathrm{LT}(f) = \sum_{i=1}^{s} \mathrm{LT}(p_{i_j} g_{i_j}) = \sum_{i=1}^{s} \mathrm{LT}(p_{i_j}) \mathrm{LT}(g_{i_j}) \in (\mathrm{LT}(G)).$$

故 $(\mathrm{LT}(I)) \subseteq (\mathrm{LT}(G))$, 从而 $(\mathrm{LT}(G)) = (\mathrm{LT}(I))$. $\qquad \square$

实际上推论 6.2.2 和命题 6.2.4 中 Gröbner 基的性质和定义 6.2.2 是等价的, 我们将其总结在以下定理中.

定理 6.2.1 设 I 为 $F[x_1, x_2, \cdots, x_n]$ 的一个非零理想, G 为 I 的一个有限非空子集, 则下面陈述等价:

(i) G 为 I 的 Gröbner 基;

(ii) 对任意多项式 $f \in F[x_1, x_2, \cdots, x_n]$, 有 $f \in I$ 当且仅当 f 对 G 做除法的余项为 0;

(iii) $(\mathrm{LT}(G)) = (\mathrm{LT}(I))$.

定理的一部分已经在推论 6.2.2 和命题 6.2.4 中得证, 剩余的部分留作习题 (见习题 6.2 第 4 题). 作为一个提示, 类似于推论 6.2.2 和命题 6.2.4 的证明, 使用的主要工具就是命题 6.2.2.

最后来说明理想 I 中 Gröbner 基的存在性.

命题 6.2.5 环 $F[x_1, x_2, \cdots, x_n]$ 的任意非零理想都有 Gröbner 基.

证明 对 $F[x_1, x_2, \cdots, x_n]$ 的任意非零理想 I, 考虑理想 $(\mathrm{LT}(I))$. 任取 $g_0 \in I$, 设 $J_0 = (\mathrm{LT}(g_0))$. 若 $J_0 \neq (\mathrm{LT}(I))$, 则存在 $f_1 \in (\mathrm{LT}(I)) \backslash J_0$. 由于 f_1 的每一项都被 I 中某个多项式的首项整除, 故存在 $g_{11}, \cdots, g_{1k_1} \in I$ 使得 $f_1 \in J_1 = (\mathrm{LT}(g_0), \mathrm{LT}(g_{11}), \cdots, \mathrm{LT}(g_{1k_1}))$. 若 $J_1 \neq (\mathrm{LT}(I))$, 则存在 $f_2 \in (\mathrm{LT}(I)) \backslash J_1$, 重复之前的讨论存在 $g_{21}, \cdots, g_{2k_2} \in I$ 使得 $f_2 \in J_2 = (\mathrm{LT}(g_0), \mathrm{LT}(g_{11}), \cdots, \mathrm{LT}(g_{1k_1}), \mathrm{LT}(g_{21}), \cdots, \mathrm{LT}(g_{2k_2}))$. 重复以上讨论得到 $F[x_1, x_2, \cdots, x_n]$ 中的理想升链 $J_0 \subseteq J_1 \subseteq J_2 \subseteq \cdots$.

由于 $F[x_1, x_2, \cdots, x_n]$ 为 Noether 环, 故以上操作必然在有限步终止, 即存在 $m \in \mathbb{N}$ 使得 $J_m = (\mathrm{LT}(I))$. 因此有

$$(\mathrm{LT}(I)) = (\mathrm{LT}(g_0), \mathrm{LT}(g_{11}), \cdots, \mathrm{LT}(g_{1k_1}), \mathrm{LT}(g_{m1}), \cdots, \mathrm{LT}(g_{mk_m})).$$

取 $G = \{g_0, g_{11}, \cdots, g_{1k_1}, \cdots, g_{m1}, \cdots, g_{mk_m}\}$, 由定理 6.2.1 知 G 为 I 的 Gröbner 基. $\square$

习题 6.2

1. 设 n 为正整数, 证明任取 $\underline{i} = (i_1, i_2, \cdots, i_n) \in \mathbb{N}^n$, 对 $\mathbb{N}^n$ 上的任意单项式排序, 不存在从 $\underline{i}$ 开始的无限长的严格递降序列.

2. 设 F 为域, 对下列 F 上 4 元单项式分别使用字典序和加权字典序进行排序:

$$x_1 x_3^4, \quad x_2, \quad x_2^3 x_3, \quad x_1^2 x_4, \quad x_1 x_2.$$

3. 证明命题 6.2.2.

4. 证明定理 6.2.1.

6.3 Buchberger 算法

设 I 为 $F[x_1, x_2, \cdots, x_n]$ 的一个非零理想, k 为正整数, $S = \{f_1, f_2, \cdots, f_k\}$ 为 I 的一组生成元. 由 Gröbner 基的定义, 要判断 S 是否为 I 的 Gröbner 基, 需要确定对任意 $f \in I$, 是否有 $\mathrm{LT}(f)$ 被 $\mathrm{LT}(f_1), \mathrm{LT}(f_2), \cdots, \mathrm{LT}(f_k)$ 中的一个整除.

由 S 生成 I 知对任意 $f \in I$, 存在 $g_1, g_2, \cdots, g_k \in F[x_1, x_2, \cdots, x_n]$ 使得

$$f = g_1 f_1 + g_2 f_2 + \cdots + g_k f_k.$$

注意到两个多项式乘积的首项就是首项的乘积. 但是在考察以多项式为系数的线性组合时, 某些 $g_i f_i$ 的首项有可能会互相消掉, 这时就需要考虑消掉之后所得多项式的首项.

定义 6.3.1 设 $f, g \in F[x_1, x_2, \cdots, x_n]$ 且均非零, 令 h 为 $\mathrm{LT}(f)$ 和 $\mathrm{LT}(g)$ 的首一最小公倍式, 定义 f 和 g 的 **S-多项式**为

$$S(f, g) := \frac{h}{\mathrm{LT}(f)} f - \frac{h}{\mathrm{LT}(g)} g.$$

Buchberger 利用 S-多项式给出了 I 的一个有限生成元组是 Gröbner 基的等价条件.

定理 6.3.1（Buchberger）　　设 $G = \{g_1, g_2, \cdots, g_k\}$ 为 I 的一组生成元, 则下面陈述等价:

(i) G 为 I 的 Gröbner 基;

(ii) G 中任意两个不同多项式 g_i 和 g_j 的 S-多项式 $S(g_i, g_j)$ 对 G 做除法的余项为 0.

证明　　若 G 为 I 的 Gröbner 基, 则对 G 中任意不同的多项式 g_i 和 g_j, 都有 $S(g_i, g_j) \in I$. 由定理 6.2.1 可知, 多项式 $S(g_i, g_j)$ 对 G 做除法的余项为 0.

反之, 设 G 中任意两个不同多项式 g_i 和 g_j 的 S-多项式 $S(g_i, g_j)$ 对 G 做除法的余项为 0, 下面证明对任意 $f \in I$, 一定存在 $h'_1, h'_2, \cdots, h'_k \in F[x_1, x_2, \cdots, x_n]$ 使得

$$f = h'_1 g_1 + h'_2 g_2 + \cdots + h'_k g_k,$$

且

$$\mathrm{LP}(f) = \max\{\mathrm{LP}(h'_1 g_1), \mathrm{LP}(h'_2 g_2), \cdots, \mathrm{LP}(h'_k g_k)\}.$$

由此可知存在某个 $g_i \in G$ 使得 $\mathrm{LT}(g_i) \mid \mathrm{LT}(f)$, 从而 G 为 I 的 Gröbner 基.

事实上, 设 $f \in I$. 由于 G 生成 I, 存在多项式 $h_1, h_2, \cdots, h_k \in F[x_1, x_2, \cdots, x_n]$ 使得

$$f = h_1 g_1 + h_2 g_2 + \cdots + h_k g_k.$$

若 $\mathrm{LP}(f) = \max\{\mathrm{LP}(h_1 g_1), \mathrm{LP}(h_2 g_2), \cdots, \mathrm{LP}(h_k g_k)\}$, 则令 $h'_i = h_i$, $1 \leqslant i \leqslant k$, 结论成立. 下面设

$$\mathrm{LP}(f) \prec \max\{\mathrm{LP}(h_1 g_1), \mathrm{LP}(h_2 g_2), \cdots, \mathrm{LP}(h_k g_k)\}.$$

记 $\{i_1, i_2, \cdots, i_s\} \subseteq \{1, 2, \cdots, k\}$ 为所有满足

$$\mathrm{LP}(h_i g_i) = \max\{\mathrm{LP}(h_1 g_1), \mathrm{LP}(h_2 g_2), \cdots, \mathrm{LP}(h_k g_k)\}$$

的 $h_i g_i$ 的下标集合. 对任意 $1 \leqslant j \leqslant s$, 令 $a_j = \mathrm{LC}(h_{i_j} g_{i_j})$, 则有 $a_1 + a_2 + \cdots + a_s = 0$.

对任意 $1 \leqslant j \leqslant s$, 记 $X_{i_j} = \mathrm{LT}(h_{i_j})$ 为 h_{i_j} 的首项. 注意到 $\mathrm{LT}(X_{i_1} g_{i_1}), \mathrm{LT}(X_{i_2} g_{i_2}), \cdots,$ $\mathrm{LT}(X_{i_s} g_{i_s})$ 的指数相同, 而系数分别为 $a_1, a_2, \cdots, a_s$, 所以对任意 $1 \leqslant j, t \leqslant s$, 有

$$S(X_{i_j} g_{i_j}, X_{i_t} g_{i_t}) = \frac{1}{a_j} X_{i_j} g_{i_j} - \frac{1}{a_t} X_{i_t} g_{i_t}.$$

从而

$$X_{i_1} g_{i_1} + X_{i_2} g_{i_2} + \cdots + X_{i_s} g_{i_s}$$
$$= a_1 \left(\frac{1}{a_1} X_{i_1} g_{i_1} \right) + \cdots + a_s \left(\frac{1}{a_s} X_{i_s} g_{i_s} \right)$$
$$= a_1 \left(\frac{1}{a_1} X_{i_1} g_{i_1} - \frac{1}{a_2} X_{i_2} g_{i_2} \right) + (a_1 + a_2) \left(\frac{1}{a_2} X_{i_2} g_{i_2} - \frac{1}{a_3} X_{i_3} g_{i_3} \right) + \cdots +$$

$$(a_1 + \cdots + a_{s-1})\left(\frac{1}{a_{s-1}}X_{i_{s-1}}g_{i_{s-1}} - \frac{1}{a_s}X_{i_s}g_{i_s}\right) + (a_1 + a_2 + \cdots + a_s)\left(\frac{1}{a_s}X_{i_s}g_{i_s}\right)$$

$$= a_1 S(X_{i_1}g_{i_1}, X_{i_2}g_{i_2}) + (a_1 + a_2)S(X_{i_2}g_{i_2}, X_{i_3}g_{i_3}) + \cdots +$$

$$(a_1 + \cdots + a_{s-1})S(X_{i_{s-1}}g_{i_{s-1}}, X_{i_s}g_{i_s}) + (a_1 + a_2 + \cdots + a_s)\left(\frac{1}{a_s}X_{i_s}g_{i_s}\right).$$

由于 $a_1 + a_2 + \cdots + a_s = 0$, 多项式 $X_{i_1}g_{i_1} + X_{i_2}g_{i_2} + \cdots + X_{i_s}g_{i_s}$ 可以写为

$$S(X_{i_1}g_{i_1}, X_{i_2}g_{i_2}), \cdots, S(X_{i_{s-1}}g_{i_{s-1}}, X_{i_s}g_{i_s})$$

的 F-线性组合.

注意到对任意 $1 \leqslant j \leqslant s-1$, 由 S-多项式的定义有

$$S(X_{i_j}g_{i_j}, X_{i_{j+1}}g_{i_{j+1}}) = \frac{L}{\mathrm{LT}(X_{i_j}g_{i_j})}X_{i_j}g_{i_j} - \frac{L}{\mathrm{LT}(X_{i_{j+1}}g_{i_{j+1}})}X_{i_{j+1}}g_{i_{j+1}}$$

$$= \frac{L}{\mathrm{LT}(g_{i_j})}g_{i_j} - \frac{L}{\mathrm{LT}(g_{i_{j+1}})}g_{i_{j+1}}$$

$$= \widetilde{L}S(g_{i_j}, g_{i_{j+1}}),$$

其中 L 为 $\mathrm{LT}(X_{i_j}g_{i_j})$ 和 $\mathrm{LT}(X_{i_{j+1}}g_{i_{j+1}})$ 的首一最小公倍式. 因此 L 可被 $\mathrm{LT}(g_{i_j})$ 和 $\mathrm{LT}(g_{i_{j+1}})$ 的首一最小公倍式整除, 且 $\widetilde{L}$ 为整除后的结果. 由于 $S(g_{i_j}, g_{i_{j+1}})$ 对 G 做除法的余项为 0, 故 $S(X_{i_j}g_{i_j}, X_{i_{j+1}}g_{i_{j+1}})$ 对 G 做除法的余项也为 0, 故存在多项式 $p_{j1}, p_{j2}, \cdots, p_{jk} \in F[x_1, x_2, \cdots, x_n]$ 使得

$$S(X_{i_j}g_{i_j}, X_{i_{j+1}}g_{i_{j+1}}) = p_{j1}g_1 + p_{j2}g_2 + \cdots + p_{jk}g_k,$$

且

$$\max\{\mathrm{LP}(p_{j1}g_1), \mathrm{LP}(p_{j2}g_2), \cdots, \mathrm{LP}(p_{jk}g_k)\}$$

$$= \mathrm{LP}(S(X_{i_j}g_{i_j}, X_{i_{j+1}}g_{i_{j+1}}))$$

$$\prec \mathrm{LP}(X_{i_1}g_{i_1}) = \mathrm{LP}(h_{i_1}g_{i_1}).$$

代入 f 的表达式得到

$$f = \sum_{j=1}^{s} h_{i_j}g_{i_j} + \sum_{i \notin \{i_1, i_2, \cdots, i_s\}} h_i g_i$$

$$= \sum_{j=1}^{s-1}(a_1 + a_2 + \cdots + a_j)(p_{j1}g_1 + p_{j2}g_2 + \cdots + p_{jk}g_k) +$$

$$\sum_{j=1}^{s}(h_{i_j} - X_{i_j})g_{i_j} + \sum_{i \notin \{i_1, i_2, \cdots, i_s\}} h_i g_i$$

$$= \sum_{i=1}^{k} h_i' g_i.$$

由之前的讨论, 有

$$\max\{\mathrm{LP}(h_1'g_1), \mathrm{LP}(h_2'g_2), \cdots, \mathrm{LP}(h_k'g_k)\} \prec \max\{\mathrm{LP}(h_1g_1), \mathrm{LP}(h_2g_2), \cdots, \mathrm{LP}(h_kg_k)\}.$$

若 $\mathrm{LP}(f) = \max\{\mathrm{LP}(h_1'g_1), \mathrm{LP}(h_2'g_2), \cdots, \mathrm{LP}(h_k'g_k)\}$, 结论得证. 否则重复以上讨论会得到一个新的 f 关于 $g_1, g_2, \cdots, g_k$ 的表达式, 使得各求和项首项指数最大值严格下降. 由于每一步首项指数最大值都严格下降, 故以上过程会在有限步终止. 记此时得到的 f 的表达式为

$$f = \tilde{h}_1 g_1 + \tilde{h}_2 g_2 + \cdots + \tilde{h}_k g_k,$$

且有

$$\mathrm{LP}(f) = \max\{\mathrm{LP}(\tilde{h}_1 g_1), \mathrm{LP}(\tilde{h}_2 g_2), \cdots, \mathrm{LP}(\tilde{h}_k g_k)\}.$$

由此定理得证. □

以上定理也给出了从 I 的一组生成元出发来寻找 I 的 Gröbner 基的方法, 即 Buchberger 算法.

Buchberger 算法: 设 I 的初始生成元组为 G_0, 假设已经完成了 s 步得到 $G_s = \{f_1, f_2, \cdots, f_m\}$.

(i) 依次对所有 $1 \leqslant i < j \leqslant m$, 计算 $S(f_i, f_j)$ 对 G_s 做除法所得余项 h_{ij}, 若不为 0, 则记录下来.

(ii) 若所有余项都为 0, 则终止; 否则将所有得到的不为零的余项 h_{ij} 添加到 G_s 中, 得到新的集合 G_{s+1}, 重复第一步.

注意到所得集合存在一个包含关系, 即

$$G_0 \subseteq G_1 \subseteq G_2 \subseteq \cdots,$$

因此有首项理想的包含关系

$$(\mathrm{LT}(G_0)) \subseteq (\mathrm{LT}(G_1)) \subseteq (\mathrm{LT}(G_2)) \subseteq \cdots,$$

且对任意 $j \in \mathbb{N}$, 若 $(\mathrm{LT}(G_j)) \neq (\mathrm{LT}(I))$, 则有 $(\mathrm{LT}(G_j)) \subsetneq (\mathrm{LT}(G_{j+1}))$. 由于 $F[x_1, x_2, \cdots, x_n]$ 是 Noether 环, 故该升链不能无限严格递增下去, 从而 Buchberger 算法在有限步终止.

由 Gröbner 基的定义易知向理想 I 的一组 Gröbner 基中添加 I 中多项式, 所得仍是 I 的 Gröbner 基, 由此可引入以下概念.

定义 6.3.2 若理想 I 的 Gröbner 基 $G = \{g_1, g_2, \cdots, g_k\}$ 中所有多项式均首一, 且满足对任意 $i \neq j$, 都有 $\mathrm{LT}(g_i) \nmid \mathrm{LT}(g_j)$, 则称 G 为 I 的一个**极小 Gröbner 基**.

由极小 Gröbner 基的定义, 我们可以从一个 Gröbner 基出发, 通过将所有多项式变为首一, 然后不断去掉一些首项被基中其他多项式首项整除的多项式来最终得到一个极小 Gröbner 基. 当然不同的去掉多项式的办法可能会给出不同的极小 Gröbner 基, 而以下命题告诉我们不同方法得到的极小 Gröbner 基中各多项式的首项是唯一的.

命题 6.3.1　设 $G = \{g_1, g_2, \cdots, g_k\}$ 和 $\widetilde{G} = \{f_1, f_2, \cdots, f_l\}$ 都是 I 的极小 Gröbner 基, 则 $k = l$, 且在下标重排的前提下, 对任意 $1 \leqslant i \leqslant k$, 有 $\mathrm{LT}(g_i) = \mathrm{LT}(f_i)$.

证明　由 Gröbner 基的性质, 存在一个多项式 $f_i \in \widetilde{G}$, 满足 $\mathrm{LT}(f_i) \mid \mathrm{LT}(g_1)$. 另一方面, 存在 $g_j \in G$ 使得 $\mathrm{LT}(g_j) \mid \mathrm{LT}(f_i)$. 由整除的传递性有 $\mathrm{LT}(g_j) \mid \mathrm{LT}(g_1)$. 由于 G 极小, 因此 $j = 1$. 因此 $\mathrm{LT}(f_i)$ 和 $\mathrm{LT}(g_1)$ 相伴. 又二者均首一, 因此 $\mathrm{LT}(f_i) = \mathrm{LT}(g_1)$.

将 $\widetilde{G}$ 中多项式重新排列, 使得 f_1 满足 $\mathrm{LT}(f_1) = \mathrm{LT}(g_1)$. 用同样的办法对 g_2 进行讨论, 得到 $f_t \in \widetilde{G}$, 且满足 $\mathrm{LT}(f_t) = \mathrm{LT}(g_2)$. 若 $t = 1$, 则有 $\mathrm{LT}(g_2) = \mathrm{LT}(g_1)$, 与 G 的极小性矛盾, 故 $t \neq 1$. 将 $\widetilde{G}$ 中除 f_1 外的多项式重新排列, 使得 f_2 满足 $\mathrm{LT}(f_2) = \mathrm{LT}(g_2)$.

对 $g_3, \cdots, g_k$ 重复以上过程可知 $\widetilde{G}$ 中至少有 k 个多项式, 因此 $k \leqslant l$. 交换 G 和 $\widetilde{G}$ 的角色, 重复以上讨论可知 $l \leqslant k$. 因此 $k = l$. 以上证明过程也说明在对 $\widetilde{G}$ 中多项式重排的前提下, 对任意 $1 \leqslant i \leqslant k$, 均有 $\mathrm{LT}(g_i) = \mathrm{LT}(f_i)$.　□

如果希望得到 Gröbner 基的唯一性, 还需要对其中各多项式首项之后的各项进行讨论, 为此引入以下定义.

定义 6.3.3　若理想 I 的 Gröbner 基 $G = \{g_1, g_2, \cdots, g_k\}$ 中所有多项式均首一, 且对任意 $g_i \in G$ 以及任意 $g_j \in G \setminus \{g_i\}$, 多项式 g_i 中所有非零项都不能被 $\mathrm{LT}(g_j)$ 整除, 则称 G 为 I 的**约化 Gröbner 基**.

由定义可知约化 Gröbner 基一定是极小 Gröbner 基. 由定义也可以得到一个将极小 Gröbner 基转化为约化 Gröbner 基的办法. 记 $G = \{g_1, g_2, \cdots, g_k\}$ 为 I 的一组极小 Gröbner 基.

(i) 通过除法将 g_1 中被 G 中其他多项式的首项整除的项去掉. 记 $F_1 = \{g_2, \cdots, g_k\}$, 求出 g_1 对 F_1 做除法得到的余项 g_1'. 记 $G_1 = \{g_1', g_2, \cdots, g_k\}$, 则 G_1 仍为极小 Gröbner 基, 由命题 6.3.1 知 $\mathrm{LT}(g_1') = \mathrm{LT}(g_1)$.

(ii) 通过除法将 g_2 中被 G_1 中其他多项式的首项整除的项去掉. 记 $F_2 = \{g_1', g_3, \cdots, g_k\}$, 求出 g_2 对 F_2 做除法得到的余项 g_2'. 记 $G_2 = \{g_1', g_2', g_3, \cdots, g_k\}$, 则 G_2 仍为极小 Gröbner 基且 $\mathrm{LT}(g_2') = \mathrm{LT}(g_2)$.

(iii) 依次对 $g_3, \cdots, g_k$ 重复以上过程, 可得 $G_k = \{g_1', g_2', \cdots, g_k'\}$.

注意到通过以上过程得到的 G_k 仍为极小 Gröbner 基, 又 G_k 中的多项式都是对一组多项式做除法的余项, 由余项的性质可知 G_k 为约化 Gröbner 基.

定理 6.3.2（Buchberger）　设 I 为环 $F[x_1, x_2, \cdots, x_n]$ 的非零理想, 则 I 有唯一的约化 Gröbner 基.

证明　之前的讨论中已经证明了 I 的约化 Gröbner 基的存在性.

下面来证明 I 的约化 Gröbner 基的唯一性. 由于约化 Gröbner 基也是极小 Gröbner 基, 由命题 6.3.1, 不妨设 $G = \{g_1, g_2, \cdots, g_k\}$ 和 $\widetilde{G} = \{f_1, f_2, \cdots, f_k\}$ 都是 I 的约化 Gröbner 基, 且满足对任意 $1 \leqslant i \leqslant k$, 有 $\mathrm{LT}(g_i) = \mathrm{LT}(f_i)$.

对任意 $1 \leqslant i \leqslant k$, 若 $g_i - f_i \neq 0$, 由于 $g_i - f_i \in I$, 由 Gröbner 基的性质, 多项式 $g_i - f_i$ 对 G 做除法的余项为 0, 且存在 $p_1, p_2, \cdots, p_k \in F[x_1, x_2, \cdots, x_k]$ 使得

$$g_i - f_i = p_1 g_1 + p_2 g_2 + \cdots + p_k g_k,$$

并且有 $\mathrm{LP}(g_i - f_i) = \max\{\mathrm{LP}(p_1 g_1), \mathrm{LP}(p_2 g_2), \cdots, \mathrm{LP}(p_k g_k)\}$.

由 Gröbner 基的定义, 存在某个 $1 \leqslant j \leqslant k$ 使得 $\mathrm{LT}(g_j) \mid \mathrm{LT}(g_i - f_i)$. 由于 $\mathrm{LP}(g_i - f_i) \prec \mathrm{LP}(g_i)$, 故 $j \neq i$. 由于 $\mathrm{LT}(g_i - f_i)$ 来自 g_i 或 f_i 中的非零项, 故 $\mathrm{LT}(g_j)$ 整除 g_i 中的某个非零项, 或者 $\mathrm{LT}(g_j)$ 整除 f_i 中的某个非零项, 与 G 和 $\widetilde{G}$ 都是约化 Gröbner 基矛盾. 因此对任意 $1 \leqslant i \leqslant k$, 都有 $g_i = f_i$, 定理得证. $\square$

下面来看 Gröbner 基的一些应用. 之前的讨论已经看到理想的约化 Gröbner 基可以帮助我们解决以下问题:

(i) 判断一个多项式 $f \in F[x_1, x_2, \cdots, x_n]$ 是否在一个非零理想中.

(ii) 判断两组多项式生成的理想是否相同.

Gröbner 基的另一个应用就是消元. 解线性方程组的过程就是通过消元来减少未知数, 从而一步一步地找到方程组的解. 对一般的多项式方程组, 也可以沿着这个思路来求解. 从理想的角度看, 如果从一组多项式出发, 可以成功地消元, 比如把 x_1 消掉, 那么由这组多项式生成的理想与 $F[x_2, \cdots, x_n]$ 的交集就非空, 由此给出如下定义.

定义 6.3.4   对 $F[x_1, x_2, \cdots, x_n]$ 的任意理想 I, 定义 I 关于变元顺序

$$x_1 \succ x_2 \succ \cdots \succ x_n$$

的 i-**消元理想**为

$$I_i := I \cap F[x_{i+1}, \cdots, x_n].$$

下面使用 $\mathbb{N}^n$ 上的字典序排序.

命题 6.3.2   对环 $F[x_1, x_2, \cdots, x_n]$ 的任意非零理想 I, 设 $G = \{g_1, g_2, \cdots, g_k\}$ 为 I 的 Gröbner 基. 对 $1 \leqslant i \leqslant k$, 若 I_i 非零, 则

$$G_i := G \cap F[x_{i+1}, \cdots, x_n]$$

构成 I_i 的一组 Gröbner 基.

证明   显然 $G_i \subseteq I_i$. 对任意非零多项式 $f \in I_i$, 由 G 为 I 的 Gröbner 基可知 f 对 G 做除法的余项为 0, 即存在多项式 $p_1, p_2, \cdots, p_k$, 满足

$$f = p_1 g_1 + p_2 g_2 + \cdots + p_k g_k,$$

且 $\mathrm{LP}(f) = \max\{\mathrm{LP}(p_1g_1), \mathrm{LP}(p_2g_2), \cdots, \mathrm{LP}(p_kg_k)\}$.

下面证明 $\mathrm{LT}(f) \in (\mathrm{LT}(G_i))$. 记 $\{i_1, i_2, \cdots, i_s\} \subseteq \{1, 2, \cdots, k\}$ 为所有满足

$$\mathrm{LP}(p_ig_i) = \max\{\mathrm{LP}(p_1g_1), \mathrm{LP}(p_2g_2), \cdots, \mathrm{LP}(p_kg_k)\}$$

的 p_ig_i 的下标, 则有

$$\mathrm{LT}(f) = \mathrm{LT}(p_{i_1}g_{i_1}) + \cdots + \mathrm{LT}(p_{i_s}g_{i_s}).$$

由于 f 非零项中只有变元 $x_{i+1}, \cdots, x_n$, 故以上表达式中所有含 $x_1, x_2, \cdots, x_i$ 的项都会消掉. 事实上, 如果某个 $\mathrm{LT}(p_{i_j}g_{i_j})$ 含有变元 $x_1, x_2, \cdots, x_i$ 中的一个, 那么

$$\mathrm{LP}(f) \prec \mathrm{LP}(p_{i_1}g_{i_1}) = \cdots = \mathrm{LP}(p_{i_s}g_{i_s}),$$

矛盾. 因此

$$\mathrm{LT}(p_{i_1}g_{i_1}), \cdots, \mathrm{LT}(p_{i_s}g_{i_s}) \in F[x_{i+1}, \cdots, x_n],$$

从而

$$\mathrm{LT}(g_{i_1}), \cdots, \mathrm{LT}(g_{i_s}) \in F[x_{i+1}, \cdots, x_n].$$

由此得到 $g_{i_1}, \cdots, g_{i_s} \in F[x_{i+1}, \cdots, x_n]$, 故 $(\mathrm{LT}(G_i)) = (\mathrm{LT}(I_i))$, 因此 G_i 是 I_i 的 Gröbner 基. □

习题 6.3

1. 设 F 为域, 考虑 F 上的三元多项式环, 设 I 为由下列多项式生成的理想:

$$x_1^2 + x_1x_2^2, \quad x_1^2 - x_3^2, \quad x_2^3 + x_2, \quad x_2^2x_3 + x_3^2.$$

(i) 给出 I 的一组 Gröbner 基;

(ii) 给出 I 的一组极小 Gröbner 基;

(iii) 给出 I 的一组约化 Gröbner 基.

2. 考虑注 6.2.6 中的例子, 找到 $I = (f_1, f_2)$ 的 Gröbner 基, 进而证明 $f \in I$.

3. 设 F 为域, 定义 $F[x_1, x_2]$ 的理想 I 和 J 为

$$I = (x_1^2x_2 + x_1x_2^2 - 2x_2, x_1^2 + x_1x_2 - x_1 + x_2^2 - 2x_2, x_1x_2^2 - x_1 - x_2 + x_2^3),$$
$$J = (x_1 - x_2^2, x_1x_2 - x_2, x_1^2 - x_2).$$

证明 $I = J$.

4. 设 C_1 和 C_2 为平面 $\mathbb{R}^2$ 上由方程

$$x_1^2 + x_2^2 - 1 = 0 \quad \text{和} \quad x_1^2 + x_2^2 - 2x_1 - 2x_2 + 1 = 0$$

给出的两个圆, 利用 Gröbner 基进行消元来求解 C_1 和 C_2 的交点.

参考文献

[1] 邓少强, 朱富海. 抽象代数. 北京: 科学出版社, 2017.

[2] 冯荣权, 邓少强, 李方, 徐彬斌. 代数学 (三). 北京: 高等教育出版社, 2024.

[3] 冯克勤, 李尚志, 章璞. 近世代数引论. 3 版. 合肥: 中国科学技术大学出版社, 2009.

[4] 顾沛, 邓少强. 简明抽象代数. 北京: 高等教育出版社, 2003.

[5] 李方, 邓少强, 冯荣权, 刘东文. 代数学 (一). 北京: 高等教育出版社, 2024.

[6] 李方, 邓少强, 冯荣权, 刘东文. 代数学 (二). 北京: 高等教育出版社, 2024.

[7] 刘绍学. 近世代数基础. 北京: 高等教育出版社, 1999

[8] 孟道骥, 陈良云, 史毅茜, 等. 抽象代数 I: 代数学基础. 北京: 科学出版社, 2010.

[9] 莫宗坚, 蓝以中, 赵春来. 代数学. 北京: 高等教育出版社, 2015.

[10] 聂灵沼, 丁石孙. 代数学引论. 3 版. 北京: 高等教育出版社, 2021.

[11] 欧阳毅, 叶郁, 陈洪佳. 代数学 II: 近世代数. 北京: 高等教育出版社, 2017.

[12] 欧阳毅. 代数学 III: 代数学进阶. 北京: 高等教育出版社, 2019.

[13] 席南华. 基础代数: 第一卷. 北京: 科学出版社, 2016.

[14] 席南华. 基础代数: 第二卷. 北京: 科学出版社, 2018.

[15] 席南华. 基础代数: 第三卷. 北京: 科学出版社, 2021.

[16] 杨劲根. 近世代数讲义. 北京: 科学出版社, 2009.

[17] 姚慕生. 抽象代数学. 上海: 复旦大学出版社, 1998.

[18] 章璞, 吴泉水. 基础代数学讲义. 北京: 高等教育出版社, 2018.

[19] 张英伯, 王恺顺. 代数学基础: 下册. 2 版. 北京: 北京师范大学出版社, 2019.

[20] ARTIN M. Algebra. New Jersey: Prentice-Hall, 1991.

[21] ARTIN M, GROTHENDIECK A, Verdier J L. Théorie des topos et cohomologie étale des schémas. Berlin: Springer-Verlag, 1972.

[22] ATIYAH M F, MACDONALD I G. Introduction to commutative algebra, Boulder: Westview Press, 1969.

[23] BECKER T, WEISPFENNING V. Gröbner bases: a computational approach to commutative algebra. New York : Springer, 1993.

[24] DUMMIT D S, FOOTE R M. Abstract algebra. 3rd ed. New Jersey: John Wiley & Sons, 2003.

[25] EILENBERG S, MacLane S. General theory of natural equivalences, Trans. Amer. Math. Soc.,1945(58): 231–294.

[26] HUNGERFORD T W. Algebra. New York: Springer-Verlag, 1974.

[27] ISAACS I M. Algebra: a graduate course. Providence: American Mathematics Society, 1993.

[28] JACOBSON N. Basic algebra I. New York: Dover Publication, 2009

[29] JACOBSON N. Basic algebra II. New York: Dover Publication, 2009

[30] LAWRENCE J W, ZORZITTO F A. Abstract algebra: a comprehensive introduction. Cambridge: Cambridge University Press, 2021.

[31] MACLANE S. Categories for the working mathematician. New York: Springer,2013

[32] RABINOWITSCH J L. Zum Hilbertschen nullstellensatz. Math. Ann., 1930, 102(1): 520.

[33] RIEHL E. Category theory in context. New York: Dover Publications, 2016.

[34] ZARISKI O. A new proof of Hilbert's nullstellensatz. Bull. Amer. Math. Soc.,1947, 53: 362–368.

[35] ZARISKI O, Samuel P. Commutative agebra I. New York: D. Van Nostrand Co., 1958.

[36] ZARISKI O, Samuel P. Commutative Agebra II. New York : Springer-Verlag, 1960.

索引

郑重声明

高等教育出版社依法对本书享有专有出版权。任何未经许可的复制、销售行为均违反《中华人民共和国著作权法》，其行为人将承担相应的民事责任和行政责任；构成犯罪的，将被依法追究刑事责任。为了维护市场秩序，保护读者的合法权益，避免读者误用盗版书造成不良后果，我社将配合行政执法部门和司法机关对违法犯罪的单位和个人进行严厉打击。社会各界人士如发现上述侵权行为，希望及时举报，我社将奖励举报有功人员。

反盗版举报电话　　（010）58581999　58582371

反盗版举报邮箱　　dd@hep.com.cn

通信地址　　北京市西城区德外大街4号
　　　　　　高等教育出版社知识产权与法律事务部

邮政编码　　100120

读者意见反馈

为收集对教材的意见建议，进一步完善教材编写并做好服务工作，读者可将对本教材的意见建议通过如下渠道反馈至我社。

咨询电话　　400-810-0598

反馈邮箱　　hepsci@pub.hep.cn

通信地址　　北京市朝阳区惠新东街4号富盛大厦1座
　　　　　　高等教育出版社理科事业部

邮政编码　　100029

防伪查询说明

用户购书后刮开封底防伪涂层，使用手机微信等软件扫描二维码，会跳转至防伪查询网页，获得所购图书详细信息。

防伪客服电话　　（010）58582300

图书在版编目（CIP）数据

代数学. 四 / 冯荣权等编著. -- 北京：高等教育
出版社，2024.8（2025.8 重印）. -- ISBN 978-7-04-
063031-2

Ⅰ. O15

中国国家版本馆 CIP 数据核字第 2024LD9357 号

Daishuxue

策划编辑	高　旭	出版发行	高等教育出版社
责任编辑	胡　颖	社　　址	北京市西城区德外大街4号
封面设计	王凌波　贺雅馨	邮政编码	100120
版式设计	徐艳妮	购书热线	010-58581118
责任绘图	黄云燕	咨询电话	400-810-0598
责任校对	张　薇	网　　址	http://www.hep.edu.cn
责任印制	赵义民		http://www.hep.com.cn
		网上订购	http://www.hepmall.com.cn
			http://www.hepmall.com
			http://www.hepmall.cn

印　　刷	北京盛通印刷股份有限公司
开　　本	787mm×1092mm　1/16
印　　张	16
字　　数	310千字
版　　次	2024年8月第1版
印　　次	2025年8月第2次印刷
定　　价	40.60元

本书如有缺页、倒页、脱页等质量问题，
请到所购图书销售部门联系调换

版权所有　侵权必究
物 料 号　63031-A0

数学"101 计划"已出版教材目录